设施无公害蔬菜施肥灌溉技术

程季珍　巫东堂　蓝创业　主编

中国农业出版社

目　　录

第一章　设施菜田土壤肥力和蔬菜需肥特点 ………………… 1

一、设施菜田土壤肥力特点 ………………………………… 2

（一）设施蔬菜栽培对土壤的要求 ……………………… 2

（二）设施蔬菜栽培土壤养分含量状况 ………………… 3

（三）设施蔬菜栽培土壤培肥 …………………………… 5

二、设施蔬菜需肥特点 ……………………………………… 6

（一）设施蔬菜的养分特点 ……………………………… 6

（二）叶菜类蔬菜的需肥特点 …………………………… 7

（三）茄果类蔬菜的需肥特点 …………………………… 7

（四）瓜果类蔬菜的需肥特点 …………………………… 7

（五）葱蒜类蔬菜的需肥特点 …………………………… 8

第二章　设施蔬菜栽培常用的肥料及施肥方法 ………… 9

一、设施蔬菜常用的肥料 …………………………………… 9

（一）有机肥料的种类及施用 …………………………… 9

（二）大量元素肥料的种类及施用 ……………………… 14

（三）微量元素肥料的种类及施用 ……………………… 22

（四）复合肥料的种类及施用 …………………………… 27

（五）叶面肥料的种类及施用 …………………………… 29

（六）二氧化碳肥料及施用 ……………………………… 30

二、设施蔬菜施肥方法 ……………………………………… 33

第三章　主要设施蔬菜的养分水分特点及施肥灌溉技术 ……… 44

一、我国各地设施蔬菜茬口的基本类型 ……………………… 44

（一）东北、蒙新和青藏单主作区设施蔬菜
茬口的基本类型 ………………………………… 44

（二）华北双主作区设施蔬菜茬口的基本类型 ……… 46

（三）长江流域三主作区设施蔬菜茬口的基本类型 … 48

二、主要设施蔬菜养分水分特点及施肥灌溉技术 ………… 50

（一）设施蔬菜养分水分特点及施肥灌溉技术介绍 … 50

（二）设施茄果类蔬菜的养分水分特点及施肥灌溉技术 ……… 80

（三）设施瓜类蔬菜的养分水分特点及施肥灌溉技术 ……… 121

（四）设施甘蓝类蔬菜的养分水分特点及施肥灌溉技术 ……… 154

（五）设施叶菜类蔬菜的养分水分特点及施肥灌溉技术 ……… 166

（六）设施豆类蔬菜的养分水分特点及施肥灌溉技术 ……… 192

第四章　设施蔬菜微灌施肥技术 ………………………… 211

一、设施微灌施肥技术概要 …………………………… 211

二、设施茄果类蔬菜的微灌施肥技术 ………………… 244

（一）设施番茄微灌施肥技术 ………………………… 244

（二）设施茄子的微灌施肥技术 ……………………… 247

（三）设施辣椒的微灌施肥技术 ……………………… 250

三、设施瓜类蔬菜的微灌施肥技术 …………………… 253

（一）设施黄瓜的微灌施肥技术 ……………………… 253

（二）设施西葫芦的微灌施肥技术 …………………… 255

（三）设施甜瓜的微灌施肥技术 ……………………… 257

（四）设施西瓜的微灌施肥技术 ……………………… 263

四、设施叶菜类蔬菜的微灌施肥技术 ………………… 266

（一）莴苣需求水分和养分的特点 …………………… 266

（二）日光温室秋冬茬莴苣微灌施肥方案的制定 …… 267

第五章　设施蔬菜营养及环境调控技术 ……………………… 270

一、设施生态环境对蔬菜养分吸收的影响 …………………… 270

（一）土壤水分对蔬菜吸收养分的影响 ………………… 270

（二）土壤温度对蔬菜吸收养分的影响 ………………… 270

（三）光照对蔬菜吸收养分的影响 ……………………… 271

（四）气温对蔬菜吸收养分的影响 ……………………… 272

（五）蔬菜种类和品种对蔬菜吸收养分的影响 ………… 272

（六）养分之间的相互作用对蔬菜吸收养分的影响 …… 273

二、设施生态环境调控技术 …………………………………… 274

（一）施肥对温度的影响 ………………………………… 274

（二）温度对设施蔬菜生长发育的影响 ………………… 274

（三）温度的调控措施 …………………………………… 275

（四）施肥对光照的影响 ………………………………… 277

（五）光照对蔬菜生长发育的影响 ……………………… 277

（六）光照的调控措施 …………………………………… 279

（七）湿度对蔬菜吸收养分的影响 ……………………… 280

（八）空气湿度对蔬菜生长发育的影响 ………………… 281

（九）土壤湿度对蔬菜生长发育的影响 ………………… 282

（十）湿度的调控措施 …………………………………… 283

（十一）气体对蔬菜吸收养分的影响 …………………… 285

（十二）二氧化碳对蔬菜造成的危害 …………………… 286

（十三）有害气体对蔬菜造成的危害 …………………… 287

（十四）设施内二氧化碳浓度的调控措施 ……………… 288

（十五）设施内有害气体的调控措施 …………………… 289

（十六）施肥对土壤生态环境的影响 …………………… 290

（十七）土壤盐害对蔬菜造成的危害 …………………… 291

（十八）土壤盐害的调控措施 …………………………… 292

（十九）土壤连作障碍对蔬菜造成的危害及其调控措施 …… 294

（二十）土壤酸化对蔬菜造成的危害及其调控措施 ………… 295

第六章　无公害蔬菜产地环境条件及其控制技术 ………… 297

一、无公害蔬菜产地环境条件 ……………………………… 297
　（一）空气污染对设施蔬菜生长发育的影响 …………… 297
　（二）水质污染对设施蔬菜生长发育的影响 …………… 299
　（三）土壤污染对设施蔬菜生长发育的影响 …………… 300
　（四）农药污染对设施蔬菜生长发育的影响 …………… 303
　（五）无公害蔬菜对产地环境条件的要求 ……………… 303
二、无公害蔬菜产地环境控制技术 ………………………… 304
　（一）农业自身污染的预防与防治措施 ………………… 304
　（二）无公害蔬菜栽培的土壤和水源治理的原则 ……… 304
　（三）土壤生态环境治理的基本方法 …………………… 305

附录一　无公害食品　蔬菜产地环境条件 ………………… 308
附录二　生产绿色食品的肥料使用准则 …………………… 313

第一章 设施菜田土壤肥力 和蔬菜需肥特点

适宜于设施栽培的蔬菜种类和品种日益增多，由于其生育特点、生长时间、供食器官不同，对土壤肥力、环境条件、养分种类和需求数量也不相同。与大田作物相比较，设施栽培的蔬菜有以下共同的营养特点：

蔬菜养分含量高、需肥量大。与大田作物相比较，蔬菜生物产量高，植株养分含量高，需肥量也较多。如茄果类蔬菜的生物产量约为大田作物的数倍。种植一季蔬菜从土壤中带走的养分量，相当于种植几季大田作物的携出量。因此，设施栽培蔬菜对土壤肥力和肥料投入的数量，远比种植大田作物为高。

蔬菜对氮、钾、钙、镁、硼的需要量大，吸收比例高。由于蔬菜根系盐基代换量大，对钾、钙、镁等盐基离子的需要量也大。如番茄和辣椒的平均需钾量为小麦的 2.9 倍，吸钙量为小麦的 2.4 倍，吸镁量为小麦的 2.0 倍。根菜类、豆类蔬菜作物的含硼量最高。除洋葱外，其他各种蔬菜的含硼量均比大田作物高。因此，许多蔬菜常因土壤供硼不足而发生缺硼症状，如芹菜的茎裂病，甘蓝的褐腐病，萝卜的褐心病等。

蔬菜对肥料的依赖性大。大田作物吸收的养分约 2/3 来自土壤，1/3 来自肥料。设施蔬菜对肥料的依赖性比大田作物大，如辣椒约 3/5 的氮磷养分和 2/3 的钾养分来自肥料，只有 2/5 的氮磷养分和 1/3 的钾养分来自土壤，如果土壤肥力水平较差，则对肥料的依赖性更大。

蔬菜养分转移率低。多数蔬菜属营养非完全转移作用。凡以营养器官供食用的蔬菜，其养分转移率低，其中可食用部分含氮量还低于非可食用部分；磷和钾的含量，可食用部分与非可食用部分大致相当。蔬菜非可食用部分养分转移率低，表明养分再利用率低，也是设施蔬菜需肥量较大的重要原因之一。

蔬菜易发生生理性病害。与粮食作物相比，蔬菜易发生由于缺乏养分或养分失调引起的生理性病害。如番茄缺钙而导致的脐腐病等。

一、设施菜田土壤肥力特点

（一）设施蔬菜栽培对土壤的要求

设施蔬菜栽培品种比较单一，重茬多，土地复种指数高，蔬菜产量高，因此，对土壤条件要求较高。

（1）土壤要高度熟化 熟土层厚度要大于 30 厘米，土壤有机质含量不低于 20～30 克/千克，最好能达到 40～50 克/千克。

（2）土壤结构要疏松 固、液、气三相比例要适当，固相占50％左右，液相占 20％～30％，气相占 30％～20％，总隙度在55％以上，这样才能有较好的保水保肥和供肥供氧能力。

（3）土壤的酸碱度要适宜 土壤 pH 为 6.0～6.8 时，大多数蔬菜生长良好。

（4）土壤的稳温性能要好 要求土壤有较大的热容量和导热率，这样土壤温度变化较稳定。

（5）土壤养分含量高 要求土壤肥沃，养分齐全，含量高，土壤含碱解氮在 150 毫克/千克以上，速效磷 110 毫克/千克、速效钾 170 毫克/千克以上，氧化钙 1.0～1.4 克/千克，氧化镁150～240 毫克/千克，并含有一定量的有效硼、钼、锌、锰、铁、铜等微量元素。

（6）土壤要符合无公害农产品生产的土壤环境质量标准 要求土壤中无病菌，无害虫，无寄生虫卵，无有害、污染性物质积累。

（二）设施蔬菜栽培土壤养分含量状况

近十几年来，各地设施菜地面积发展很快，大部分是由粮田转改为设施蔬菜栽培土地的，多土壤肥力不高，不能充分满足蔬菜生长发育的需求。各地设施菜田土壤的养分状况大致如下：

1. 东北地区设施菜田土壤养分状况

（1）有机质　辽宁省设施菜田土壤有机质含量为 18.3～55.4 克/千克，平均含量为 30.0 克/千克。黑龙江省设施菜田土壤有机质含量为 36～89.8 克/千克，平均含量为 57.6 克/千克。

（2）全氮　辽宁省设施菜田土壤全氮含量为 0.89～2.35 克/千克，平均含量为 1.55 克/千克。黑龙江省设施菜田土壤全氮含量为 1.81～5.0 克/千克，平均含量为 2.94 克/千克。

（3）碱解氮　辽宁省设施菜田土壤碱解氮含量为 83～223 毫克/千克，平均含量为 1.45 毫克/千克。黑龙江省设施菜田土壤碱解氮含量为 178.8～453.2 毫克/千克，平均含量为 291.3 毫克/千克。

（4）速效磷　辽宁省设施菜田土壤速效磷含量为 40.4～245 毫克/千克，平均含量为 129.9 毫克/千克。黑龙江省设施菜田土壤速效磷含量为 139～550.2 毫克/千克，平均含量为 359.6 毫克/千克。

（5）速效钾　辽宁省设施菜田土壤速效钾含量为 67～422 毫克/千克，平均含量为 194.4 毫克/千克。黑龙江省设施菜田土壤速效钾含量为 167.8～827.5 毫克/千克，平均含量为 411.5 毫克/千克。

2. 西北地区设施菜田土壤养分状况

（1）有机质　陕西省设施菜田土壤有机质含量为 17～24 克/千克，平均含量为 21 克/千克。

（2）全氮　陕西省设施菜田土壤全氮含量为 1.08～1.4 克/千克，平均含量为 1.26 克/千克。

(3) 速效磷 陕西省设施菜田土壤速效磷含量为 125～255 毫克/千克，平均含量为 203.3 毫克/千克。

(4) 速效钾 陕西省设施菜田土壤速效钾含量为 275～720 毫克/千克，平均含量为 480.3 毫克/千克。

3. 华北地区设施菜田土壤养分状况

(1) 有机质 山东省设施菜田土壤有机质含量为 7.04～50.1 克/千克，平均含量为 21.0 克/千克。山西省设施菜田土壤有机质含量为 17.0～57.0 克/千克，平均含量为 30.3 克/千克。

(2) 全氮 山西省设施菜田土壤全氮含量为 0.66～1.7 克/千克，平均含量为 1.1 克/千克。

(3) 碱解氮 山东省设施菜田土壤碱解氮含量为 23.8～540.2 毫克/千克，平均含量为 160.5 毫克/千克。山西省设施菜田土壤碱解氮含量为 65.8～150.8 毫克/千克，平均含量为 111.9 毫克/千克。

(4) 速效磷 山东省设施菜田土壤速效磷含量为 17.4～833.6 毫克/千克，平均含量为 128.2 毫克/千克。山西省设施菜田土壤速效磷含量为 63.4～191.1 毫克/千克，平均含量为 105.8 毫克/千克。

(5) 速效钾 山东省设施菜田土壤速效钾含量为 52.7～913.6 毫克/千克，平均含量为 238.0 毫克/千克。山西省设施菜田土壤速效钾含量为 80.5～211.9 毫克/千克，平均含量为 152.3 毫克/千克。

(6) 有效硼 山东省设施菜田土壤有效硼含量为 0.74～1.47 毫克/千克，平均含量为 0.99 毫克/千克。山西省设施菜田土壤有效硼含量为 0.46～1.92 毫克/千克，平均含量为 0.83 毫克/千克。

(7) 有效钼 山东省设施菜田土壤有效钼含量为 0.06～0.17 毫克/千克，平均含量为 0.11 毫克/千克。山西省设施菜田土壤有效钼含量为 0.16～0.42 毫克/千克，平均含量为 0.22 毫克/千克。

（8）有效锌 山东省设施菜田土壤有效锌含量为 0.82～6.9 毫克/千克，平均含量为 3.0 毫克/千克。山西省设施菜田土壤有效锌含量为 2.17～3.14 毫克/千克，平均含量为 2.66 毫克/千克。

（9）有效锰 山东省设施菜田土壤有效锰含量为 8.3～38.1 毫克/千克，平均含量为 15.3 毫克/千克。山西省设施菜田土壤有效锰含量为 5.23～13.05 毫克/千克，平均含量为 8.82 毫克/千克。

（10）有效铁 山东省设施菜田土壤有效铁含量为 8.6～40.4 毫克/千克，平均含量为 14.8 毫克/千克。山西省设施菜田土壤有效铁含量为 9.96～15.15 毫克/千克，平均含量为 12.51 毫克/千克。

（11）有效铜 山东省设施菜田土壤有效铜含量为 0.85～2.29 毫克/千克，平均含量为 1.34 毫克/千克。山西省设施菜田土壤有效铜含量为 1.13～3.07 毫克千克，平均含量为 1.86 毫克/千克。

（三）设施蔬菜栽培土壤培肥

1. **设施栽培土壤存在的问题** 近几年来，各地设施栽培面积发展很快，大部分是由粮田转改为菜田的，土壤肥力不高，土壤有机质、全氮、速效磷、速效氮等含量偏低，不能满足蔬菜生长发育的需要。另外，老设施土壤还面临着土壤盐渍化和连作障碍等问题。

2. **设施栽培土壤的培肥和改良**

（1）培肥和改良的原则 应因地制宜，用培结合，综合治理，逐年改良。

（2）改良的措施 增施有机肥，深翻土壤，扩大土壤熟化层；适量施用化肥，要注意氮、磷、钾三要素的合理配比，不能单独施用氮肥；要合理轮作与耕作。

①增施有机肥。有机肥养分齐全，许多养分可以被蔬菜直接吸收利用；能改善土壤的理化性质，提高土壤的缓冲能力和保肥、供肥能力；能在土壤中转化成有机质，与土壤中的多种金属离子结合形成水溶性或非水溶性的结合物，不使其产生毒害作用。其养分是缓慢释放出来的，不易发生浓度障害，又可产生大量的二氧化碳，提高光合作用的效率。生产实践证明，增施有机肥，蔬菜病害轻，产量高，品质好。

②适量施用化肥。过量施用化肥易形成盐类浓度障害，不利于蔬菜生长发育。只有适量施用化肥，才能有效促进蔬菜健康地生长发育。

二、设施蔬菜需肥特点

（一）设施蔬菜的养分特点

不同种类的蔬菜，对营养元素的吸收能力、吸收过程、耐肥性能和需肥特性等方面也存在着差异。

据调查分析，设施栽培蔬菜吸收养分能力大小的顺序是：甜椒＞茄子＞番茄＞甘蓝＞芹菜＞黄瓜＞西瓜。对养分吸收的过程，由于叶菜类生长期短，生育前期生长速度慢，干物质积累少，吸收养分也少。在出苗后 40～60 天，生长速率加快，吸收量逐渐增加，但已逐渐进入收获期。甘蓝、白菜、根菜类对养分的吸收有前期少、中期大、后期又少的特点；瓜果类蔬菜具有营养生长与生殖生长并进的生育特点，对养分吸收持续时间较长，直到生育后期吸收量仍较大。

甘蓝、大白菜、芹菜和茄子等耐肥力较强，番茄、辣椒、洋葱和黄瓜等耐肥力中等，生菜、菜豆等耐肥力较弱。耐肥力强的蔬菜在生长盛期能耐受较高的土壤养分浓度，而耐肥力中等的蔬菜能耐受的土壤养分浓度相对降低，耐肥力弱的蔬菜对土壤养分浓度的耐受力更低。

（二）叶菜类蔬菜的需肥特点

叶菜类蔬菜种类较多，种植面积大，产量高，包括结球叶菜类的大白菜和甘蓝等及绿叶菜类的芹菜、菠菜、生菜和油菜等。它们共同的需肥特点是：

第一，在氮、磷、钾三要素养分中，以钾素的需求量为最高，每 1 000 千克产量吸收的钾和氮量接近于 1∶1。

第二，根系入土较浅，属于浅根型作物，根系抗旱、抗涝力较弱。土壤过湿、氧气含量低时，会严重影响它们对土壤养分的吸收。土壤干旱时，很容易发生缺钙和缺硼症状。

第三，植株体内的养分在整个生育期内不断积累，但养分吸收速度的高峰是在生育前期。因此，生育前期的营养对全生育期影响较大，对产量和品质有重要作用。

（三）茄果类蔬菜的需肥特点

茄果类蔬菜以浆果供人们食用，主要有番茄、茄子和甜椒等，它们的需肥特点是：

第一，茄果类蔬菜都是育苗移栽，从生育初期一直到花芽分化开始时的养分吸收，均在苗床中进行。由于磷素在花芽分化中具有重要的作用，因此在育苗阶段一定要保证幼苗的磷素供应。在苗期加强磷、钾营养的供给，不仅可以提高幼苗质量，使带花植株率增加，而且可明显促进果实早熟，增加产量。

第二，吸收钾量最大，其次为氮、钙、磷、镁。由于是多次采收，植株所含养分随果实采收而不断地带走。因此，茄果类蔬菜的养分吸收到生育后期仍然很旺盛，茎叶中的养分到末期仍在增加。

（四）瓜果类蔬菜的需肥特点

瓜果类蔬菜包括黄瓜、西葫芦、南瓜、西瓜和冬瓜等，为营养器官与产品器官同步发育型的蔬菜。其需肥特点是：

第一，果重型瓜果类对营养的需求低于果数型瓜类。黄瓜为果数型瓜类的代表，耐肥力弱，但需肥量高，一般采用"轻、勤"的施肥方法。果重型瓜果类则注重基肥的施用。

第二，植株体内碳氮比增高时，花芽分化早，氮多时，碳氮比降低，花芽分化推迟。因此，苗期要注意氮、钾肥的施用比例。

第三，瓜果类蔬菜施肥中值得重视的问题是施肥对品质的影响。增施钾肥能显著提高瓜果类蔬菜的抗病力和品质，使西瓜糖度提高，风味改善。

（五）葱蒜类蔬菜的需肥特点

葱蒜类蔬菜包括韭菜、大蒜、洋葱和大葱等，主要以叶片、假茎（由叶鞘抱合而成）或鳞茎（叶的变态，由叶鞘基部膨大而成）供食用。它们共同的需肥特点是：

根系为弦状须根，几乎没有根毛，入土浅，根群小，吸肥力弱，需肥量大，属喜肥耐肥作物。要求土壤具有较强的保水、保肥能力，需施用大量腐熟有机肥提高土壤的养分缓冲能力，同时以氮为主，磷、钾配合，保证植株健壮生长，并促使同化产物送往贮藏器官（如韭菜的根茎）。

第二章　设施蔬菜栽培常用的 肥料及施肥方法

设施蔬菜栽培常用的肥料包括有机肥、化肥和二氧化碳气体肥等肥料。施肥方法包括基肥、追肥和叶面肥。

一、设施蔬菜常用的肥料

（一）有机肥料的种类及施用

1. **有机肥的重要作用**　在蔬菜生产中，特别是无公害蔬菜生产中，有机肥的使用起着不可替代的作用。

（1）提供大量的无机和有机养分　有机肥含有多种养分，并且养分的有效性高。它不仅含有氮、磷、钾等大量元素，还含有钙、镁、硫及各种微量元素。在其腐解过程中能释放出大量的二氧化碳气体，改善作物的碳素营养状况，这在设施蔬菜栽培中尤为重要。

另外，在有机肥中，氮素是以有机态氮为主，无机态氮含量较少。其中氨基酸、核酸和核苷酸均能被植物直接吸收。有机肥中的腐殖质对种子萌发、根系的生长有刺激作用，因此，可增强蔬菜作物的呼吸作用和光合作用，从而提高蔬菜的产量和品质。

（2）改良土壤、培肥地力　有机肥是有机物、无机物和具有生命的微生物的混合物。有机肥富含有机质，在微生物和酶的作用下，形成的腐殖质和黏粒一起，把分散的土壤颗粒变成稳定的团粒结构，从而提高了土壤保水、保肥、稳温和通气的性能，改善了土壤的物理、化学和生物特性，增加了土壤有机质含量，增强了土壤缓冲性能，为蔬菜生长发育创造良好的生态环境。

(3) 提高土壤养分的有效性 施用有机肥，除直接增加土壤养分外，有机肥中含有多种酶，在腐解过程中增加土壤酶的活性，提高土壤微生物群体数量，有利于土壤有机物质的分解和难溶性养分的有效性转化。有机肥中还含有多种糖类、脂肪等有机化合物，它们是土壤微生物生命活动的能源，可促进各类微生物的生长发育。同时有机物在转化中形成的有机酸和二氧化碳，也使土壤中无效态的养分有效化，对土壤中磷素的影响尤为明显。

2. 人粪、尿的使用 人粪尿中有机物占鲜重的 5%～10%，含氮量为 0.5%～0.8%，其中 70%～80% 的氮素呈尿素态，易被蔬菜吸收利用，肥效快，含磷量为 0.2%～0.4%，含钾量为 0.2%～0.3%。人粪尿经充分腐熟后用做基肥，适用于各种蔬菜。人粪尿与作物秸秆或其他杂草混合，经高温发酵沤制，做基肥效果更好。特别是对叶菜类蔬菜，如白菜、甘蓝、菠菜和韭菜等肥效明显。不要把人粪尿晒成粪干，既损失氮素又不卫生；不要把人粪尿和草木灰、石灰等碱性物质混合沤制或施用，以防氮素损失；也不宜在瓜果类蔬菜上使用太多的人粪尿，以防过量的氯离子造成瓜果品质下降；在次生盐渍化的设施内，一次施用人粪尿不能太多，以免产生盐害；没有腐熟过的人粪尿，禁止在蔬菜上使用。

3. 畜、禽粪肥料的使用

(1) 畜粪的施用 包括猪、牛、马、羊等家畜的粪便，经过充分腐熟后可用作基肥。

①猪粪的施用。猪粪的有机物含量为 15%，氮含量为 0.5%～0.6%，磷含量为 0.45%～0.6%，钾含量为 0.35%～0.5%。猪粪是优质的有机肥料。在堆积沤制过程中，不能加入草木灰等碱性物质，以避免氮素损失。

②马粪的施用。马粪的有机物含量为 21%，氮含量为 0.4%～0.55%，磷含量为 0.2%～0.3%，钾含量为 0.35%～0.45%。马粪质地粗松，其中含有大量的高温性纤维分解细菌，

在堆积中能产生高温，属热性肥料。骡、驴粪性质与马粪相同。腐熟好的马粪可做蔬菜早春育苗温床的加热材料，也可做秸秆堆肥或猪圈肥的填充物，以增加这些肥料中的纤维分解细菌，从而加快腐熟。

③牛粪的施用。牛粪的有机物含量为 20% 左右，氮含量为 0.34%，磷含量为 0.16%，钾含量为 0.4%。

④羊粪的施用。羊粪的有机物含量为 32% 左右，氮含量为 0.83%，磷含量为 0.23%，钾含量为 0.67%。

(2) 禽粪的施用　这是鸡粪、鸭粪、鹅粪和鸽粪等的总称。其有机物和氮、磷、钾养分含量都较高，还含有 1%～2% 的氧化钙。

①鸡粪的施用。鸡粪的有机物含量为 25.5%，氮含量为 1.63%，磷含量为 1.54%，钾含量为 0.85%。施用新鲜的鸡粪容易产生地下害虫，又容易烧苗，而且其尿酸态氮还对蔬菜根系生长有害。因此，鸡粪必须充分腐熟后才能施用。鸡粪多用于蔬菜和其他经济作物种植上。鸡粪与其他禽粪一样，属于热性肥料。

②鸭粪的施用。鸭粪的有机物含量为 26.2%，氮含量为 1.1%，磷含量为 1.4%，钾含量为 0.62%。

③鹅粪的施用。鹅粪的有机物含量为 23.4%，氮含量为 0.55%，磷含量为 0.5%，钾含量为 0.95%。

④鸽粪的施用。鸽粪的有机物含量为 30.8%，氮含量为 1.76%，磷含量为 1.78%，钾含量为 1.0%。

4. 饼肥的使用　饼肥包括棉籽饼、大豆饼、芝麻饼、菜籽饼和蓖麻籽饼等，是优质有机肥料。饼肥养分齐全，含量较高，肥效快，适用于各种土壤及多种作物，更适用于设施蔬菜做基肥和追肥。为了使饼肥尽快发挥肥效，用做基肥时应将饼肥碾碎，在定植前 2～3 周施入设施菜田后耕翻整地，让其在土壤中有充分腐熟的时间。做追肥用时，必须充分腐熟后方可施用。这样，才有利于蔬菜尽快地吸收利用。一般宜与堆肥、厩肥同时堆积或捣碎浸于尿液中，经 3～4 周充分发酵后制成肥液作追肥用，对茄果类蔬菜增产效果明显。主要饼肥的营养成分如下：

(1) 棉籽饼 氮含量为 3.44%，磷含量为 1.63%，钾含量为 0.97%。

(2) 大豆饼 氮含量为 7%，磷含量为 1.32%，钾含量为 2.13%。

(3) 芝麻饼 氮含量为 5%～6.8%，磷含量为 2%～3%，钾含量为 1.3%～1.9%。

(4) 蓖麻籽饼 氮含量为 5%，磷含量为 2%，钾含量为 1.9%。

(5) 菜籽饼 氮含量为 4.6%，磷含量为 2.48%，钾含量为 1.4%。

(6) 花生饼 氮含量为 6.32%，磷含量为 1.17%，钾含量为 1.34%。

(7) 葵花籽饼 氮含量为 5.4%，磷含量为 2.7%，钾含量为 1.5%。

5. 厩肥和堆肥的使用

(1) 厩肥的施用 是家畜粪、尿和各种垫圈材料混合积制而成的肥料，也称圈肥。厩肥的成分随家畜种类、饲料成分、垫圈材料的种类和用量，以及饲养条件而不同。

一般厩肥平均含有机物 25%，含氮约 0.5%，含磷 0.25%，含钾 0.6%。每吨厩肥平均含氮约 5 千克、磷 2.5 千克、钾 6 千克，相当于硫酸铵 25 千克、过磷酸钙 18 千克、硫酸钾 12 千克。

新鲜厩肥中的养分，主要是有机态的纤维素、半纤维素等化合物，碳氮比较大，必须经过堆积腐熟后，才能被蔬菜吸收利用。厩肥中含有丰富的有机物，常年大量施用，可在土壤中积累较多的有机质，改变土壤理化性状，培肥地力，提高土壤熟化度。厩肥是设施蔬菜栽培适宜的有机肥品种，既可作基肥，又可作追肥，还可作苗床土和营养土的配料，可与化肥配施和混施。主要厩肥的养分含量如下：

①猪厩肥的养分。含水量为 72.4％，有机物含量为 25％，氮含量为 0.45％，磷含量为 0.19％，钾含量为 0.6％，氧化钙含量为 0.08％，氧化镁含量为 0.08％。

②牛厩肥的养分。含水量为 77.5％，有机物含量为 20.3％，氮含量为 0.34％，磷含量为 0.16％，钾含量为 0.4％，氧化钙含量为 0.31％，氧化镁含量为 0.11％。

③马厩肥的养分。含水量为 71.3％，有机物含量为 25.4％，氮含量为 0.58％，磷含量为 0.28％，钾含量为 0.53％，氧化钙含量为 0.21％，氧化镁含量为 0.14％。

④羊厩肥的养分。含水量为 64.6％，有机物含量为 31.8％，氮含量为 0.83％，磷含量为 0.23％，钾含量为 0.67％，氧化钙含量为 0.33％，氧化镁含量为 0.28％。

（2）堆肥的施用　以秸秆、落叶和杂草等为主要材料，添加一定量的人、畜粪尿和细土等配料堆沤而成的肥料。堆肥因堆沤温度不同可分为两类：普通堆肥和高温堆肥。一般堆肥中有机物含量丰富，碳氧化值低，养分多为速效状态。堆肥中含钾较多，在缺钾的设施菜地及喜钾蔬菜生产中作基肥施用，不仅能提高产量，而且还能改善品质。堆肥的营养含量如下：

①普通堆肥的养分。有机物含量为 15％～25％，氮含量为 0.4％～0.5％，磷含量为 0.18％～0.26％，钾含量为 0.45％～0.7％。

②高温堆肥的养分。有机物含量为 24％～48％，氮含量为 1.1％～2％，磷含量为 0.3％～0.82％，钾含量为 0.47％～2.53％。

6. 沼肥的使用　将作物秸秆，以及人、畜粪尿和杂草等各种有机物料放入密闭的沼气池内，经嫌气细菌作用，发酵制取沼气后所剩的残渣和沼液即为沼肥。沼肥的养分状况因原料、发酵条件而异。

沼渣的含氮量为 1.25％，含磷量为 1.9％，含钾量为

1.33%。沼液的含氮量为 0.39%，含磷量为 0.37%，含钾量为 2.06%。

沼肥除含氮、磷、钾外，其有机碳含量高于堆肥，而且沼渣所含腐殖质、纤维素和木质素等物质均比堆肥丰富，因而沼渣有较好的改土作用。沼液可直接用于设施栽培蔬菜的追肥，随水冲施或沟施均可，也可做叶面肥喷施。沼渣还可以直接作基肥用，按照沼渣∶草皮土∶磷矿粉为 100∶40∶10 比例混匀，堆沤 30 天左右后，用作菜田基肥增产效果明显。

(二) 大量元素肥料的种类及施用

1. 氮肥的使用　按化肥中氮素存在的主要形态，可分为铵态氮肥、硝态氮肥、酰胺态氮肥等。不同形态的氮肥化学性质不同，在土壤中的转化过程，作物吸收利用形式，对土壤肥力的影响以及氮的利用率等均有差异。因此，要根据氮肥性质、土壤条件、蔬菜需氮特性等进行合理的选择和科学施用。

(1) 铵态氮肥的性状及施用　铵态氮肥中的氮素是以铵离子的形式存在的，如硫酸铵、碳酸氢铵、氯化铵等肥料易溶于水，在土壤溶液中，其氮素即以铵离子形态存在，可直接被土壤胶体吸附或被蔬菜直接吸收利用，因此肥效快。但在土壤硝化细菌和亚硝化细菌的活动下，铵态氮易转化成硝态氮。由于硝酸根离子不易被土壤胶体所吸附而易淋失，而且遇到碱性物质还易造成氨的挥发损失，因此，铵态氮肥在盐碱性土壤表层施用，很容易造成氨的挥发或对蔬菜造成氨中毒，尤其在设施栽培中施用时，应深施与覆土，或随水冲施，并注意防风。主要铵态氮的施用方法如下：

①硫酸铵的性状及施用。硫酸铵含氮量 20%～21%，含硫 25.6%，简称硫铵。硫铵为白色或微黄色晶体，物理性质稳定，分解温度高，不易吸湿，易溶于水，肥效迅速而稳定，是一种生理酸性肥料。可做基肥、追肥施用，施后要覆土或浇水。每 667

米^2 每次用量为 15～20 千克。

　　硫铵含有硫，也是一种重要的硫肥品种。在长期施用不含硫的高浓度化肥的菜田，尤其对喜硫蔬菜，若土壤缺硫时，硫铵作为一种补充土壤有效硫的重要来源，肥效较为明显。

　　②碳酸氢铵的性状及施用。碳酸氢铵含氮量 17％，简称碳铵。为白色粉末状结晶或颗粒状，易溶于水，水溶液呈碱性。易吸湿、结块和分解挥发氨。碳铵的潮解是损失氮素的过程，也是造成贮运期间结块和施用后造成灼伤作物的原因。因此，在设施密闭的环境中一般不作追肥用，可作基肥深施到土壤中，每 667 米^2 每次用量为 20～25 千克。

　　(2) 硝态氮肥的性状及施用　该类氮肥的氮素是以硝酸根离子的形态存在的，如硝酸铵、硝酸钙和硝酸钠等。硝态氮肥易溶于水，以硝酸根离子的形态存在于土壤溶液中，可直接被蔬菜吸收利用。但硝酸根离子不易被土壤胶体所吸附，故易随水移动而淋失。若在土壤缺氧条件下，还会发生反硝化作用，使硝酸酸根离子形成一氧化二氮、一氧化氮、氮气等气体而挥发损失氮素。此外，这类肥料易吸湿、易燃、易爆。因此，在贮运中要注意防潮和防火，不要与易燃物混存。

　　硝态氮肥在设施蔬菜栽培中，宜作追肥和根外追肥用，应注意少量多次施用，并尽量改善土壤的通气状况。蔬菜是喜硝态氮的作物，硝态氮肥对蔬菜的增产效果好于其他形态的氮肥。但若过量施用，就会造成蔬菜体中硝酸盐的大量积累而危害人体健康。同时，硝态氮易污染土壤、水质与环境，破坏农业生态平衡。

　　主要硝态氮肥是硝酸铵，其性状及使用方法如下：含氮量为 33％～35％，简称硝铵。为淡黄色结晶或白色颗粒状，易溶于水，吸湿性很强，受热时能逐渐分解出氨，具有助燃性和爆炸性。因此，贮运时要避免与易燃物、氧化剂等接触，运输中要作为危险品处理。使用时如遇结块，切忌猛烈锤击，可将其先溶于水后再施用。

硝铵是速效性氮肥，适用于各种土壤和蔬菜，更适用于设施蔬菜栽培作追肥。作追肥时，应采用少量多次，以水冲施的施用方法。每 667 米² 每次用量为 10～15 千克。

（3）酰胺态氮肥的性状及施用　是以酰胺态存在的氮素，如尿素，含氮量为 46%，易溶于水，施入土壤后，需在微生物分泌的脲酶作用下，水解成铵态氮后才能被蔬菜吸收利用。因此，肥效较铵态氮肥和硝态氮肥慢。尿素施入土壤中，以分子态存在时易随水流失。若在脲酶作用下水解成碳酸氢铵，继续分解为氨水和二氧化碳气体，也会以氨的形式挥发损失。尿素是设施栽培常用的氮肥品种，可做基肥、追肥和根外追肥施用。对棚室蔬菜可直接用于叶面喷施，易被叶面吸收，肥效快。

尿素中的副成分缩二脲对蔬菜有毒害作用，在设施蔬菜栽培中，做根外追肥或育苗作苗床营养土的肥料时，其缩二脲的含量不能高于 0.5%，以免影响种子发芽和烧伤幼叶。尿素做追肥施用时，一次用量不宜过大，每 667 米² 一次用量为 10 千克左右。

（4）提高氮肥利用率的方法

①选择适宜的氮肥品种。蔬菜喜硝态氮肥，容易吸收硝态氮。如果铵态氮太多，反而会使植株受到伤害。当气温较高时，铵态氮也很快通过硝化作用而转化为易被蔬菜吸收的形态。但转化需要时间，因此肥效不如硝态氮快。在土壤中硝态氮不为土壤胶体颗粒吸附，主要存在于土壤溶液中，移动性比铵态氮大，肥效快并能促进叶菜类蔬菜快速生长，叶片鲜嫩，可提早上市。铵态氮能被土壤胶体吸附，肥效较稳，有利于生长后期叶片的成熟，叶片厚度适宜，颜色好，口味佳。

在氮素化肥中，尿素、硫酸铵和碳酸氢铵适宜于各种土壤和作物。碳酸氢铵易挥发，应重点作基肥用；尿素、硫酸铵作基肥、追肥均可，一般多作追肥。硫酸铵在酸性土壤上少用，宜用在缺硫菜田或甘蓝、菜豆等喜硫蔬菜上。硝酸铵在设施蔬菜栽培中适宜作追肥用，但用量不宜过大，以防淋溶损失。

②将氮肥与磷、钾肥或有机肥配合施用。菜田土壤普遍缺氮，因此氮肥施用量大，肥效也较高。但是，在蔬菜生产上，氮肥的增产效果是在不缺乏其他营养元素的情况下才能表现出来，因此要做到蔬菜养分平衡施肥。多数蔬菜对钾的吸收量大于对氮的吸收量，设施蔬菜土壤又相对肥力高，更应注意氮、磷、钾及中量、微量元素的配合施用。

③控制氮肥施用量，减轻硝酸盐对蔬菜的污染。蔬菜氮肥的施用量可用以下公式计算：

蔬菜对氮的总需求量（根据总生物量和氮含量得到总的吸收量）－种植时土壤速效氮含量（土壤分析值）＝施肥应提供的纯氮量。

当前棚室蔬菜普遍存在凭经验而盲目施入大量氮肥的现象，一茬日光温室黄瓜每 667 米^2 投入纯氮 53～86 千克的现象很普遍。

氮肥施用量过大，并不能完全被蔬菜吸收利用，而是积累在土壤中污染土壤和地下水。棚室蔬菜从土壤中吸收大量硝态氮以后，由于受光照、温度、水分、空气和其他养分配合程度等多种因素的限制，不能全部被同化参与氮代谢作用，致使大量硝酸盐在蔬菜体内积累。这种积累对蔬菜本身无害，但被食用后则有害于人类健康。蔬菜中硝酸盐含量与氮素化肥施用量呈正相关。为了降低蔬菜体内硝酸盐的积累，必须控制氮素化肥的施用量。

2. 磷肥的使用　磷肥包括过磷酸钙、重过磷酸钙和钙镁磷肥等。按磷肥的溶解性可分为水溶性磷肥、弱酸（柠檬酸）溶性磷肥和难溶性磷肥 3 种类型。

（1）水溶性磷肥的性状及施用　磷肥中的磷素易溶于水，能为作物直接吸收利用，如过磷酸钙、重过磷酸钙等。设施蔬菜栽培中，施用最多的磷肥是过磷酸钙、重过磷酸钙，二者为速效性磷肥。

水溶性磷肥施入土壤后，易发生化学固定而降低其肥效，因此应集中施用。作基肥时与有机肥混施，集中施于根系附近，可减少其与土壤接触而增加其与根系的接触面。作追肥时，应早施。根据不同生育期，施于根系密集层。作根外追肥用时，要控制好施用的浓度。

主要水溶性磷肥的养分及施用情况如下：

①过磷酸钙的性状及施用。过磷酸钙又称过磷石灰，简称普钙，有效磷含量为 12％～18％。在其产品中，还有许多副成分，如硫酸钙、硫酸铁、硫酸铝和游离的硫酸与磷酸等。有酸味，腐蚀性强。呈灰白色粉末或颗粒。由于吸湿性强，结块后会降低肥效，故在储存过程中要注意防潮。适用于各种土壤和作物。由于含有大量的硫酸钙（石膏），因而在盐碱地上施用有改良土壤的作用。可做基肥、种肥和追肥，也可配成水溶液做根外追肥。但主要是做基肥，每 667 米^2 用量为 25～50 千克。

②重过磷酸钙的性状及施用。重过磷酸钙含有效磷 36％～52％。由于所含有效磷是过磷酸钙的 2～3 倍，因此又称二料或三料磷肥，简称重钙。重过磷酸钙为灰白色粉末或颗粒，有吸湿性，无副成分，易溶于水，呈酸性反应，不含石膏。性质比普通过磷酸钙稳定，吸湿后不发生磷的退化。物理性能好，便于贮存和使用。适用于各类土壤和各种作物，做基肥、追肥均可，每 667 米^2 用量为 10～20 千克。

（2）提高磷肥利用率的方法　磷肥在施用的当季利用率很低，一般只有 10％～25％，有些地方每年施磷肥而土壤中仍然缺磷，这是因为土壤中的水溶性磷形成沉淀，被土壤中的黏粒矿物吸附，或被土壤微生物暂时利用的缘故。

有效磷在各种土壤中移动性都小，大多数集中在施肥点周围 0.5 厘米的范围内。因此，在施肥方法上要减少肥料与土壤颗粒的接触，避免水溶性磷酸盐的化学固定，还要让磷肥置于根系密集的土层，增加根系与肥料的接触，以利于吸收。水溶性磷肥颗粒化，有利于提高其利用率。

将磷肥作基肥、追肥施用时，撒施、沟施或穴施均可。可单独施用，也可将磷肥与有机肥混合，或与氮、磷、钾化肥混合施用。施肥深度以在地表下 10～20 厘米处为宜。磷肥与有机肥混合施用时，磷肥中的速效磷提供了微生物繁殖的能源，有机肥中分解的有机酸促进了难溶性磷的溶解，也减少了磷的固定，特别在石灰性土壤上尤为明显。

蔬菜作物在生育后期，其根部吸收能力减弱，进行根部追肥也很难，而进行叶面喷施却能及时供给作物所需要的磷养分。根外追肥时，常用的磷肥品种有磷酸二氢钾、磷酸铵、过磷酸钙和重过磷酸钙。磷酸二氢钾和磷酸铵可配成 0.2％～0.3％的溶液，过磷酸钙则在 100 千克水中加 2～3 千克磷肥，浸泡一昼夜，用布滤去渣子，即为喷施水溶液。重过磷酸钙的使用方法和过磷酸钙一样，只是用量要减半。

3. 钾肥的使用

（1）钾对蔬菜的主要作用　钾既是作物必需的三大营养元素之一，又是蔬菜生长发育需要量最多的养分之一。氮和钾的吸收比例一般是 1∶1.0～1.2，蔬菜每吸收 1 千克氮素，就要相应地吸收 1～1.2 千克的钾。

钾在植物体内含量很高，一般为干重的 1％～25％。但钾不是细胞内分子的稳定结构部分，在植株体内易流动，从下部老叶流向幼嫩叶片。因此，缺钾症状首先在下部老叶上表现出来。在作物成熟前，钾易从老叶中淋失和从老根中渗出，从而使吸收的钾损失。钾对蔬菜的主要生理作用如下：

第一，钾能增强光合作用，促进糖和氨基酸的合成与运转，促进生长，提高产量。

第二，钾能提高蔬菜质量，使色泽鲜亮，外形整齐，口感好，能提高蔬菜果实的糖酸比和维生素 C 的含量，还能提高蔬菜产品的耐贮性。

第三，钾能提高蔬菜的抗旱、抗寒能力和抗病性能，能提高氮肥增产效果和提高豆类蔬菜的固氮能力，能降低蔬菜中可食部分硝酸盐的含量，减少污染。

（2）钾肥的使用　适用于设施蔬菜栽培应用的钾肥品种以硫酸钾为最好，氯化钾次之，国产盐湖钾肥应慎用。

①硫酸钾的性状及施用。硫酸钾含氧化钾 48%～52%。为白色或淡黄色结晶，吸湿性小，贮存时不易结块。易溶于水，是化学中性、生理酸性肥料。适用于各种作物，做基肥和追肥均可。由于钾在土壤中流动性差，因此用作基肥较好。施肥深度应在根系集中的土层。做追肥时，应集中条施或穴施到根系密集的湿润土层中，以减少钾的固定，也利于根的吸收。施用量为每次每 667 米^{2}10 千克。

②氯化钾的性状及施用。氯化钾为白色或粉红色结晶，含氧化钾 50%～60%。吸湿性不大，但贮存时间长或空气中湿度大时也会结块。易溶于水，是化学中性、生理酸性肥料。氯化钾施入土壤后，钾素以离子状态存在，能被蔬菜直接吸收利用，也能与土壤胶体上的阳离子置换，在土壤中移动性小，一般作基肥施用。在缺钾的土壤中做追肥，增产效果也很明显，由于含有大量氯离子，因此在忌氯蔬菜和盐碱地上不宜施用。若必须使用，则要及早施入，以便降雨或浇水时将氯离子淋溶到下层。使用量为每 667 米^{2}10 千克。

③草木灰的性状及施用。草木灰是植物体燃烧后残留的灰分，燃烧完全的草木灰呈灰白色，燃烧不完全的因残留碳粒而呈黑色。草木灰含有多种元素，如钙、钾、磷、镁、硫、铁等，其中以钾和钙的含量较多，含氧化钾 5%～10%。草木灰含有多种钾盐，主要是碳酸钾，其次是硫酸钾和少量的氯化钾，90%能溶于水，是速效性钾肥。适于各种土壤和作物，可做基肥和追肥，但不能与铵态氮肥混合贮存和使用，也不能和人粪、尿、圈粪混合堆腐使用，以免造成氮素挥发损失。

4. 钙肥和镁肥的使用

(1) 钙肥的施用　钙是以钙离子的形式被作物吸收的，作物只能通过根尖吸收钙离子。虽然有时土壤中含钙丰富，但植株吸收的速度和数量仍然较小，并且钙离子在植株体内移动性很小。蔬菜是需钙较多的作物，因此常出现缺钙症状。在氮、磷肥施用量较大的设施蔬菜栽培中，施用钙肥也有好的效果。石灰是主要的钙肥，包括生石灰、熟石灰、碳酸石灰3种。此外，还有石膏也可作为钙肥。

①生石灰的施用。生石灰又称烧石灰，化学名称为氧化钙。通常用石灰石烧制而成，含氧化钙90%～96%。用白云石烧制的称镁石灰，含氧化钙55%～85%，含氧化镁10%～40%，兼有镁肥的作用。贝壳类烧制而成的称生石灰，含氧化钙47%～95%。生石灰中和土壤酸性的能力很强，可迅速矫正土壤酸度。此外，生石灰还有杀虫、灭草和土壤消毒的作用。因此，生石灰是设施土壤常用的消毒剂。

②熟石灰的施用。熟石灰又称消石灰，化学名称为氢氧化钙。由生石灰吸湿或加水处理而成。营养效果同生石灰，其中和土壤酸度的效果仅次于生石灰。

③碳酸石灰的施用。由石灰石、白云石或贝壳类磨细而成。主要成分是碳酸钙，其次是碳酸镁。其溶解度小，中和土壤酸度的能力较缓和而持久。

④氯化钙和硝酸钙的施用。绝大多数蔬菜是喜钙作物，在设施栽培中番茄、辣椒、甘蓝等出现缺钙症状前，及时喷施0.5%氯化钙或0.1%硝酸钙溶液，具有一定的防治效果。

(2) 镁肥的施用　蔬菜也是需镁较多的作物，常用的镁肥有硫酸镁、氯化镁、硝酸镁和氧化镁等。上述镁肥可溶于水，易被作物吸收。此外，有机肥中含有镁，以饼肥含镁最高，豆科绿肥和厩肥次之。镁肥可作基肥或追肥施用，也可作根外追肥用。目前，在设施蔬菜生产中，只要每茬都坚持施用农家肥，一般不会出现缺镁现象。硫酸镁等可溶性镁盐，可在植株出现缺镁症状前进行叶面喷施，浓度为1％左右。

5. 硫肥的使用 含硫肥料种类很多，如硫酸铵、硫酸钾、硫酸钙、硫酸镁和过硫酸钙等。硫是以硫酸根离子的形式被植物吸收的。不同蔬菜需硫量不同，十字花科蔬菜需硫量较高，其次是含蛋白质较高的豆科作物，每生产 1 000 千克蔬菜约需硫0.5～1.0千克，因蔬菜种类而异。

土壤有效硫的临界值一般为6～12毫克/千克，当低于临界值时，作物有可能缺硫。硫在土壤中易随水流失。北方一些菜区的土壤和一些对硫敏感的蔬菜，由于大量元素化肥的施用及化肥品种的更换，也出现了缺硫现象，多数蔬菜对硫肥有良好的效果。目前，在设施蔬菜栽培中，施用较多的硫肥有硫酸钙（石膏）、硫磺、硫酸铵、硫酸钾、硫酸亚铁等。

(1) 石膏 是重要的硫肥，也是碱土理想的改良剂。农用石膏有生石膏、熟石膏和含硫石膏。微溶于水，对于喜钙又喜硫的豆科、十字花科及葱蒜类蔬菜，施用石膏有明显的增产和改善品质的效果。石膏可做基肥或追肥，施用量因土壤和作物而异。

(2) 硫磺 硫磺即元素硫，难溶于水，后效期长。施入土壤后，经微生物转化为硫酸盐后才能被作物吸收利用，因此硫磺应早施。大蒜抽薹前，每667米^{2}撒施1～2千克硫磺粉，增产效果明显。

(3) 其他含硫肥料 硫酸铵、硫酸钾、硫酸亚铁等易溶于水，肥效快，一般在氮、钾、铁肥施用的同时配合施用，可补充土壤中硫的不足，提高施肥效果。

(三) 微量元素肥料的种类及施用

1. 硼肥的使用 硼在植株体内参与碳水化合物的运输和分配。缺硼叶片中形成的碳水化合物，不能被运转出去而大量积累在叶片中，致使叶片增厚。硼还有促进植物分生组织迅速生长的作用。缺硼时，根尖、茎尖生长点分生组织细胞的生长受到抑制，严重缺硼时生长点萎缩坏死。缺硼引起植株体内生长素含量下降，从而抑制营养器官的生长。缺硼植株不能形成正常的花器官，表现为花药和花丝萎缩，花粉粒发育不良，出现"花而不实"现象。此外，硼对加速植株发育，促进早熟和改善品质也有十分重要的作用。如对黄瓜和番茄施硼肥，可提高维生素 C 的含量。蔬菜常发生缺硼病，如芹菜茎裂病、甘蓝褐腐病、萝卜空心及褐心病、花菜褐化病。蔬菜生产上常用的硼肥有硼砂和硼酸。

（1）硼砂　为白色结晶或粉末，在 40℃ 热水中易溶解，含硼量为 11%。

（2）硼酸　性状同硼砂，易溶于水。含硼量为 17.5% 左右。硼砂和硼酸均可做基肥和追肥，每 667 米² 施用量为 0.5～1 千克。追肥宜早施，注意施均匀。根外追施浓度为 0.05%～0.1% 的硼酸溶液或 0.1%～0.3% 的硼砂溶液，每 667 米² 喷施 50 千克溶液，以在作物由营养生长转入生殖生长时期喷施为好。浸种浓度一般为 0.01%～0.05%，时间为 6～12 小时。拌种一般每千克种子用 0.4～1 克，蘸根为 0.1%～0.2% 浓度水溶液。硼肥有一定后效，一般可持续 3～5 年。

2. 锌肥的使用　锌是植物体中碳酸酐酶等一些酶和辅酶的组成成分，也参与植物体内生长素的合成，并影响植株碳、氮代谢和叶绿体的形成，对生殖器官的发育也有影响。如番茄缺锌，花蕾不能正常开放，易脱落，花药不能形成正常的花粉粒。

锌肥是补充土壤和蔬菜体中锌素的重要微量元素。目前，设施蔬菜生产中施用最多的锌肥品种是硫酸锌，其次是氧化锌、氯化锌和硝酸锌等。

硫酸锌为白色或浅橘红色结晶，易溶于水。含锌量为 23%～40%。适用于各种土壤和蔬菜，可做基肥、种肥和追肥，但主要用于种子处理和根外追肥。浸种为 0.02%～0.05% 浓度的溶液，拌种每千克种子用 2～6 克，根外追肥浓度为 0.2%～0.3%。做基肥时，与有机肥混匀撒施或条施，结合耕地与土壤混匀后播种或定植。一般每 667 米² 用量为 1～2 千克。在缺锌的土壤上栽培茄果类、瓜类蔬菜，在幼苗期对叶面喷施 0.01%～0.05% 的硫酸锌和 0.02% 的尿素混合液，在盛花盛果期喷施 0.05%～0.2% 的硫酸锌和 0.5% 的尿素混合液，对促进茎叶生长、花芽分化、增加坐果率、改善品质，增强作物抗性有明显的效果。锌在土壤中的残效期为 3～5 年，因此不可施用过量，以防污染环境。绝大多数蔬菜对锌肥均有良好的效果。对锌敏感的蔬菜有番茄、甘蓝、莴苣、芹菜、菠菜等。根菜类蔬菜对锌的需求量较大，施锌肥效果良好。瓜类蔬菜，特别是佛手瓜含锌量高，抗病性强。因此，防病治虫用药量少，是人类较好的补锌食品。

3. **锰肥的使用** 锰在植物体内代谢过程中，具有多方面的生理功能。锰是植物体内维持叶绿体结构所必需的微量元素，缺锰常引起叶片失绿，使光合作用减弱。因此，锰能促进二氧化碳同化，增强光合作用。锰还与植物呼吸作用和氧化还原作用有关系，也是植株氮代谢过程中的活跃因子，能促进蛋白质、维生素和核黄素的合成。并作为活化剂参与许多酶系统的活动，有促进种子发芽、营养生长、提早开花、防止早衰和降低病害、提高耐寒性等作用。

蔬菜植株地上部干物质含锰量低于 15～25 毫克/千克时，植株的生理活性及生长发育受阻，生长量、净光合量、叶绿素含量等迅速下降。缺锰植株对低温特别敏感，使组织细胞体积变小，内表皮组织收缩，抗寒力降低，但呼吸作用、蒸腾速率不受影响。

对土壤缺锰最敏感的蔬菜有豆类蔬菜、莴苣、马铃薯、小萝卜和菠菜等；中度敏感的蔬菜有花椰菜、甘蓝、芹菜、番茄和萝卜等。

在设施蔬菜生产中，常用的锰肥有易溶态（如硫酸锰、氯化锰和锰的络合物）和溶解缓慢的无机化合物（如氧化锰、二氧化锰等）两种，其中以硫酸锰使用较普遍。

硫酸锰为粉红色结晶，易溶于水，含锰量为 $26\%\sim28\%$。可做基肥、种肥或追肥，但主要用于种子处理和根外追肥。基肥用量为每 667 米^2 $1\sim1.5$ 千克。浸种浓度为 $0.05\%\sim0.1\%$ 的溶液，浸 $12\sim24$ 小时。进行拌种，每千克种子用 $2\sim3$ 克。根外喷施浓度为 0.1% 左右，在蔬菜苗期或营养生长与生殖生长并进初期，喷施效果较好。

4. 钼肥的使用　钼是已知植物必需微量元素中需要量最少的一种。在植株体内钼的重要生理功能是参于氮素代谢，特别是参与硝酸还原和氮的固定过程。钼还是豆科蔬菜生物固氮作用不可缺少的元素，对核酸代谢、磷代谢、维生素代谢有重要影响。植株缺钼时，体内维生素 C 浓度下降，有机磷含量低而无机磷含量明显提高；光合作用水平降低，还原糖含量降低。豆科蔬菜根瘤数降低，固氮能力下降，植株抗逆能力减弱，从而影响产量和品质。

土壤有效钼丰缺指标为 0.15 毫克/千克。华北地区黄土母质发育的土壤有效钼含量低于 0.1 毫克/千克，属于有效钼含量低的土壤。目前，设施蔬菜生产中常用的钼肥品种有钼酸铵、钼酸钠和钼渣。

（1）钼酸铵　为青白或黄白色结晶，易溶于水，含钼量为 $50\%\sim54\%$。可做基肥、种肥或追肥。水溶性钼肥通常用作种子处理。钼渣用做基肥，肥效可持续数年。浸种溶液浓度为 $0.05\%\sim0.1\%$，浸泡时间为 12 小时左右。拌种一般每千克用 $1\sim3$ 克。根外追肥浓度为 $0.01\%\sim0.1\%$，一般在苗期或现蕾期喷 $1\sim2$ 次。

（2）钼酸钠　为青白色结晶，易溶于水，含钼量为 $35\%\sim39\%$。可做基肥、种肥或追肥。使用方法同钼酸铵。

对钼敏感的蔬菜有豆科蔬菜、花椰菜、莴苣、菠菜和十字花科蔬菜；中等敏感的有番茄和萝卜，不太敏感的有胡萝卜、芹菜、马铃薯、大葱和洋葱。蔬菜植株的缺钼症状与缺氮相似。与缺氮症状不同的是，由于硝酸盐的积累使叶片边缘有坏死症状，并先出现在中、下部老叶上。

5. **铁肥的使用**　铁也是植物必需的营养元素。在植株体内，铁是铁氧还原蛋白的组成成分，也是多种酶的组成部分，因而参与光合作用、硝酸还原作用和固氮作用。缺铁使叶片中叶绿体的体积明显减小，叶绿素总含量下降；缺铁也使蛋白质和糖类化合物合成受抑制，植株内积累大量氨基酸和有机酸而影响产量和品质的提高。对绿叶蔬菜尤其重要。

在北方石灰性土壤上，铁的可溶性很低，作物缺铁现象时有发生。土壤有效铁丰缺指标为 4.5 毫克/千克。但土壤中铁的有效性受土壤 pH 的影响，pH 越高，铁的溶解度越低；碳酸钙含量高、质地黏重的土壤，铁的有效性低；含水量高的土壤，铁的有效性降低。土壤有机质对铁的活化有促进作用。设施蔬菜生产中常用的铁肥有以下两种：

(1) 硫酸亚铁　为淡绿色或蓝绿色结晶，有腐蚀性，易溶于水，含铁量为 19%～20%。用作根外追肥的浓度为 0.2%～0.3%。

(2) 硫酸亚铁铵　为透明淡蓝色固体，易溶于水，含铁量为 19%～20%。用作根外追肥的浓度为 0.2%～0.3%。

对铁敏感的蔬菜主要有豆科蔬菜、莴苣、黄瓜和番茄等，洋葱、甘蓝、马铃薯和胡萝卜等次之。植株缺铁的明显症状是新叶黄化、失绿，叶片变小并有坏死斑点，严重时整株叶片黄化、枯死。由于铁在植株内不能从老叶向新叶运转，因此叶面追肥应连续喷施 2～3 次。

6. **铜肥的使用**　铜也是作物必需的营养元素，是多种蛋白酶的组成成分，并可提高多种酶的活性，从而促进生长发育。铜是叶绿体中类脂的成分，是多酚氧化酶、维生素 C 合成酶的组成成分，是亚硝酸还原酶和次亚硝酸还原酶的活化剂。因此，对叶绿素的合成和稳定，对作物的碳素代谢、硝酸还原及含氮化合物由营养器官向生殖器官运转等，均有促进作用。

石灰性和中性土壤有效铜的临界值是 0.5 毫克/千克。土壤中有效铜含量除受成土母质影响外，也受土壤有机质含量的影响，由于铜在土壤中主要以有机复合体的形式存在，有机质含量高，铜的有效性也高。此外，如氮肥施用量过高，应增加铜肥的施用；如土壤有效铁含量过高，也可施用铜肥以减轻铁的毒害。

设施蔬菜栽培中常施用的铜肥有硫酸铜。它为蓝色结晶，易溶于水，含铜量为 24%～25%。做基肥时，每 667 米^2 施用 1～2 千克，每隔 3～5 年施一次。拌种用时每千克种子用量不超过 2～4 克（最安全用量为 0.6～1.2 克）。浸种浓度为 0.01%～0.05%，浸 15～20 分钟。根外喷施浓度为 0.02%～0.04%。

（四）复合肥料的种类及施用

1. **复合肥的种类** 含有两种或两种以上氮、磷、钾养分，用化学或机械方法加工而成的肥料，称为复混肥料。按制造方法可分为化学合成复合肥，混合复合肥和掺合复合肥三大类型。按其形态又可分为固体复混肥和液体复混肥两大类。按成分可分为二元复混肥、三元复混肥和多元复混肥。复混肥料中有效养分以氮—五氧化二磷—氧化钾的含量百分数来表示。

（1）化学合成复合肥料 在生产工艺流程中发生显著的化学反应而制成的复合肥料称为化学合成复合肥料。一般是二元型复合肥，无副成分，如磷酸铵、硝酸磷肥、磷酸二氢钾、硝酸钾和偏磷酸铵。上述几种氮磷或磷钾二元复合肥易溶速效，是蔬菜作物常用的肥料，宜做追肥和根外追肥，增产效果显著，也可做为基质肥料加工配制各种配比的复混肥料。

（2）混合复合肥科 氮、磷、钾单质化肥或化学合成复合肥按一定比例粉碎、混合、造粒、烘干而成的复混肥称为混合复合肥料。按造粒方式可以分成转鼓型、圆盘型和挤压型3种。也可根据蔬菜种类、土壤肥力及施肥时期的需要生产不同类型的二元、三元蔬菜专用复混肥。

(3) 掺混型复混肥料 将颗粒大小一致的单质化肥或化学合成复合肥做基料，按当地土壤肥力和蔬菜需求确定配方，称取适量配料，经简单机械混合而成的肥料称为掺混型复混肥料。掺合复合肥一般随混随用，不宜长期存放，且配料灵活，加工成本低，效果良好。近十几年大量生产施用的 BB 肥就属于此类型。

(4) 液体复混肥 有两种类型：一是液体类，即在这种液体中，所有组成成分均是溶液状的，如喷施宝、营养宝和叶面宝等叶面肥。二是悬浮液类，这是一种含有固体成分的液体混合肥料，在悬浮液中，由于加进了一种胶状物质，使这些固体成分悬在悬浮液中，这种胶状物质增加了悬浮液的黏性，并减慢了悬浮液沉淀的速度。

液体复混肥具有肥效性较高、易被吸收利用、生产成本低、施用方便并且均匀等特点，适合做追肥和根外追肥。做追肥时，可随水追施，特别适用于喷灌或滴灌时使用。液体肥料经稀释可与农药混合后一起喷施，番茄、茄子等移栽时，可用一定浓度液体肥料蘸根，增产效果良好。

2. 常用的复合肥

(1) 硝酸钾 为白色结晶，易溶于水，高温中易爆炸。中性、速效。含氮 13%、氧化钾 45%～46%。可作基肥、种肥、追肥或根外追肥使用，深施肥效好，每 667 米^2 用量为 5～10 千克。

(2) 磷酸二氢钾 为白色或灰白色粉末，吸湿性小，物理性状好，易溶于水，呈酸性。含五氧化二磷 50%～52%、氧化钾 30%～34%。主要用于浸种和叶面追肥，常与尿素一起使用。叶面喷施浓度为 0.2%～0.3%。

(3) 磷酸一铵 浅黄色颗粒，溶于水，易吸潮，弱酸性，速效。含氮 10%～13%、磷 40%～53%。可做基肥和追肥，适于各种土壤和作物，每 667 米^2 用量为 10～25 千克。因含氮量少，宜配合施用氮肥。

(4) 磷酸二铵 为浅黄色颗粒，溶于水，易吸潮，弱酸性，速效。含氮 16%～18%、磷 46%～48%，做基肥、追肥均好，适用于各种土壤和作物，每 667 米^2 用量为 10～25 千克。

(5) 偏磷酸铵 为白色或浅黄色颗粒或粉末，溶于水，弱酸性，速效。含氮 17%、磷 75%。在设施蔬菜栽培中宜做基肥，每 667 米^2 用量为 10～20 千克。

(6) 磷铵钾肥 为白色或浅黄色颗粒，溶于水，中性，吸湿性小，养分全面，肥效快而持久。含氮 10%～12%、磷 20%～30%、钾 10%～15%。各种作物和土壤均可使用，做基肥较好，做追肥要早施。

(7) 尿磷钾肥 是由尿素、磷酸铵和氯化钾按不同比例掺混造粒而形成的三元复混肥料。可根据各地土壤、作物种类对氮、磷、钾比例的不同要求，生产出氮、磷、钾比例不同的尿磷钾肥，如 19 - 19 - 19，27 - 13.5 - 13.5，23 - 11.5 - 23，23 - 23 - 11.5 等几种。对缺磷的土壤和需要磷、钾较多的蔬菜，如菜豆、豇豆、马铃薯和甘薯等，可选用低氮高磷、钾（1∶2∶2）的三元复混肥料，对叶菜类蔬菜应选用高氮、低磷、高钾（2∶1∶2）的三元复混肥料。

(8) 硝酸磷肥 是几种化合肥料的混合物，主要成分是磷酸一铵、磷酸二铵和硝酸铵。一般含氮 16%～28%、磷 13%～23%左右，可做基肥和追肥。

（五）叶面肥料的种类及施用

1. 叶面肥的分类

(1) 普通叶面肥 如尿素、磷酸二氢钾以及各种单质微量元素的盐类等。

(2) 多元叶面肥 多是以几种微量元素为主，适当配加一些大量元素，或者添加一些表面活性剂等。

(3) 多功能叶面肥 由多种硫质营养元素盐类和植物激素或农药配制而成。也有用天然有机物提取液，或接种有益菌类的发酵液，再加一些营养元素和辅料而成。这类叶面肥不仅能提供一些养分，还可以调节植物的生长发育，以及营养元素在植株体内的运转等。

2. **叶面施肥的特点** 叶面肥是一种经济有效施肥的辅助措施，尤其作物根部吸收机能受到阻碍的情况下，可获得较好的效果。叶面肥被植株吸收利用时间短，不受土壤固定、吸附和沉淀的影响，因此肥料利用率高。但是，由于叶片对营养元素吸收数量少，因此氮、磷、钾等大量元素要以土壤施肥为主。对于微量元素肥料，也要根据土壤供肥能力，作物需肥特性和选用元素的种类或激素的生理功能，进行合理应用，才能发挥应有的增产作用。

3. **叶面肥的施用** 叶面肥施用时是直接喷施于植株地上部的表面，与根际土壤施肥不同，没有土壤的缓冲作用，因而喷施浓度的确非常重要。浓度低，植株吸收的养分数量少，作用不明显；浓度过高，往往烧伤叶片，造成肥害。不同蔬菜适宜的浓度不同，同一种蔬菜在不同生育期适宜的浓度也不同。如尿素，在露地蔬菜喷施的适宜浓度为 $0.5\% \sim 1\%$，在温室和大棚蔬菜上喷施的适宜浓度为 $0.2\% \sim 0.4\%$，在苗床育苗期喷施的适宜浓度为 0.2%。叶面肥中如果含有 $2，4 - D$ 等生长调节剂，在低浓度（$10 \sim 20$ 毫克/升）时可形成无籽果实，在高浓度下会引起果实畸形。

(六) 二氧化碳肥料及施用

1. **二氧化碳的来源** 利用化学反应法产生二氧化碳，先根据栽培蔬菜棚室的容积，按 1 000 毫克/千克的二氧化碳浓度计算，得出需要施放二氧化碳的量。再根据化学反应生成这些二氧化碳所需的原材料量，在棚室内设置好分布均匀的反应点。用碳酸氢铵和工业硫酸进行化学反应生成硫酸铵和二氧化碳的方法较好，既能施放二氧化碳，所产生的硫酸铵水溶液又可作追肥用。

2. 二氧化碳的施用量及时间 栽培黄瓜、番茄的温室内，二氧化碳浓度应维持在 0.1%～0.15%（1 000～1 500 毫克/千克）比较合适。

在日出后 30 分钟，设施内二氧化碳浓度逐渐下降，温度达到 15℃时，开始施入二氧化碳较为合适。在施二氧化碳以前，密闭的棚室可先揭开通风口进行小通风，以降低棚室的湿度。日出后关闭通风口，让棚室升温，过半小时后再施用二氧化碳。从作物生育期看，苗期施用二氧化碳，对培育壮苗，缩短苗龄，提高定植成活率及增加前期产量均有好处。但为了促进瓜果类蔬菜花芽分化，抑制营养生长，苗期一般不施二氧化碳肥，而在定植缓苗后施用二氧化碳。为促进果实膨大，在番茄、甜瓜等作物开花后 10～20 天，黄瓜开花后 7～15 天施用二氧化碳效果较好。

3. 发生二氧化碳的操作方法 在 667 米² 塑料大棚、温室内，均匀设置 35～40 个容器。容器可用塑料盆、瓷盆、坛子、瓦罐和花盆等，内铺垫薄膜，但不能使用金属器皿。由于二氧化碳比空气的比重大，反应容器要悬挂在适当的高度，一般挂在蔬菜生长点上方 20 厘米处，使二氧化碳发生后直接下沉，扩散到蔬菜的功能叶上，以利吸收利用。

将 98% 的工业用硫酸与水按 1：3 比例稀释，并搅拌均匀。在配制稀硫酸溶液时，应戴胶皮手套，穿上长筒胶鞋，系上胶面围裙，做好防护准备，然后把浓硫酸慢慢倒入水中。必须注意，切忌将水倒入浓硫酸中，以免溅出造成烧伤。再将稀释好的硫酸水溶液均匀地分放在各个容器中，稀硫酸溶液约占容器容积的 1/3。

在每个盛稀硫酸溶液的容器内，每天加入碳酸氢铵1 350 克（40 个容器）或1 545 克（35 个容器），即可在 667 米² 棚室内产生1 000 毫克/千克浓度的二氧化碳。当加入碳酸氢铵不再冒泡或白烟时，表明稀硫酸已反应完毕，应将生成物硫酸铵水溶液（可作追肥施用）清除，重新装入稀硫酸水溶液。棚室每天施放二氧化碳后，要密闭 2～3 小时，然后再通风换气。

所需原料的计算方法：因塑料棚室体积大小不同，所需原料数量可通过计算确定。其计算公式如下：

$$\text{每日所需碳酸氢铵使用量（克）} = \text{设施空间体积（米}^3） \times \text{计划二氧化碳浓度（毫克/千克）} \times 0.003\,6$$

每日所需硫酸用量（克）＝每日所需碳酸氢铵量（克）×0.62

式中：设施空间体积（米³）＝面积（米²）×平均高（米）；

0.003 6 是每立方米发生 1 毫克/千克二氧化碳所需碳酸氢铵的克数；

0.62 是 1 克碳酸氢铵需与比重 1.84 的 0.62 克硫酸完全反应。

施用二氧化碳的天数，应根据不同蔬菜、不同生长状况和施放目的而定。如春大棚黄瓜为增加前期产量，可在定植后 5 天开始施放，连续 30～40 天。如遇阴雨天，则要停止施放。

4. 使用二氧化碳与环境条件的关系

(1) 温度 施放二氧化碳肥是调节环境条件的一种手段，不满足其他条件，仅靠提高二氧化碳浓度达不到增产的目的。棚室温度高于蔬菜适温 1～2℃ 时，是施用二氧化碳肥的适宜温度。当外界气温升高，光照增强时应通过通风换气，充分利用空气中的二氧化碳，这是最经济的方法。切勿为延长补充二氧化碳的时间而推迟放风，使室温过高而阻止二氧化碳的扩撒。

(2) 光照 二氧化碳的施用效果受光照的制约。光照强度在一定范围内时，增加二氧化碳浓度，可以提高光合作用强度；光照弱时，单纯提高二氧化碳浓度，并不能提高光合强度。因此，温室大棚要经常清除薄膜上的尘土、碎草、积水和露水等，增加透光率。此外，蔬菜栽培密度也不能过大，以免影响棚室内的光照条件。

（3）浇水施肥　由于增施了二氧化碳，蔬菜作物根系发达，吸收功能增强，若此时土壤水分缺乏，就会出现叶片萎蔫、光合作用减弱的现象。因此，增施二氧化碳的同时，应保持适宜的土壤水分。但也不宜浇水过多，以免引起植株徒长，果实发育不良，病害严重，影响二氧化碳的肥效。另外，二氧化碳的施肥时期内，还要根据植株生长状况调节其他肥料的施用量。

二、设施蔬菜施肥方法

1. 设施蔬菜的施肥特点

（1）增施肥料　由于一年内在有限的面积上栽培多茬蔬菜，其产量又高，从土壤中吸收的养分较多，因此，比露地蔬菜栽培要求供应更多的肥料，才能满足设施蔬菜生长发育的需求。应以增施有机肥为主，配合适量的氮、磷、钾化肥。

（2）补施二氧化碳　棚室内二氧化碳的浓度在太阳出来后，随着光合作用的进行而逐渐减少，以至不能满足光合作用正常进行的需求，故人工补施二氧化碳增产效果明显。

（3）选择适宜的肥料品种　由于设施内比较密闭，单位面积上的施肥量又较高，因此在施肥前需注意以下两点：

（4）禁止使用易产生有害气体的肥料　如碳酸氢铵易分解产生氨气，没有腐熟的饼肥、鸡粪、人粪尿等肥料，在设施内高温条件下易分解产生大量氨气。当棚室内氨气浓度超过 5 毫克/千克时，蔬菜就会受害。

（5）尽量不施对土壤有副作用的肥料　如氯化钾可使土壤中氯离子浓度增高，硝酸钾易形成土壤盐类浓度障碍，未腐熟的有机肥易把病菌、虫卵等带到土壤中，使蔬菜生长不良或发病，在设施蔬菜栽培中尽量不要施用。

2. 设施蔬菜施肥的技术要点

根据设施土壤和蔬菜生长特点，要科学施肥。科学施肥既能保证当季蔬菜高产稳产，又有利于防止土壤盐渍化和酸化，或防止连作障碍，为蔬菜生产创造一个良好的土壤环境。

(1) 科学监测 用电导仪（也常写作 EC 计，所测得数据为 EC 值，单位为毫欧姆/厘米，即电阻率的倒数值）来监测土壤溶液浓度。如 EC 值接近生育障碍临界值时，就要停止施肥，并适当浇水，以避免蔬菜出现生育障碍（表 2-1）。

表 2-1　蔬菜生育障碍临界点

（EC值，土：水＝1：2）

土壤	生育障碍临界点			枯死临界点		
	黄瓜	番茄	辣椒	黄瓜	番茄	辣椒
砂壤	0.6	0.8	1.1	1.4	1.9	2.0
冲积壤土	1.2	1.5	1.5	3.0	3.2	3.5
腐殖质壤土	1.5	1.5	2.0	3.2	3.5	4.8

(2) 增施有机肥料 最好施用骡马粪等纤维素多的有机肥，可增强土壤的调节能力，防止盐类积聚，延缓土壤盐渍化的进程。又可利用微生物分解有机质产生的热量来提高地温。

(3) 基肥深施，追肥限量 用化肥做基肥时要深施，最好把化肥与有机肥混合后施于地表，然后深翻，应严格控制每次的追肥量。可适当增加追肥次数来满足蔬菜对养分的需求，不能一次追肥过多，以防土壤溶液浓度增高。

(4) 提倡叶面施肥 蔬菜的叶片和嫩茎的表面具有吸收养分的功能，因此使叶面施肥成为可能。叶面施肥不会增加土壤溶液的浓度，应大力提倡。尿素、过磷酸钙、磷酸二氢钾及一些微量元素肥料，均可用于叶面施肥。

3. 设施蔬菜施肥量的确定 目前我国大多数设施蔬菜生产多采用经验施肥法。为使设施蔬菜生产取得更好的经济效益，应采用科学的施肥方法。根据研究结果，推荐蔬菜养分平衡施肥法和肥力等级法。

（1）应用养分平衡施肥法确定蔬菜施肥量 应用养分平衡施肥法施肥，其施肥量可根据以下公式计算蔬菜施肥量：

$$施肥量（千克/667 米^2）= \frac{蔬菜单位面积产量养分吸收量 \times 目标产量 - 菜田土壤可供养分量}{肥料养分含量 \times 肥料当季利用率}$$

平衡施肥法相关参数的计算与确定方法如下：

①蔬菜养分吸收量。由于土壤特性，施用肥料的种类与数量，蔬菜品种特性、需肥特性及栽培条件，特别是蔬菜收获期及其成熟度不同，各种蔬菜的养分吸收量相差较大。现把主要蔬菜的养分吸收量介绍如表 2-2，供参考使用。

表 2-2 每生产 1 000 千克主要蔬菜需要吸收的养分量

单位：千克

蔬菜种类	氮（N）	磷（P_2O_5）	钾（K_2O）
黄 瓜	1.67~2.73	0.96~1.53	2.6~3.5
西葫芦	5.47	2.22	4.09
冬 瓜	1.29~1.36	0.5~0.61	1.46~2.16
苦 瓜	5.28	1.76	6.89
番 茄	2.2~3.9	0.4~1.2	3.6~5.12
茄 子	2.95~3.5	0.63~0.94	4.49~5.6
甜 椒	3.0~5.19	0.60~1.07	5.0~6.46
芹 菜	1.83~3.56	0.68~1.65	3.88~5.87
油 菜	2.76	0.33	2.06
甘 蓝	2.0~4.52	0.72~1.09	2.2~4.5
菠 菜	2.48~4.52	0.86~2.3	4.54~5.29

（续）

蔬菜种类	氮（N）	磷（P$_2$O$_5$）	钾（K$_2$O）
花椰菜	4.73～10.87	2.09～3.7	4.91～12.1
白　菜	1.6～2.31	0.8～1.06	1.8～3.72
韭　菜	3.69～5.5	0.85～2.1	3.13～7.0
大　葱	1.84～3.0	0.55～0.64	1.06～3.33
大　蒜	5.06	1.34	1.79
菜　豆	3～3.37	2.25～2.26	5.93～6.83
豇　豆	4.05	2.53	8.75
生　菜	2.5～2.53	1.17～1.2	4.47～4.5

②菜田土壤可供养分。　可从下面公式求出：

土壤可供养分量＝土壤速效养分测定值×0.15×速效养分校正系数

式中：0.15 是土壤速效养分测定值（毫克/千克换成千克/667 米^2）的换算系数；

速效养分校正系数为土壤速效养分利用系数，是计算土壤可供养分量的关键。

表 2-3 是不同肥力菜田 5 种蔬菜速效养分校正系数，供参考。

表 2-3　土壤速效养分与蔬菜产量的关系

蔬菜种类	土壤速效养分	不同肥力土壤的养分系数		
		低肥力	中肥力	高肥力
早熟甘蓝	碱解氮	0.72	0.55	0.45
	速效磷	0.50	0.22	0.16
	速效钾	0.72	0.54	0.38
中熟甘蓝	碱解氮	0.85	0.72	0.64
	速效磷	0.75	0.34	0.23
	速效钾	0.93	0.84	0.44

（续）

蔬菜种类	土壤速效养分	不同肥力土壤的养分系数		
		低肥力	中肥力	高肥力
白　菜	碱解氮	0.81	0.64	0.44
	速效磷	0.67	0.44	0.27
	速效钾	0.77	0.45	0.21
番　茄	碱解氮	0.77	0.74	0.36
	速效磷	0.52	0.51	0.26
	速效钾	0.86	0.55	0.47
黄　瓜	碱解氮	0.44	0.35	0.30
	速效磷	0.68	0.23	0.18
	速效钾	0.41	0.32	0.14
萝　卜	碱解氮	0.69	0.58	—
	速效磷	0.63	0.37	0.20
	速效钾	0.68	0.45	0.33

③肥料利用率。肥料利用率受多种因素的影响。设施蔬菜对肥料的利用率比露地蔬菜高，氮素化肥的利用率为30%～50%，磷素化肥的利用率为15%～30%，钾素化肥的利用率为50%～80%，一般有机肥的氮磷钾利用率为20%～30%。

④施肥量的计算方法。将测定出的土壤速效养分含量值和以上提供的各项数据，分别代入求施肥量的公式中，即可计算出氮、磷、钾施肥量。没有测土条件的地方，可参考当地土壤普查时测定的数据，也可根据当地菜田土壤肥力和蔬菜产量来确定施肥量。目前在一家一户的生产条件下，也可只根据蔬菜养分吸收量和蔬菜产量来确定施肥量。

（2）应用肥力等级法确定蔬菜施肥量　蔬菜生产实践证明，肥力高的土壤栽培蔬菜时可以少施一些肥料，肥力水平低的土壤就要多施肥。把土壤所含有效氮、磷、钾按作物对肥料的反应分组，分组中有效养分含量的高、中、低与肥料用量的低、中、高相对应，这就是土壤肥力分级配方施肥的理论依据。根据笔者与同事的研究，土壤肥力分级标准拟为：

土壤肥力（%）＝不施肥蔬菜产量/施肥蔬菜最高产量×100

土壤肥力＞90 为高肥力菜田，70～90 为中肥力菜田，50～70 为低肥力菜田。

按上述标准划分，三类菜田耕作层（0～20 厘米）的主要速效养分指标见表 2－4。

表 2－4　土壤肥力划分标准

单位：（毫克/千克）

蔬　菜	土壤速效养分	不同肥力的土壤		
		低肥力	中肥力	高肥力
白　菜	碱解氮	＜100	100～140	＞140
	速效磷	＜50	50～100	＞100
	速效钾	＜120	120～160	＞160
早　熟 甘　蓝	碱解氮	＜90	90～120	＞120
	速效磷	＜50	50～100	＞100
	速效钾	＜100	100～150	＞150
中　熟 甘　蓝	碱解氮	＜100	100～140	＞140
	速效磷	＜50	50～100	＞110
	速效钾	＜120	120～160	＞160
番　茄	碱解氮	＜110	110～150	＞150
	速效磷	＜60	60～110	＞110
	速效钾	＜130	130～170	＞170

土壤肥力的高低，也可根据近 3 年每 667 米^2 蔬菜的平均产量来确定。主要蔬菜种类菜田的肥力指标如下：

①黄瓜菜地肥力标准及施肥量。平均每 667 米^2 4 000～5 000 千克产量为低肥力菜田，每 667 米^2 5 000～8 000 千克产量为中

肥力菜田，每 667 米²1 万～1.5 万千克产量为高肥力菜田。在不同肥力的菜田上，每 667 米² 产黄瓜 4 000～15 000 千克，建议施肥量为有机肥 4 000～10 000 千克、纯氮 28～64 千克、磷（P_2O_5）14～23 千克、钾（K_2O）10～25 千克。

②番茄菜地肥力标准及施肥量。每 667 米²4 000～5 000 千克产量为低肥力菜田，每 667 米²4 500～6 000 千克产量为中肥力菜田，每 667 米²6 000～7 000 千克产量为高肥力菜田。每 667 米² 产番茄 4 000～7 000 千克，施肥量为有机肥 4 000～7 000 千克、纯氮 28～50 千克、磷（P_2O_5）14～23 千克、钾（K_2O）15～25 千克。

③西葫芦菜地肥力标准及施肥量。平均每 667 米²4 000 千克产量为低肥力菜田，每 667 米²5 000 千克产量为中肥力菜田，每 667 米²5 000～7 000 千克产量为高肥力菜田。每亩施肥量为有机肥 4 000～7 000 千克、纯氮 33～50 千克、磷（P_2O_5）14～23 千克、钾（K_2O）15～25 千克。

④辣椒菜地产量及施肥量。每 667 米² 产量为 3 000～5 000 千克，施肥量为有机肥 5 000 千克、纯氮 23～28 千克、磷（P_2O_5）7.5 千克、钾（K_2O）25 千克。

⑤茄子菜地产量及施肥量。每 667 米² 产量为 4 000～5 000 千克，其相应施肥量为有机肥 5 000 千克、纯氮 28～32 千克、磷（P_2O_5）7.5 千克、钾（K_2O）22～28 千克。

⑥芹菜菜地肥力标准及施肥量。每 667 米²4 000～5 000 千克产量为低肥力菜田，每 667 米²5 000～6 000 千克产量为中肥力菜田，每 667 米²7 000～8 000 千克产量为高肥力菜田。施肥量为有机肥 4 000～8 000 千克、纯氮 21～32 千克、磷（P_2O_5）4.5～7.5 千克、钾（K_2O）11～16.5 千克。

⑦甘蓝菜地产量及施肥量。每 667 米² 产量为 3 000～5 000 千克，其施肥量为有机肥 5 000 千克、纯氮 23 千克、磷（P_2O_5）7.5 千克、钾（K_2O）20 千克。

4. 设施蔬菜基肥的使用　在蔬菜播种前或定植前，结合翻地施入土壤中的肥料称为基肥。基肥是蔬菜优质高产的营养基础，不仅供给蔬菜必需的养分，而且可以培肥和改良土壤。在设施条件下生产蔬菜，应十分重视基肥的重要作用。基肥应以有机肥为主，有机肥的施用方法，要根据有机肥的腐熟程度和数量而定，腐熟不好而又量大的有机肥，不宜集中沟施，应撒施于地表，结合耕地翻入土壤中；而腐熟较好，数量又少的有机肥，则应集中沟施，如量多也可以将一半用于沟施，一半用于撒施，既满足蔬菜养分要求，又达到培肥土壤的目的。穴施时，必须用腐熟好的有机肥，并且不能施得太多，避免引起烧苗。穴施时，还要把肥与土混合均匀。为了使蔬菜在定植后迅速生长，还经常使用化肥做基肥。常用作基肥的化肥有过磷酸钙、磷酸二铵和复合肥。一般每 667 米^2 的施用量为：复合肥 15～20 千克、磷酸二铵 15～20 千克、过磷酸钙 40～50千克，均采用沟施。其中过磷酸钙最好与有机肥一起堆沤，混合均匀后施用，其肥效较好。北方土壤多为石灰性土壤，有效磷容易被固定而失去作用，因而要减少过磷酸钙与土壤的直接接触。

5. 设施蔬菜追肥方法　在蔬菜播种或定植以后所施用的肥料，称为追肥。一般以速效化肥为主，其中以氮肥为主，钾肥次之。在蔬菜生育前期，也可以追施充分腐熟的饼肥和多元复合肥，有时也可以追施磷肥。追肥还要根据蔬菜不同的生长发育阶段，多次施用。要以少施、勤施为原则。追肥的次数可根据蔬菜生育期长短来确定。生育期短的蔬菜，可在生长中期追 2～3 次肥，生育期长的蔬菜，可在养分需求较多的时期追 3～5 次肥，或更多次数。一般每隔 15～20 天追1 次肥。一次追肥量过大，不仅蔬菜吸收不了，还会造成烧苗，产生浪费，而且造成土壤盐分浓度过高，妨碍蔬菜根系生长（表 2-5）。

表 2-5　不同土壤一次性追施化肥的最高限量

单位：千克/667 米^2

化肥名称	砂性土	砂壤土	壤土	黏性土
硫酸铵	20	45	60	60
尿素	12	22	30	30
过磷酸钙	30	40	50	75
硫酸钾	10	13	20	20

另外，在设施密闭条件下，一次施用氮肥过多，会产生大量的氨气等有害气体，使蔬菜上部的枝、叶、花、果受害，造成落花、落果或化瓜，甚至全株枯死。追肥常用的方式有以下几种：

（1）冲施　在给蔬菜浇水时，把定量化肥或人粪尿施在水沟内，使之随浇水渗入蔬菜根系周围的土壤内。这种方法肥料浪费多，肥料在渠道内渗漏流失，蔬菜根系达不到的地方也渗入了部分肥料。但该法简单，省工省时，劳动量不大。

（2）撒施　蔬菜浇完水以后，趁畦土还潮湿、但能下地操作时，将定量化肥撒于蔬菜畦面或植株行间，然后深锄，将土肥混匀。这种方法也比较简单，但仍有一部分养分会挥发损失，特别是碳酸氢铵挥发性强，最好不要撒施；硝酸铵、硫酸铵、尿素和硫酸钾均可以撒施。

（3）埋施　在蔬菜行间、株间开沟、挖穴，把定量的化肥施入沟内或穴内，再埋上土。这种方法养分损失少，较经济。但劳动量大，费工夫，操作不方便，并且在操作中要注意安全用肥，埋肥的沟、穴要离蔬菜根部 10 厘米以上。由于肥料集中、浓度大，需要从周围吸水溶解化肥，离根太近时容易把蔬菜根系的水分吸出来而造成烧根。并且挖沟、开穴如果离根系太近，也容易伤根系。

（4）滴灌施肥　近十几年来，随着棚室蔬菜微灌技术的发展，应用地膜覆盖、配套滴灌施肥，使蔬菜追肥走上了自动化的道路。在采用地膜覆盖配套使用滴灌的栽培方式中，在水源进入滴灌水管部位安装文丘理施肥器，用一个容器把化肥溶解，插入文丘理施肥器的吸入管过滤嘴，肥料即可随着浇水自动进入蔬菜根系的土壤中，由于地膜覆盖，几乎不挥发、不损失，而且肥料集中，浓度较小，因而既安全简便，又省工、省力，施肥效果好，这是目前最好、最科学的施肥方法。只要搞地膜覆盖，配以成套滴灌设备和水源就能使用。北方地区的棚室蔬菜栽培者，有经济条件的可以使用此项技术。

6. **设施蔬菜的叶面追肥**　设施蔬菜栽培，由于人为创造的环境更易于满足蔬菜对环境条件的要求，蔬菜表现出生长快、产量高的特点。如果不注意施肥管理，蔬菜生育中、后期易发生脱肥、早衰、多病等问题。在管理中，除注意及时追肥，并结合打药防治病虫害以外，还可进行多次根外追肥，以补充蔬菜养分的不足。这种方法用肥量少，肥效快，又可避免养分被土壤固定，因而也是一种经济、有效的施肥方法。

叶面施肥所用的肥料，除了尿素、磷酸二氢钾、硫酸钾、硝酸钾、复合肥等常用的大量元素和微量元素外，近几年来，各地还有很多厂家研制出适用于作叶面施肥的大量元素加微量元素或含有多种氨基酸成分的叶面肥料，施用后都有一定的效果。

叶面喷施磷、钾肥，宜在茄果类及瓜类蔬菜的幼果期使用，以促进果实膨大，豆类蔬菜、叶菜类蔬菜等，除生长期施用磷、钾肥外，也可在繁种、育种时，在现蕾至开花初期喷施硼砂液，以提高种子的产量。

喷施叶面肥料，要求在无风的晴天进行，最好在下午4时后喷施。棚室内可在露水落干后及时喷施。叶面施肥的喷施次数一般为2～3次，也可根据蔬菜缺素情况及养分在蔬菜体内运转的快慢而定，如氮、钾养分运转快，喷施的次数可少些，一般在生长期间或关键时期喷施1～2次即可，磷的转移速度慢，可喷施2～3次，微量元素在蔬菜体内运转很慢，可喷施3～4次。

7. 同类化肥不同品种之间换算　每一类化肥的不同品种之间，可通过标准（如纯氮、五氧化二磷、氧化钾）进行换算。

1. 氮肥　1千克纯氮（N）相当于尿素2.2～2.4千克，硫酸铵4.8～5.0千克，硝酸铵2.9～3.0千克，碳酸氢铵5.9千克，氨水6.3～8.3千克，硝酸钙6.6～7.7千克，硝酸钠6.3～6.7千克，硝酸钾7.7千克，氰氨化钙4.5～5.0千克，氯化铵4.2～4.5千克，磷酸二铵4.8～6.3千克。

2. 磷肥　1千克五氧化二磷（P_2O_5），相当于过磷酸钙5.0～7.1千克，重过磷酸钙2.0～2.5千克，钢渣磷肥7.1～12.5千克，钙镁磷肥5.0～7.1千克，磷矿粉肥3.6～5.6千克，磷酸二铵4.8～5.0千克，磷酸二氢钾4.4千克。

3. 钾肥　1千克氧化钾（K_2O），相当于硫酸钾1.9～2.1千克，氧化钾1.7～2.0千克，窑灰钾肥5.0～12.5千克，草木灰10～16.7千克，硝酸钾2.2千克，磷酸二氢钾3.5千克。

第三章　主要设施蔬菜的养分水分特点及施肥灌溉技术

一、我国各地设施蔬菜茬口的基本类型

(一) 东北、蒙新和青藏单主作区设施蔬菜茬口的基本类型

1. 东北、蒙新和青藏单主作区加温温室蔬菜茬口的基本类型　单主作地区的加温温室与其他地区相比面积较大，这些温室除了作为其他设施蔬菜育苗配套之用外，也直接用于蔬菜种植。加温温室蔬菜种植的茬口较为复杂，从季节茬口来看，主要有越冬茬、早春茬、春夏茬、越夏茬、夏秋茬、秋茬和秋冬茬几种。从温室空间而异的种植茬口看，多有套作，温室空间的前沿、后坡阴影面和主柱周围的支架，都可以利用。因此，在同一季节、同一温室内生长的蔬菜种类，可能在2~3种以上。尽管加温温室的茬口类型有多种，但是在单主作地区加温温室的复种指数并不太高，一般在4左右。这一地区加温温室茬口衔接的特点是：

(1) 越冬茬蔬菜主要是一些叶菜类　如韭菜、蒜苗、芽菜、小白菜、莴苣、芫荽和菠菜等，栽培季节一般在12月份到第二年的2月初。这一茬所处的季节光照度普遍较低，即使加温到一些喜温蔬菜所需的温度，由于光照弱，这些喜温蔬菜也生长结果不好。因此，这一茬口多种植一些无需过多加温就能正常生长的叶菜类蔬菜。

(2) 早春茬一般适用于生长期较短的蔬菜　在温室管理上，定植前期的2月中旬需加温，在4月初以后逐渐停止加温。这个

茬口到 5 月末前后结束，种植的蔬菜如花椰菜、豌豆、莴苣、小萝卜、小白菜等，春夏茬的蔬菜一直可持续到 6 月中下旬，甚至7 月初，主要用于一些喜温性的果菜类蔬菜的早熟种植，如香菇、茄子、黄瓜、西葫芦和菜豆。

（3）早春茬之后可以接越夏茬　越夏茬一般在 6 月初开始定植，持续种植到 9 月初，可用于生产喜温和耐热蔬菜，如苦瓜、网纹甜瓜和番茄等。

（4）春夏茬之后可接夏秋茬　一般在 7 月中旬定植，持续收获到 10 月中下旬结束，适于延后果菜类种植。

（5）越夏茬之后，可连接秋茬，夏秋茬之后可接秋冬茬　秋茬和秋冬茬一般适用于喜冷凉且对光照要求不太强的蔬菜，如青花菜、花椰菜、莴苣、芹菜和小白菜等。可在 9 月初到 10 月初定植，一直种植到 11 月中旬至 12 月初。种植后期可进行少量加温。

（6）可以充分利用棚室的空间　在春季兼顾育苗时，种植植株生长不太高时，中柱上可设支架，用于分苗后的摆放。而在秋冬季节，利用后架可进行一些速生蔬菜生产。

2. 东北、蒙新和青藏单主作区日光温室蔬菜茬口基本类型　单主作区日光温室种植水平差别较大，种植茬口复杂。其基本茬口略比加温温室简单，复种指数在 3～4 之间。主要茬口有春夏茬、越夏茬、夏秋茬、秋茬和秋冬茬几种，个别地区也可种植越冬茬。其茬口衔接为：春夏茬—夏秋茬—秋冬茬，春夏茬和夏秋茬之间略有时间时，可抢一茬速生叶菜，春夏茬—越夏茬—秋茬—越冬茬。

（1）春夏茬　主要蔬菜有番茄、茄子、辣椒、黄瓜、西葫芦、菜豆和豌豆（接夏秋茬）；花椰菜、青花菜、莴苣、芹菜、结球甘蓝、大白菜（接越夏茬）。

（2）越夏茬　主要蔬菜有苦瓜、蕹菜、落葵、芽菜和小白菜。

(3) 夏秋茬 主要蔬菜有黄瓜、辣椒、番茄、菜豆、花椰菜、青花菜和芹菜。

(4) 秋茬、越冬茬 主要蔬菜有小白菜、芫荽、菠菜、韭菜和蒜苗等。

3. 东北、蒙新和青藏单主作区塑料大棚蔬菜茬口基本类型 单主作区塑料大棚的茬口安排，基本上有以下类型：前后茬均为早熟果菜类，前茬果菜，后茬叶菜，以果菜为主茬，种植时间稍后延，前茬叶菜，后茬果菜，以后茬为主茬，比夏秋茬果菜定植略早，生育时间长。

(1) 黄瓜—番茄 黄瓜于4月中旬前后定植，7月初拉秧，然后定植番茄。

(2) 番茄—菜豆 番茄于4月中旬定植，每株只留3穗果去顶，7月初拉秧并种植菜豆，菜豆种植前期可做适当遮阴以便越夏。

(3) 茄子—芹菜 茄子于4月下旬定植，收获至7月末，直播芹菜。

(4) 甘蓝—小辣椒 甘蓝于4月初定植，5月末收获完毕，随即定植小辣椒，后期收获的产品可进行简易的短期贮藏后再上市。

（二）华北双主作区设施蔬菜茬口的基本类型

1. 华北地区日光温室蔬菜茬口基本类型 日光温室特别是高效节能型日光温室的推广利用，是实现华北地区蔬菜周年均衡供应的主要手段。

(1) 普通型日光温室的蔬菜茬口类型 这种温室的特点是跨度大，墙体薄，后屋面短或无，前屋面采光角度较小，因此冬季保温性能一般，不能进行冬茬果菜类的生产，只能进行秋延后和早春茬，冬茬或秋冬茬一般多用于叶菜或葱蒜类的生产。

①秋冬茬。多用于生产芹菜，主要是西芹及韭葱。5月中旬至6月初播种育苗，8月中下旬定植，10月中下旬覆盖薄膜，11月到翌年2月间收获。

②早春茬。主要用于果菜类的生产，如番茄、茄子、辣椒、黄瓜、西葫芦、菜豆和甜瓜等。在秋冬茬收获前50～70天，开始播种育苗，1月下旬至2月下旬间定植，3月上旬至5月下旬收获，一般在5月中旬揭膜。收获后可接种豇豆、夏黄瓜和冬瓜等。

（2）高效节能型日光温室的蔬菜茬口类型　这种温室的特点是跨度小，墙体厚，前屋面采光角度大，后屋面长并且厚，冬季保温性能好。主要用于冬季果菜类生产，其茬口安排主要有以下类型：

①秋冬茬。一般夏末到中秋播种育苗，初冬定植到温室内，冬季开始上市，一直收获到夏季，收获期长达120～180天。所栽蔬菜有黄瓜、番茄、西葫芦和草莓等。冬春茬蔬菜对设施要求较高，技术难度大，但效益却好。

②早春茬。初冬播种育苗，1～2月份定植，3月份开始收获。这一茬口几乎所有蔬菜都能生产，如黄瓜、番茄、茄子、辣椒、西葫芦、菜豆、冬瓜和各种速生叶菜类。

2. 华北双主作区塑料大、中棚蔬菜茬口基本类型　在华北中南部地区，从利用角度来看，塑料大、中棚除12月份和1月份的极端低温时期外，其他月份都可使用。多实行一年两茬或一年三茬蔬菜生产。一年两茬蔬菜生产是塑料大、中棚的基本种植类型。在无霜期150天以上的地区，多为两茬果菜类；无霜期不足150天的地区，春茬多为果菜，秋茬为叶菜。一年三茬蔬菜生产多在早春定植果菜之前，抢一茬速生叶菜，如油菜、莴苣、小萝卜和茴香等；也可在夏季利用塑料拱棚架种一茬丝瓜、苦瓜、豇豆等耐热果菜。也可利用塑料拱棚架夏季覆盖遮阳网，进行7月份和8月份叶菜类的淡季生产。如夏季菠菜和油菜的生产,露地种植很难进行,利用遮阳网覆盖种植,则较容易进行,既可以丰富淡季蔬菜的种类,也可以进行无公害蔬菜生产。

(三) 长江流域三主作区设施蔬菜茬口的基本类型

1. **长江流域三主作区塑料大棚基本类型** 在长江流域,塑料大棚是冬春季蔬菜的主要保护设施。塑料大棚不但用于果菜类的春提前、秋延后栽培,还用来进行夏季防雨遮阳种植,春、秋季蔬菜的育苗和果菜类的制种与留种,实现全年的综合利用,提高设施的利用率。按大棚的茬口安排,可分为以下 3 种基本类型。

(1) 以栽培为主的茬口类型

①一年两茬。即春提前种一茬早熟果菜类,果菜类于上一年秋冬育苗,3 月中下旬定植,4~5 月份开始采收,至 6 月下旬、7 月上旬结束。夏季耕翻晒垡,秋季进行一次果菜秋延后生产,其蔬菜有辣椒、番茄、黄瓜和菜豆,一般 8~10 月上中旬育苗,9 月上中旬定植,霜降前扣棚,从 10 月份开始采收,可一直采收到 12 月份。

②一年三茬。由春茬、夏茬和秋冬茬组成。春提前栽早熟果菜类,一般 3 月上中旬定植,7 月上中旬采收结束;第二茬 8 月份进行保留顶幕做防雨棚,加遮阳网覆盖,种一茬越夏蔬菜,如伏大白菜、伏黄瓜、耐热萝卜、早熟花椰菜等,一般于 9 月底至 10 月初结束;再种一茬冬莴笋、荠菜、芹菜和结球莴苣等,到翌年 3 月份结束。

③一年多茬。黄瓜、菜豆 (3 月上中旬至 8 月上旬种植) 套豇豆 (6 月上旬至 8 月下旬种植)→白菜 (9 月份至 10 月上旬种植)→菠菜、芹菜 (10 月上旬至翌年 2 月份种植)。

(2) 以育苗为主的茬口 从 10 月中下旬开始,在大棚内建冷床或电热温床,做为茄果类蔬菜的育苗床或移苗床,春季作为采留种或果菜类早熟种植，秋季作为延后或露地蔬菜。

（3）**以采留种为主的茬口**　冬季主要留十字花科蔬菜原种或杂交制种，夏季作为芹菜、甘蓝或花椰菜等防雨遮阳育苗床，秋季作为秋延后果菜栽培。

2. 防雨棚、遮阳网覆盖夏季设施栽培的蔬菜茬口的基本类型　长江流域 6～8 月份正遇 6 月中下旬到 7 月初的梅雨季节，7～8 月份的高温、雷暴雨、台风季节，这是蔬菜的夏秋淡季时期。露地蔬菜除少数耐热蔬菜，如冬瓜、豇豆、毛豆、菠菜和苋菜外，种类品种单调，单产低，风险大。利用大棚骨架，盖顶幕，揭去裙幕通风，强光、高温时，中午前后盖上遮阳网，成为"一网一幕的防雨栽培"，是一项简易有效的夏季设施种植技术，其主要茬口类型有以下 4 种类型：

（1）**夏秋菜育苗为主的茬口类型**　秋冬菜中的芹菜、莴苣、甘蓝类蔬菜（青花菜、花椰菜、结球甘蓝）、大白菜、榨菜、秋辣椒、秋番茄和秋黄瓜，均在 6～7 月份利用防雨棚进行育苗，这一茬是防雨棚的主要茬口，其前茬是春提前种植的果菜，后茬是秋延后果菜或芹菜等。

（2）**夏菜茬口类型**　利用防雨棚，为冬菜夏种创造了适宜的生态环境，主要有黄瓜、番茄（迷你型和水果番茄）、洋香瓜、早熟花椰菜、大白菜、甘蓝、耐热萝卜、芫荽、耐热菠菜、茼蒿、小白菜、菜心、莴苣的越夏种植，前茬为春提前果菜类，后茬为芹菜、蒜苗、菠菜、青菜等露地秋冬菜。

（3）**夏菜延后茬口类型**　大棚栽培的辣椒、茄子和樱桃番茄等，通过防雨遮阳，延长生长供应期。后茬同芹菜、蒜苗、菠菜和青菜等露地秋冬茬。

（4）**以采种为主的茬口类型**　梅雨季节的 6 月份，正值各种葱蒜类、茄果类制种、留种季节，露地种植的产量、质量无法保证，利用防雨棚进行茄子、黄瓜、洋葱和十字花科亲本的采种、留种；其后茬都为秋延后果菜。

二、主要设施蔬菜养分水分特点及施肥灌溉技术

(一) 设施蔬菜养分水分特点及施肥灌溉技术介绍

1. **对水分需求不同的蔬菜类型**　不同种类的蔬菜对水分的需求不同，这主要决定于蔬菜根系的吸水能力和植株对水分的消耗量。凡是根系强大、入土深，叶片有缺裂、蜡粉和茸毛而能减少水分蒸腾的蔬菜，抗旱能力均强；相反，叶面积大，组织柔软，根系又不十分强大，而蒸腾作用却旺盛的蔬菜，抗旱能力就弱，因此需要较高的土壤水分含量。根据植株对水分需求的不同，蔬菜可分为以下 5 个类型。

(1) **耐旱性蔬菜**　这类蔬菜虽然叶片较大，但叶片上多有缺刻，有茸毛或被蜡质，能减少水分的蒸腾作用；并且有强大的根系，根系分布范围广，能吸收土壤深层的水分，对空气湿度要求较低，不需要多灌水。因此，这类蔬菜如西瓜、甜瓜、南瓜和胡萝卜等，就有较强的抗旱能力。

(2) **半耐旱性蔬菜**　这类蔬菜的叶片呈管状或带状，表面积小，并且叶表面常覆有蜡质，蒸腾作用较慢，因此水分消耗较少，能忍耐较低的空气湿度。但由于其根系分布范围小，根毛少，入土浅，因此吸收水分能力较弱，要求较高的土壤湿度，应该经常保持土壤湿润。如葱蒜类和芦笋等蔬菜。

(3) **半湿润性蔬菜**　这类蔬菜叶面积中等，组织较硬，叶面常有茸毛，水分蒸腾量较少，根系较为发达，对土壤湿度和空气湿度要求不太高，有一定的抗旱能力。在生产上要适度灌溉，以满足其对水分的需求。如茄果类、豆类和根菜类等蔬菜。

(4) **湿润性蔬菜**　这类蔬菜叶面积大，组织柔嫩，叶的蒸腾面积大，消耗水分多，但根系弱，并且密集在浅土层，因此吸收能力弱。要求较高的土壤湿度和空气湿度。在生产上要选择保水

能力强的土壤，并加强水分灌溉管理，如黄瓜、白菜、甘蓝、芥菜和大多数的绿叶菜类等。

（5）水生蔬菜　这类蔬菜根系不发达，根毛退化，吸收能力很弱，它们的叶面积大，茎叶柔嫩，在高温下蒸腾作用旺盛，消耗水分最多，要求较高的空气湿度，植株的全部或大部分必须浸在水中才能生存。如藕、茭白、荸荠和菱等。

蔬菜作物的正常生长发育，不仅需有适宜的土壤湿度，并且需要适宜的空气湿度。根据蔬菜对空气湿度需求的差异，可分为4个类型：瓜类蔬菜中的西瓜、甜瓜、南瓜以及葱蒜类蔬菜，需要空气相对湿度为 45％～55％。茄果类蔬菜、豆类蔬菜中的菜豆、豇豆和扁豆等蔬菜，需要空气相对湿度为 55％～65％。瓜类蔬菜中的黄瓜，根菜类蔬菜（胡萝卜除外），薯芋类蔬菜中的马铃薯，需要空气相对湿度为 70％～80％。白菜类蔬菜、绿叶类蔬菜和水生蔬菜等蔬菜，需要空气相对湿度为 85％～90％。

2. 蔬菜作物的需水特点　蔬菜生长发育的过程，其实也就是水分消耗的过程。其全部生命过程中水分消耗的途径，主要是3 个，即植株茎叶蒸腾、土壤蒸发和产量形成。

蔬菜作物全部生长发育期或某一生育期消耗于蒸腾、蒸发（直接从土表散失）和组成植物组织的水分的总值，称为蔬菜作物的田间需水量。蔬菜产量组成占用的水量，不足蒸腾蒸发量的1％，因此通常用蒸腾和蒸发的水量之和作为蔬菜的需水量。

（1）不同种类、不同品种的蔬菜其需水量不同　不同种类的蔬菜，或同一种类蔬菜的不同品种，其根系发育和茎叶生长程度、生育期的长短、产量水平和耐干旱能力大小等不同，显然它们的需水量也不同。一般生育期长、叶面积大、生长发育快、根系发达的蔬菜，需水量也大。蔬菜单株总蒸腾量可以是几升至150 升。

根据需水或消耗水的特性，可以将我国栽培的蔬菜分为五类。

一是消耗水量大，但是对水分的吸收能力弱的蔬菜，如甘蓝类、白菜类、芥菜类及大多数叶菜类蔬菜，还有黄瓜和四季萝卜等。

二是消耗水量大，吸收水分能力较强的耐（抗）旱蔬菜，如西瓜、甜瓜和南瓜等。

三是消耗水量少，根系吸收水分能力也弱的蔬菜，如葱、蒜和芦笋等。

四是水分消耗量和吸收水分能力都属于中等的蔬菜，如茄果类、豆类和根菜类等蔬菜。

五是消耗水量大，但是根系吸收水分的能力很弱的蔬菜，如藕、菱、茭白和荸荠等各种水生蔬菜。

(2) 同一种蔬菜不同生育期需水量不同 主要与蔬菜的长势有关。一般苗期需水量少，进入旺盛生长期，随着叶面积的增大而进入需水高峰期，到成熟期或衰老期需水量又有所下降。

(3) 不同蔬菜的水分临界期不同 如上所述，蔬菜整个生育期都离不开水分，但是在不同的生长发育时期，对水分亏缺的反应或敏感程度并不相同。蔬菜缺水对生理代谢和产量影响最大和蔬菜对水分亏缺反应最敏感的时期，称为需水临界期或需水敏感期。如大白菜和结球甘蓝是结球期，绿叶菜是旺盛生长期，茄果类蔬菜是从坐果到果实收获的时期，瓜类蔬菜是从开花到收获，根菜类蔬菜是破肚后直根迅速膨大期，豆类蔬菜是荚果坐住以后，马铃薯等块茎类蔬菜多在开花到块茎形成期，洋葱和大蒜是从鳞茎开始膨大到收获的时期。

(4) 栽培区自然条件不同蔬菜需水量也不同 一般气温高，日照强、空气干燥、风速大的地区，蔬菜叶面蒸腾和土壤蒸发也比较大，相应的蔬菜需水量也多；相反，则需要得少。土壤质地、土壤团粒结构等土壤状况，也是影响蔬菜需水量的重要因素。

(5) 农业栽培技术措施不同，蔬菜需水量也不同 同样的蔬菜品种，同样的栽培场所，由于灌溉方法不同，以及深耕与否、密植程度、有无覆盖、肥料施用等技术措施不同，也会影响到蔬菜需水量的多少。

3. 蔬菜作物不同生育期的需水特点 蔬菜作物从种子萌发到开花结果，在不同的生长发育期，对水分的需求量是不相同的。

(1) 种子发芽期 需要充足的水分，以供种子吸水膨胀。胡萝卜和葱等蔬菜的种子，要吸收种子本身重量 100％ 的水分才能萌发，豌豆蔬菜种子甚至需要吸收 150％ 的水分，才能萌发。因此，蔬菜种子播种后，尤其是播种浅的蔬菜种子，容易缺水，播后保墒是种子萌芽的关键。

(2) 幼苗期 蔬菜幼苗叶面积小，蒸腾量小，需水量不大。但由于根系初生，分布范围浅，吸收能力弱，吸水量不多，对土壤湿度要求严格。因此，应加强水分管理。经常浇水，以保持土壤湿润。各类蔬菜移苗前后要多浇水。

(3) 营养生长盛期 这个时期要进行营养器官的形成和养分的大量积累，细胞、组织迅速增大，养分的制造、运转、积累和贮藏等，都需要大量的水分。蔬菜栽培上的这一时期应该满足水分供应，但也要防止因水分过多而导致蔬菜营养生长过旺。

(4) 生殖生长期 这个时期对水分的要求较严格。开花期缺水，会影响花器的生长发育；水分过多，会引起茎叶徒长。所以，在这个时期不管是缺水还是水分过多，都容易导致蔬菜落花落蕾。进入结果期，特别是结果盛期，果实膨大需要较多的水分，要满足水分的供应。

4. 蔬菜作物对土壤条件的要求 蔬菜作物的种类及品种繁多，供食部位和生长发育特点不同，对土壤条件的要求也各不相同。

(1) 土壤质地 不同蔬菜对土壤质地的要求不同，土壤质地是构成蔬菜特产区的基本条件。砂壤土土质疏松，通气排水好，不易板结、开裂，耕作方便，地温上升快，适宜于栽培吸收能力强的耐旱性蔬菜，如西瓜、甜瓜和南瓜等；壤土土质松细适中，结构好，保水、保肥能力较强，含有效养分多，适合于绝大部分蔬菜生长发育；黏壤土的土质细密，保水保肥能力强，养分含量高，有高产的潜力，但是排水不良，土表容易板结开裂，耕作不方便，地温上升慢，适宜于蔬菜晚熟栽培和水生蔬菜栽培。

（2）土壤溶液浓度 不同蔬菜对土壤溶液的适应性不同。适应性强的有瓜类（黄瓜除外）、甘蓝类、菠菜等蔬菜，在 0.25%～0.3% 的盐碱土中生长良好。适应性中等的有葱蒜类（大葱除外）、小白菜、芹菜、芥菜等，能耐 0.2%～0.25% 的盐碱度。适应性弱的有茄果类、豆类（菜豆、蚕豆除外）、大白菜、萝卜和黄瓜等蔬菜，能耐 0.1%～0.2% 的盐碱度；适应性最弱的菜豆，只能在 0.1% 盐碱度以下的土壤中生长。蔬菜在不同生育期，其耐盐能力也不同。随着植株的长大，细胞浓度增加，耐盐能力也随着增加，一般是成株比幼苗大 2～2.5 倍。因此，在苗期不能用浓度太高的肥料，配制营养土时，要注意选用富含有机质的土壤。

（3）土壤酸碱度 大多数蔬菜在中性至弱酸性的土壤条件下，生长良好（pH6～6.8）。不同的蔬菜种类，对酸碱度的适应能力也有所不同，韭菜、菠菜、菜豆、黄瓜和花椰菜等，要求中性土壤；番茄、萝卜、胡萝卜和南瓜等蔬菜，能在弱酸性土壤中生长发育；茄子、甘蓝和芹菜等蔬菜，较耐盐碱性的土壤。

5. 蔬菜作物生长发育对土壤营养的要求

（1）蔬菜作物需肥量较大 与禾本科作物相比，蔬菜作物需肥量较大。在氮、磷、钾肥料三要素中，对钾的需求量最大，其次为氮，磷的需求量最小。蔬菜种类不同，对不同养分的需求量也不同。叶菜类蔬菜对氮的需求量较大，根、茎类和叶球类蔬菜，对钾的需求量相对较大，而果菜类蔬菜则需求钾、磷较多。此外，蔬菜作物对钙和硼的需求量也较大。

(2) 不同种类蔬菜作物对营养元素的吸收量不同　一般是生长发育期长、产量高的需肥量较多,如大白菜、胡萝卜和马铃薯等蔬菜;而生长快、产量低的速生蔬菜需肥量较少。同种蔬菜在不同的生长发育期,对养分的需求也不同,发芽期主要是利用种子本身贮藏的养分,吸收外界养分极少;幼苗期个体小,吸收养分量也少,但在集中育苗条件下,秧苗密集、生长迅速,并且根系较弱,因此对土壤养分要求较高;随着蔬菜植株不断生长发育,所需各种养分不断增加;到产品形成期,吸收养分最多,需肥量达到最大,并且对磷、钾的需求量增加。

6. 菜田土壤肥力的标准　蔬菜作物具有生长期短,生长速度快,吸收水分、养分量大,产量高,复种指数高等特点。因此,对菜田土壤肥力要求也较高。

(1) 土壤高度熟化　菜田应有一层较厚的有机质积累层,其有机质含量在 30 克/千克以上,最好能达到 40~50 克/千克。土壤质地均匀,粗粉粒含量较高,物理性能好。三相比例应为:固相 50%,气相 20%~30%,液相 20%~30%。总孔隙度应在55% 以上,地下水位应高于 2.5 米。

(2) 土壤稳温性能好　地温对蔬菜根部生长、活性和养分吸收有直接的影响。同时,对微生物种类及其繁殖,土壤养分的有效性及土壤中传染病害的发生,均有很大的影响。土壤结构不同,其比热和热传导度也不同。比热小的土壤,白天升温快,夜间降温也快;相反,比热大的土壤,白天升温慢,夜间降温也慢。不同质地的土壤,其比热也不同,砂土为 0.2,壤土为0.25,腐殖壤土为 0.4 左右。水的比热为 1。土壤中水含量高,比热相对也大。因此,早春蔬菜不宜灌大水,以防止土温降低;夏季蔬菜灌大水,可起降低土温的作用;越冬蔬菜灌水,是为了防止冬季土壤温度变动较大或过低。

(3) 土壤质地疏松,耕性良好　土壤紧实度和容重对蔬菜根系的生长影响较大。菜田土壤容重应为 1.1~1.3 克/厘米^3,达到 1.5 克/厘米³ 时，蔬菜根系生长会受到抑制。容重大，土壤板结，有机质含量较低，土壤耕性不良。

（4）土壤具有较强的蓄水、保水和供氧能力 蔬菜作物根系生长需氧量较高，多数蔬菜在土壤含氧量 10% 以下时，根系呼吸作用受阻，生长不良。黄瓜和甘蓝类蔬菜在含氧量 20%～24% 时才生长良好。蔬菜作物对土壤含水量需求较高，最适含水量为最大持水量的 60%～80%。在田间含水量达到最大持水量时，土壤仍然应该保持 15% 以上的通气量。

（5）土壤要含有较高的速效养分 菜田土壤应含有碱解氮150 毫克/千克以上，速效磷 110 毫克/千克以上，速效钾 170 毫克/千克以上，氧化钙 1～1.4 克/千克，氧化镁 150～240 毫克/千克，以及一定量的有效硼、锰、锌、钼、铁、铜等微量元素。含盐量不得高于 4 克/千克，土壤酸碱度宜为微酸性。

（6）不含有害物质 蔬菜作物根系在生长发育过程中，除分泌有益物质外，也分泌一些有毒物质，这是蔬菜作物不宜进行连作的主要原因。不同种类蔬菜作物分泌的有毒物质种类不同。如果连续种植同一种蔬菜作物，有毒物质的积累就会影响根际微生物的活性，从而影响土壤有机质分解和腐殖质的矿化。一般肥力较高的土壤，因有机质含量较高，微生物丰富，微生物代谢能力强，土壤缓冲能力较强，一般不存在或很少存在过量的有毒物质。

7. 保持和提高菜田土壤肥力的措施

（1）自然环境对土壤肥力的影响 气温、降水和风等对土壤肥力均有较大的影响，在短期内对土壤养分影响较大的是降水。蔬菜栽培中，虽无法控制自然环境，但可利用栽培技术和改变不利影响，变害为利。

（2）栽培条件对土壤肥力的影响 不合理的栽培制度对土壤肥力影响很大。在同一块土地上连续栽培同一种蔬菜时，蔬菜生长发育不良，病虫害严重，产量降低，即产生所谓连作障碍。产生连作障碍的原因很多，而土壤传染的病菌增加，土壤理化性质变劣等是主要原因。采取合理的轮作制度，可减轻和防止病虫害的发生。同一地块连续栽培同种或同科蔬菜，因吸收带走的养分种类相同或相似，所以往往造成某种或某几种养分的缺乏。土壤养分比例失调，常使钙、镁、硼、钼、铁等元素缺乏。一般情况下，施肥量大时产量较高，蔬菜作物从土壤中带走的养分量就多，土壤肥力消耗也愈快。连作中土壤微生物活性加强，土壤中有机质被微生物迅速分解利用，常发生有机质含量减少，孔隙度下降，土壤缓冲能力降低。因此，对蔬菜合理施肥是保持和提高菜田土壤肥力、减少蔬菜生理障碍的关键技术，尤其在设施蔬菜栽培中更应该注意蔬菜的合理施肥。

(3) 保持和提高土壤肥力的措施 培肥菜田土壤，一般采用边利用、边培肥的办法，需要经过一个精耕细作和集约经营的过程。首先要进行土地的平整和加工，其次是大量增施腐熟的有机肥，并配合施用适量的化肥。由粮田改成菜田，最初要种植对水、肥要求较低的蔬菜，如小白菜、芥菜、葱和豌豆等。种植一段时间后，土壤熟化程度提高，就可以种植大白菜、番茄和黄瓜等。有条件的地区，可间套种短期绿肥，如苜蓿和苕子等，以改善土壤的物理性状，提高土壤肥力。氮、磷、钾和微量元素肥料配比要合理，避免单独偏施某一种肥料，实行菜、粮和饲草轮作，可以改良菜田的生态环境条件，建立起合理的物质循环体系。逐步实行深耕，扩大熟化层。低洼地块要特别注意改善排水条件，防止涝害。根据土壤性质的不同，也可采用客土的方法，对过于黏重的土壤，要适当掺入砂土、河泥等改良材料，以改良土壤的理化性状。

8. **蔬菜作物必需的营养元素** 蔬菜作物与其他作物一样，在其生长发育过程中，需要碳、氢、氧、氮、磷、钾、钙、镁、硫、氯和硼、钼、锰、锌、铁、铜16种营养元素。其中，碳、氢、氧可以从空气中获得，其余元素则需从土壤和肥料中获得。

（1）**氮** 是构成蛋白质的主要成分。叶绿素、胡萝卜素、番茄叶片中有机酸及叶菜类的维生素 C 的合成，都离不开氮。一般菜田的氮素供应往往不足，如果不施氮肥，会出现植株矮小，叶色变淡，从老叶开始黄化，逐渐波及嫩叶，有时叶色还会发红。缺氮的蔬菜分枝少，花和果实不仅小，有时还出现畸形。如黄瓜瓜头变尖，弯钩增多。如果氮肥过多，植株机械组织不发达，细胞壁薄，容易感染病虫害，反而会减产。另外，蔬菜作物对氮肥形态也有一定的要求，一般蔬菜作物喜欢硝态氮，洋葱、菠菜对铵态氮很敏感。铵态氮不宜过多，不应超过正常生长发育所需总氮量的 1/4。

（2）**磷** 磷是组成细胞质和细胞核的主要成分；没有磷，植物的全部代谢都不能进行，细胞分裂和分生组织的增长也将受到抑制，幼芽和根部生长缓慢，发育受阻，叶片变小，分枝较少，植株矮小，成熟延迟。要提高蔬菜品质必须重视施用磷肥。施磷可提高番茄果实中磷、糖、维生素 C 和干物质的含量，降低果实含酸量，提高植株抗寒性。

（3）**钾** 钾不是植物体的构成元素，主要是对参与植物体内重要反应的酶起催化作用，在呼吸作用、水分代谢及碳水化合物的运转过程中起重要作用。此外，钾能增加细胞原生质水合程度，增加保水能力，提高抗旱性和促进气孔的开放。钾素不足时，植物茎秆柔弱易倒伏，抗病、抗寒能力降低，并降低蔬菜的品质和产量。

（4）**钙** 钙是构成细胞壁的元素。蔬菜作物为喜钙作物。番茄、菠菜和豆科作物需钙更多，往往超出禾本科作物近 40 倍。钙可提高植物的抗病性，许多真菌病害的发生率都与钙含量有关。番茄青枯病、脐腐病和茎中钙含量呈负相关；莴苣感染灰霉病的程度和叶片中的钙钾比呈负相关。钙还可以延迟植物的衰老。

（5）**镁** 镁是叶绿素的成分之一，可促进呼吸作用和磷的吸收。凡需镁多的作物，需磷也多。镁在磷和蛋白质代谢中起重要作用。如果绿色植物在酸性条件下镁被氢取代出来，其绿色将消失而转变成褐色。镁还是酶的活化剂，它可以活化光合作用。蔬菜作物缺镁，首先表现为叶片失绿、黄化，莴苣、萝卜和甜菜通常在脉间出现显著的斑点状。番茄缺镁，果实由红色变淡，成为橙色，果肉黏性减少，品质降低。

(6) 硼　硼在糖的合成和运输中起重要作用。硼能加强花粉发芽和花粉管伸长。柱头和花粉中积累大量硼，有利于受精。硼能促进根部吸收钙，与钙一起对根的生长发育产生良好的作用。蔬菜作物比禾本科作物需硼量高，根菜类、豆类蔬菜含硼量最高。蔬菜作物常发生缺硼病，如甜菜心腐病、芹菜茎裂病、甘蓝的褐腐病、萝卜的空心和褐心病、花椰菜的褐化病、苜蓿的黄化病等。硼能提高番茄果实中维生素 C 和糖的含量。

(7) 钼　其生理作用主要表现在氮代谢方面，能提高氮肥的利用率。对叶绿素和根瘤的形成有良好的作用。缺钼时蔬菜维生素 C 的含量显著减少，花椰菜会出现"鞭尾病"。甘蓝在氮肥过量而钼不足时，叶球中的糖、粗蛋白质、叶绿素和维生素 C 含量都会降低。另外，钼与植物磷代谢有密切关系，缺钼时，不利于无机磷向有机磷转化。

(8) 锌　与生长素、蛋白质、叶绿素合成有密切的关系。所有植物缺锌都不能正常发育，叶片变小，节间缩短。番茄缺锌时，色氨酸降低，影响生长素的正常形成，茎的伸长生长减弱。锌对番茄维生素 C 的形成有重要作用。锌还是多种酶的活化剂。

(9) 锰　锰是许多酶的活化剂，能提高植物的呼吸强度，是植物光合作用中重要的电子载体，参与叶绿素合成，促进淀粉水解与糖类转移；能加速叶片中同化物质向根部及其他器官转移，减少高温对光合作用的抑制；能使二价铁离子变成三价铁离子，从而降低铁的生理活性。因此，蔬菜作物中锰、铁的适宜比例很重要，一般植株中锰的含量小于 25 毫克/千克时，就会出现缺锰症状。

(10) 铁　铁在植物氧化还原中起重要作用，又是多种酶的组成成分之一。铁与叶绿素结合参与光合作用，又是固氮酶中铁蛋白和铁钼蛋白的金属成分，对固定空气中的氮起主要作用。铁在植物体内移动性差，因此缺铁首先表现在新生的分生组织上。

(11) 铜　铜是多种酶及复合维生素 B 的组成成分，参与硝酸还原过程，对蛋白质、脂肪和碳水化合物的合成有很大的影响，能提高植物抗真菌病的能力。铜在土壤中很难移动，易被土壤中的黏粒和有机质吸附，在土壤 pH6.5 以上的腐殖土中，因铜沉淀和腐殖酸钙对铜的螯合作用，常发生缺铜症状。在泥炭土中种植洋葱、莴苣时，施铜肥对其生长发育有明显的促进作用。

9. 蔬菜作物的需肥特点

(1) 吸肥量大　蔬菜作物比小麦吸氮量高 0.4 倍，吸磷量高 0.2 倍，吸钾量高 1.92 倍，吸钙量高 4.3 倍，吸镁量高 0.54 倍。

(2) 喜硝态氮　硝态氮是蔬菜作物的优良氮源。铵态氮过量时，会抑制对钾和钙的吸收，使植物生长受害；硝态氮在植物体内积累对植物无毒害作用。在硝态氮 100% 的条件下，大多数蔬菜生长发育良好，如加入少量铵态氮，对植物生长有促进作用。但如果铵态氮用量超过 30% 时，蔬菜作物生长发育会受到明显抑制。菠菜、洋葱对铵态氮更敏感，尤其是低温条件下铵态氮危害更明显。

(3) 喜钙　蔬菜作物根系吸收能力较强，吸收二价钙比较多，比小麦高 4 倍多。钙在植物体内移动速度较慢，容易产生不平衡。缺乏时，多表现在心叶上，尤其在生长末期，根系活力减弱，体内钙运输受阻，常常发生钙的生理性病害。如白菜、甘蓝的心腐病（干烧心病）、黄瓜、甜椒叶上的斑点病，番茄的脐腐病等。

（4）需硼量高 硼在植物体内以可溶性和不可溶性两种存在。一般禾本科作物体内的可溶性硼含量比蔬菜作物多，但蔬菜作物比禾本科作物吸硼量多。蔬菜作物中根菜类的甜菜含硼量最高，萝卜、胡萝卜次之。豆类蔬菜含硼量也高。叶菜类中甘蓝含硼量最高，菠菜含硼量最低。由于蔬菜作物体内不溶性硼含量高，硼在蔬菜体内再利用低，因此蔬菜作物需硼量就必然高于禾本科作物。需硼量多的蔬菜，容易引起缺硼症状，如甜菜的心腐病、芹菜的茎裂病、芜菁及甘蓝的褐腐病、萝卜的褐心病等。

（5）根部需氧量大 蔬菜作物根部呼吸比禾本科作物需氧量高，而不同种类蔬菜对土壤中氧气含量的敏感度及需求量不同。番茄、黄瓜、甘蓝、豌豆、萝卜、菜豆和甜椒等对土壤含氧量反应敏感，蚕豆、豇豆和洋葱反应不敏感，茄子介于上述两者之间。

高温多雨季节，常会因土壤孔隙被水分饱和而造成突然缺氧，使蔬菜根部呼吸窒息而受害。因此，暴雨后应适时中耕，以增加土壤的含氧量。

10. 影响蔬菜作物养分吸收的因素

（1）土壤结构 要使土壤中水、肥、气、热协调，土壤中的三相比例必须适当。菜田土壤中，固相（土粒）：液相（土壤中水分）：气相（土壤空气）的三相比为 50：25：25 较为适合。一般砂土颗粒较粗，非毛管孔隙大，因此通透性好，容易耕种，土温高，出苗快；但保肥能力差，后期容易脱肥，根部老化快，植物易于早衰，适宜种植根菜类和薯芋类蔬菜。黏土颗粒细，毛管孔隙多，通透性差，保水保肥能力强，但植株生长慢，有时会贪青，生育延迟。壤土孔隙度在 60% 左右，毛管孔隙与非毛管孔隙比例适当，是较理想的菜田土壤。

（2）土壤酸碱度 蔬菜作物能吸收的养分是土壤溶液中的养分，而土壤 pH 可影响土壤溶液的养分状态。土壤溶液偏碱性而且逐渐加强时，土壤中的磷、镁、锌、铜、铁逐渐形成不溶解状态，有效性降低，植物吸收量减少。土壤 pH 为 6～8 时，有效氮含量较高；pH 为 6.5 左右时，磷的有效性最高；pH 大于 6 时，土壤的钾、钙、镁含量高；pH 为 4.7～6.7 时，硼的有效性高；pH 大于 7 时，硼的可溶性明显降低。在碱性土壤上，钼被释放。锰、锌、铁、铜在中性或偏碱性条件下，可溶性降低，甚至沉淀，导致锰、锌、铁、铜缺乏。多数蔬菜适宜于在 pH 为 5～6.8 的微酸性土壤环境中生长发育。

(3) 土壤空气 土壤中空气含量状况可以影响土壤中有效养分的含量。土壤通气良好时，养分易分解，有效养分含量较高；土壤通气不良时，养分有效性降低，在嫌气条件下还会分解出对植物有害的物质。

(4) 土壤水分 土壤水分直接影响到矿物质元素的吸收与利用。但是土壤水分过多会影响土壤的通气性，从而影响养分分解。土壤含水量以田间持水量的 60%～80% 较为适宜。在干旱季节，施肥如果不配合适当的浇水，肥料不能溶解，植物不能吸收或造成土壤溶液浓度过高，从而对蔬菜植株造成危害，并降低肥料利用率。土壤中水分过多或过少，会影响植株根部正常生长和对养分的吸收，植株得不到充分的养分供应，就生长发育不良。

(5) 土壤温度 地温对土壤养分的有效性和根系对养分的吸收有较大的影响。一般在适宜温度范围内，随着温度的升高，养分有效性和根系对养分的吸收能力和吸收速度随之增加，在早春育苗和种植蔬菜时，常出现磷营养不足，增施磷肥对提高幼苗质量和早期产量有明显的效果。不同形态的氮素对温度反应不同，在 25℃ 以上时，茄子对硝态氮的吸收量大幅下降，番茄吸收铵态氮和硝态氮量下降，但硝态氮吸收量下降速度快，铵态氮受影响较小，因此，在不同季节应选择适宜种类的氮肥。

11. 蔬菜作物合理灌溉的指标

（1）**土壤含水量指标**　蔬菜生产上有时根据土壤含水量来进行灌溉，即根据土壤墒情决定是否需要灌水。蔬菜作物生长发育较好的土壤含水量为田间持水量的 60%～80%。但是，这个范围值不是固定不变的，它经常随着因素的改变而变化。

（2）**蔬菜作物缺水的形态指标**

①生产速率下降。蔬菜作物茎叶生长发育对水分亏缺相当敏感。轻度缺水时，蔬菜光合作用还未受到影响，但这时蔬菜生长发育就已经严重受到抑制。

②幼嫩叶的凋萎。当土壤水分供应不足时，蔬菜细胞膨压下降，从而发生蔬菜幼叶萎蔫的现象。

③茎叶颜色变红。蔬菜缺水时，生长发育缓慢，叶绿素含量相对增加，叶色变深，茎叶变红。从植株体内情况看，蔬菜作物缺水时，植株体内碳水化合物分解大于合成，细胞中积累较多的可溶性糖并转化成花青素。

（3）**灌溉的生理指标**

①叶水势。当蔬菜作物缺水时，叶水势下降。对不同蔬菜作物，发生缺水危害的叶水势临界值不同。不同叶片、不同取样时间所测得的水势值是不同的。

②细胞汁液浓度或渗透势。缺水条件下蔬菜细胞汁液浓度比正常水分含量的蔬菜高，而细胞汁液浓度的高低经常与蔬菜生长发育速率成反比。当细胞汁液浓度大于一定数值后，就会抑制蔬菜植株的生长发育。

③气孔状况。土壤水分充足时，蔬菜叶片气孔开放度较大，随着土壤水分的减少，叶片气孔开放度逐渐缩小；当土壤中的可利用水消耗完时，气孔完全关闭。因此，叶片气孔开放度缩小到一定程度时就要进行灌溉。

不同地区、不同蔬菜作物、不同蔬菜品种的植株，在不同的生长发育期的叶片，以及不同叶位的叶片，其灌溉的生理指标都是不同的。

(4) 合理灌溉使蔬菜增产的原因 合理灌溉能改善蔬菜栽培环境的土壤水分条件和气温条件，如可以降低植株间的气温，提高空气湿度，这对于蔬菜正常生长发育是十分有利的。当发生土壤干旱或天气干旱时，及时灌水可以使蔬菜植株进行旺盛的生长发育和光合作用。同时，还可以消除植株光合作用的午休现象，促使蔬菜茎叶输导组织发达，提高水分和同化物的运输速率，改善光合产物的分配利用，从而提高蔬菜产量。

12. 蔬菜作物合理灌排的基本原则

(1) 看菜灌排 首先，如前面所述，不同种类的蔬菜灌溉需求不同。不同的蔬菜对土壤水分过多的适应性即耐湿性也不同，除了水生蔬菜外，只有叶菜类的蕹菜、菠菜和芹菜等，薯芋类中的芋，茄果类中的茄子，瓜类中的丝瓜等蔬菜，相对比较耐湿，其他大多数蔬菜都不耐湿，要求雨后或灌溉后能及时排水，以降低土壤湿度。

其次，各种蔬菜在不同的生长发育阶段，其需水特点及灌溉需求也不同。种子发芽期，都需要充足的水分，因此播种前要灌足底水，或播种后再灌水，以利于种子发芽出苗。幼苗期叶面积小，蒸腾耗水不多，但此时根系弱小，分布浅，而表土容易干燥，因此要小水勤浇，保持表土湿润。移栽的蔬菜在定植后至缓苗前要充足供水，缓苗后要控制浇水，以利于幼苗发根。在发棵期，浇水要适宜，既不能因缺水而影响发棵，也不可因浇水过多引起植株徒长、沤根和发病。在土壤水分管理上，要做到见干见湿。浇水次数不宜过多，每次浇水要浇透。在蔬菜产品器官开始形成的初期，如果菜类开花结果初期，肉质根、茎开始膨大初期，刚现花球、叶球初期，要适当控制浇水，进行蹲苗，通过蹲苗促使根系下扎，叶片增厚，抗性增强，防止茎叶徒长导致落花落果，或影响产品器官的膨大，造成蔬菜减产晚熟。在产品器官生长旺盛期，要充足供应水分，天旱时要及时灌水。

再次，可以看蔬菜植株的长相，根据植株长相确定是否要灌水。如早上看叶片尖端有无露滴或多少，中午看叶片是否萎蔫，下午看叶片的颜色，叶片展开的快慢，摸叶片的厚度，看茎节的长短等，都可以诊断蔬菜是否缺水。

(2) 看天灌排　在长江流域蔬菜三主作区降水多的梅雨季节，水分管理的重点是及时清沟排水，雨后（植株封行之前）还要及时中耕松土，防止土壤板结。这样也可以使土壤散失一部分过多的水分。在干旱少雨季节，要及时浇水，以满足蔬菜生长发育的需要。高温干旱时浇水，要在天凉、地凉、水凉的早晚进行，不能在中午气温高、地热、水热时进行。夏天适宜用井水浇灌，特别是雷雨以后，土壤温度高，通气不良，蔬菜容易发生病害，这时用井水浇灌，可起到降温、通气的作用，要求做到随浇随排，田间不能积水。冬春季气温低，蔬菜耗水量少，浇水也应该相应减少。要浇水也要选晴天上午浇小水，或局部浇水，或膜下暗灌。对水生蔬菜，在定植之初要深灌水，以便防寒护苗。成活后宜保持浅水层，以利于增温发苗。夏天要深灌水，防止水体高温。

(3) 看地灌排　要根据土壤的干湿程度，采用适当的水分管理措施。土壤干旱了，要适当浇水；土壤涝了，要及时排水；土壤湿润，要及时中耕。砂性土保水力差，浇水次数要增多，每次浇水量不宜过大；黏性土保水力强，浇水次数可减少，每次浇水量也不宜太多。地势低、地下水位高的地方，要控制浇水，采用窄畦、短畦、深沟高畦，以利于排水。在酸性土地区，采用稀粪浇灌，对盐碱土地区采取大水沟灌洗盐碱。

(4) 根据蔬菜的生育期选择浇水方法

①种子发芽期。这个时期对土壤水分和空气要求都很高，因此苗床或秧田应该先灌水，后整地，使土壤既湿润又通透性好，从而有利于出苗迅速整齐。

②幼苗期。这个时期由于幼苗根系小而浅，叶片的保护组织

尚未完全形成，要充分保证浇水。但由于幼苗发根对土壤空气的要求，灌水要小水勤浇。到幼苗定植前1周，要进行控水炼苗，控制浇水的作用在于使土壤适度干旱，有利于增加气发根和控制叶面积扩大，促使茎叶糖分积累和保护组织的形成，有利于幼苗定植大田后尽快缓苗，恢复生长。幼苗定植后要适量灌水，以利于幼苗发棵。但灌水量不宜太多，以免引起幼苗缺氧而烂根。

③旺盛生长期。这个时期植株逐渐长大，消耗水量随之增多，对水分的需求量也相应增加。如大白菜、甘蓝的莲座期，薯芋的结薯初期，必须充足供应水分，满足植株营养体生长发育对水分的需要，以形成足够的叶面积，构成强大的同化组织。

④产量形成期。如茄果类、瓜类、豆类蔬菜的结果期，薯芋类的结薯盛期，大白菜、甘蓝、花椰菜的结球期，这个时期植株消耗水分量最多。这时如果缺水，对蔬菜的产量和品质影响很大，所以必须保证充足的水分供应。供留种用或产品要储藏的地块，收获前7~10天要控制浇水，以利于提高蔬菜产品的贮藏性能。

(5) 结合栽培措施进行灌排 灌排水要和其他栽培措施相结合，如施肥后一般要进行浇水，做到肥水相融；在苗床起苗前要灌水，以便于幼苗带土护根；间苗后要灌1次"合缝水"，分苗或定植后要灌"定根水"。设施蔬菜浇水要与通风相结合。在冬春季，一般要选晴天的上午浇水。待升温到一定程度时通风排湿，使蔬菜植株上的水滴和棚室内的湿气及时排出，然后闭棚升温。要贮藏的蔬菜，采收前要控制浇水，以防止产品水分过多而在贮藏期间发生病害，容易腐烂。而莲藕、荸荠等水生蔬菜，采收前要排干田水，以便于采收。割韭菜、掐菜薹后，要过几天再灌水，以利于植株伤口的愈合。

13. 蔬菜生产常用的灌溉水源 蔬菜生产常用的灌溉水源，一般分为地面水源和地下水源两大类。

(1) 地面水源 可以作为蔬菜生产基地灌溉水的地面水源，

主要有江河水、湖泊水、塘堰水和水库水等。

地面水源来源于天气降水，如雨、雪、雾和冰雹等，直接与大气相接触。在各种地面因素的影响下，地面水源水一般浑浊度都较高，泥沙含量多，水质、水温变化大，并且容易受周围环境的污染。但地面水源也具有水量充沛、取用较方便、矿化度及硬度比较低等特点。

江河水源汇水面积大，流程长，并有一定的流速，因此具有一定的自净能力。与其他地面水源相比较，江河水量在洪水期和枯水期相差可达几十倍，从而使有些河流全年高、低水位差可达30～40米，使取水工程过于复杂。

水库、塘堰和湖泊水源，一般含泥沙量少，水质较洁净。但是经常会含有悬浮杂质，夏季还会滋生一些藻类，从而影响水质。有的水库、塘堰、湖泊水矿化度也较高，对蔬菜的生长发育或多或少都有一些不利的影响。

（2）地下水源　埋藏于地面以下的地层中的重力水，统称地下水。根据地下水埋藏条件的不同，可以将地下水源分为上层滞水、潜水、承压水、裂隙水、岩洞水和泉水六大类。地下水源主要来源于天空降水和地面水源的渗入。

由于地下水埋藏在地表以下，在地下流动，受到地层吸附、过滤和微生物的作用，因此一般具有水质洁净、无色无味、悬浮杂质少、水温变化小、分布面广、不受环境污染等特点。但是，它的流速和径流量小，矿化度和硬度都较高。地下水可以就地开采利用，投资少，见效快，在地下水位较高的地区，利用地下水还可以降低地下水位，防止土壤盐渍化和沼泽化。因此，我国农业设施的灌溉工程，绝大多数都采用地下水源。

14. 蔬菜对灌溉水源的基本要求　进行蔬菜优质、高产、高效生产时，要求灌溉水源应该满足以下基本要求。

第一，灌溉水源所提供的水量应该能充分满足灌溉系统用水量的要求。

第二，灌溉水源的水位应该为灌溉系统提供足够的水位高程，尽可能采用自压或直接式供水方法；不然，就需要设置泵站机组加压，以满足灌溉用水压力的要求。

第三，灌溉水源的位置应该尽量靠近农业设施。

第四，蔬菜的灌溉用水应该优先选用未被污染的地下水和地表水，菜田灌溉水质应符合中华人民共和国国家标准——农田灌溉水质标准 GB 5084—1992。根据农田灌溉水质标准，菜田灌溉水质必须符合表 3-1 的规定。在蔬菜微灌系统中表明堵塞程度的水质指标见表 3-2。

表 3-1　农田灌溉水质标准（毫克/升）

序号	项　目	标准值
1	生化需氧量（BOD_5）	≤80
2	化学需氧量（COD_{Cr}）	≤150
3	悬浮物	≤100
4	阳离子表面活性剂（LAS）	≤5.0
5	凯氏氮	≤30
6	总磷（以 P 计）	≤10
7	水温（℃）	≤35
8	pH	5.5～8.5
9	含盐量	≤1 000（非盐碱土地区） ≤2 000（盐碱土地区） 有条件的地区可以适当放宽
10	氯化物	≤250
11	硫化物	≤1.0
12	总汞	≤0.001
13	总镉	≤0.005
14	总砷	≤0.05
15	铬（六价）	≤0.1

（续）

序号	项 目	标准值
16	总铅	≤0.1
17	总铜	≤1.0
18	总锌	≤2.0
19	总硒	≤0.02
20	氟化物	≤2.0（高氟区） ≤3.0（一般地区）
21	氰化物	≤0.5
22	石油类	≤1.0
23	挥发酚	≤1.0
24	苯	≤2.5
25	三氯乙醛	≤0.5
26	丙烯醛	≤0.5
27	硼	≤1（对硼敏感作物，如马铃薯、笋瓜、韭菜、洋葱等） ≤2.0（对硼耐受性较强的作物，如青椒、小白菜、葱等） ≤2.0（对硼耐受性强的作物，如甘蓝、萝卜等）
28	粪大肠菌群数（个/升）	≤10 000
29	蛔虫卵数（个/升）	≤2

表3-2 在微灌系统中表明堵塞程度的水质指标

堵塞原因	堵塞程度		
	轻	中	严重
物理因素悬浮固形物（毫克/升）	<50	50～100	>100
化学因素 pH	<7.5	7.0～8.0	>8.0
溶解物（毫克/升）	<500	500～2 000	>2 000
锰（毫克/升）	<0.1	0.1～1.5	>1.5

（续）

堵塞原因	堵塞程度		
	轻	中	严重
全部铁（毫克/升）	<0.2	0.2~1.5	>1.5
硫化氢（毫克/升）	<0.2	0.2~2.0	>2.0
生物因素细菌含量（个/毫升）	<10 000	10 000~50 000	>50 000

注：①表中数值指使用标准分析方法，从有代表性的水样中所测的最大浓度。
②每升水中细菌的最大数目，可以变动的田间取样和实验室分析得到，细菌数量反映了藻类和微生物的营养状况。

15. 土壤水分不足造成的蔬菜生理病害

土壤中微生物的活动和养分的溶解都需要一定的水分。蔬菜体内养分物质的运输，也要在水溶液中进行。根系吸收养分物质，只有在土壤水分条件适宜的情况下才能进行。土壤水分管理不当，将对土壤养分的有效性和蔬菜的根系的活力造成影响，在蔬菜生长发育停滞的同时，叶片还可能表现出缺素症。

蔬菜食用部分大部分为柔嫩多汁的茎叶和果实。大多数蔬菜90％以上的重量是由水组成的。土壤水分管理不当，不仅会对土壤的理化性质和设施内的环境条件造成不良的影响，导致蔬菜病害的发生和蔓延，造成蔬菜减产，还会降低蔬菜的品质。

蔬菜水分缺乏时，蔬菜的营养生长受到影响，叶面积减少，花的发育也受到抑制，植株发生萎蔫，随着萎蔫时间的延长，会严重影响蔬菜的正常生长发育，最后甚至死亡。在蔬菜植株萎蔫时，蒸腾作用减弱或停止，气孔关闭，空气中的二氧化碳不能通过气孔进入植株体内，光合作用不能正常进行，导致蔬菜生长量减少，果实发育不良。例如，当黄瓜进入瓜条膨大期出现水分缺乏时，授粉不良，即使过一段时间后土壤水分得到补充，也容易出现尖嘴瓜。如果在瓜条发育的前后期缺水，而中期水分充分，就会形成大肚瓜；发育中期缺水，容易产生蜂腰瓜；在发育后期缺水，经常产生表皮褶皱较强的细瓜。这些畸形瓜，与瓜条发育期间水分供应不均有很大的关系，当然也与授粉不良或环境养分因素有关。

另外，水分在调节蔬菜体温上也起着重要的作用。当阳光较强直射蔬菜时，蔬菜的体温就会很快升高，这时蔬菜就要靠蒸腾作用，以消耗大量的水分来降低体温。如果这时蔬菜缺水，体温过高，就会抑制蔬菜的正常生理代谢，同时也容易发生病害，特别是病毒病。

16. 土壤水分过多引起的蔬菜生理病害　土壤水分过多，将影响土壤温度的升高和土壤的通气性，给蔬菜的生长发育造成不良影响。

在土壤温度过低的情况下，土壤中的养分物质转化慢，根系的代谢能力减弱，容易在蔬菜苗期产生缓苗慢和沤根等生理病害。如果在早春气温上升较快时，土壤含水量大，将影响地温上升，产生地温与气温变化的不协调现象，根系活力的减弱与地表高蒸腾作用之间的矛盾，将使蔬菜植株在中午产生萎蔫，并且可以诱发蔬菜的枯萎病和其他病害。

要使蔬菜有较旺盛的根系活力，除要求一定的土壤温度外，还要求土壤具有较高的氧气含量，供根系呼吸使用。土壤水分过多时，会产生土壤通气不良的缺氧条件，会使蔬菜根系窒息。同时，土壤中还将产生硫化氢和甲烷等还原性有害气体，毒害根系。蔬菜根系受到危害后，地上植株生长发育缓慢或受抑制，下部叶片和叶柄首先黄化，叶柄下垂，并脱落，最后造成植株死亡。

水分过多对蔬菜作物容易产生渍害，即土壤含水量超过了田间的最大持水量，土壤水分处于饱和状态。从蔬菜的生理方面来讲，渍害对蔬菜作物影响的要害是液相代替了气相，使蔬菜根系在缺氧的土壤环境中生长。造成这种情况后，会产生一系列的不利影响。

（1）土壤水分过多、缺氧对蔬菜细胞结构产生的影响　由于蔬菜细胞的线粒体必须在通气情况下才能正常发育，而在缺氧的情况下，细胞的线粒体数目及其内部结构都会发生异常。

（2）土壤水分过多、缺氧对蔬菜生理代谢的影响　在土壤水分过多、缺氧的条件下，会对蔬菜的光合作用产生抑制作用。

（3）土壤水分过多能造成蔬菜养分失调　受渍害的蔬菜经常发生养分失调，主要表现在两方面：一是缺氧降低蔬菜根系对离子的吸收活性；二是由于缺氧和嫌气性微生物的活动，产生了大量的二氧化碳和还原性有毒物质，直接毒害根系，从而影响了根系正常的生理活动，造成蔬菜养分失调。

（4）缺氧对蔬菜植株形态和生长发育的影响　缺氧可以影响到蔬菜植株形态和生长发育，造成蔬菜作物植株矮小，叶片发黄根尖变黑，叶柄偏上生长，籽粒不饱满，千粒重减少，品质降低；使刚播下的蔬菜种子不能正常萌发，芽鞘伸长，不长根系，叶片黄化等。

17. 土壤水分对蔬菜施肥的影响　水分是蔬菜生长发育所必需的，土壤水分状况决定着蔬菜对养分元素的吸收量和吸收能力。一般说来，蔬菜施肥效果随土壤含水量的提高而增加。当土壤相对含水量低于 60%～80% 时，会直接抑制蔬菜的正常生长发育和生理活动，干物质形成减少，根系活力下降，对养分的吸收能力降低，养分在土壤中扩散率下降，养分利用率也降低，从而影响蔬菜的施肥效果。如果土壤含水量过高，则土壤通气不良，也影响蔬菜根系对养分的吸收。适宜蔬菜根系吸收的养分浓度，由土壤含水量和施肥量来确定。施肥量较少时，土壤含水量可以较低，施肥量较大时，土壤含水量应该较高。所以，蔬菜栽培在每次追肥后要结合浇水，调节土壤水分含量，以充分发挥蔬菜施肥的增产效果。

水分是蔬菜生理活动中不可缺少的，它不仅是养分元素和光合产物运输的载体，还可以通过叶面蒸腾作用来调节蔬菜的温度，蔬菜的其他作用需要更多的水分。蔬菜对水分的要求可分为地下部分的要求和地上部分的要求，即根系对土壤中水分的要求和植株对空气湿度的要求。

蔬菜吸收的养分是呈液体状态的。土壤湿度的高低直接影响蔬菜对养分的吸收。水分是施入土壤中化肥的溶剂和有机肥料矿质化的必要条件，养分的扩散和质流，以及根系吸收养分，都必须通过水分来进行。适宜的土壤湿度可以提高养分的有效性，即提高施肥的利用率。蔬菜栽培中常采用"以水冲肥"、"以水调肥"、"以水控肥"的措施，来促控蔬菜对养分的吸收。但浇水过多时，也不利于养分的吸收，同时还会造成养分的流失。土壤含水量与磷的扩散系数呈正相关。低温干旱，增施磷、钾肥，可提高蔬菜的抗逆性。增施有机肥既可以提高土壤的缓冲能力，又能提高蔬菜的抗干旱、涝害的能力。

空气相对湿度的高低，直接影响叶面追肥的效果。叶面追肥的效果与空气湿度呈负相关。因此，应该在晴天、空气湿度较低、叶面干燥时喷施叶面肥，这时喷施效果明显。

18. 田间节水灌溉技术

（1）激光平地技术　激光平地技术是目前世界上最先进的土地平整技术，具有平整精度高、可以自动控制平地过程等特点。精确的土地平整是地面灌溉节水新技术的基础。

（2）地面浸润灌溉　地面浸润灌溉是 20 世纪 80 年代日本研究出来的一种新型地面灌溉技术。灌水作业时，由土壤利用毛细管的吸力，自动地从一个含水层的散发器吸水，当土壤湿度达到一定饱和程度时，吸力变小，系统自动停止供水。

（3）负压差灌溉　负压差灌溉的方法是将多孔管理入地下，依靠管中水与周围土壤产生的负压差，进行自动灌溉，整个系统能适应管周围土壤的干湿状况，自动调节水量，水分管理很方便。

（4）膜上灌　膜上灌是我国新疆技术人员在覆盖栽培基础上研究出来的一种灌水新方法。其显著特点是可以通过调查膜畦首尾的渗水孔数及孔径大小来调节整个畦（沟）首尾的灌水量，以得到比普遍地面灌溉方法较高的灌水均匀度，实现节水、增产、增收的目的。膜上灌的主要形式有以下几种：

①打埂膜上灌。有2种形式：一种为有漫灌带的打埂膜上灌，即做1~2米宽的小畦，将90厘米的塑料薄膜铺在畦上，一畦栽培3行，膜两侧有10厘米左右的漫灌带。这种形式的膜上灌，畦长一般为30~50米，入畦水流量为5升/秒，节水20%以上。另一种为无漫灌带的打埂膜上灌。即做成宽为95厘米左右的小畦，把宽为70厘米的地膜铺在畦上，一畦栽培2行蔬菜作物，膜两侧为土埂。这种膜上灌，畦长80~120米，节水30%~50%。

②沟内膜孔灌。沟内膜孔灌是将土壤整理成沟垄相间的波浪形田面。地膜铺在沟底和两坡，作物栽培在两侧坡边上，利用放膜孔为作物供水，可节水30%以上。它的缺点是垄背杂草丛生，放苗孔以下的水分无效蒸发。

③膜孔膜缝灌。这是沟内膜孔灌的改进方式，即把膜铺在垄背上，使相邻两膜在沟底形成2~3厘米宽的一条缝。通过放苗孔和窄缝给作物供水，克服了沟内膜孔灌的缺点。

膜上灌水，除了受土壤种类和地形坡度影响外，对一定地块来说，还与灌水强度、入膜流量、膜上流速、膜畦规格、灌水定额、灌水规格、灌水持续时间、畦首畦尾进水时间差等技术因素有关。

(5) 小畦灌水技术　小畦灌溉是我国北方井灌区一种有效的节水灌溉技术，山东、河北和河南等省的一些田园化标准较高的地方，正在逐步推广应用，长江流域地区也可以参考应用。其特点是灌水流程短，减少了长畦产生的深层渗漏，所以能节约灌水量，提高灌水均匀度和灌水效率。其缺点是灌水面积减小，整畦时费工。小畦灌溉就是相对于过去的长畦、大畦而言，将灌溉土地面积变小。但是，畦子的面积也不是越小越好。必须根据一些技术参数来决定畦田的长度。

①小畦灌溉关键技术指标的确定。小畦灌溉的关键指标是灌水定额、单位流量、畦坡和畦长。一般情况下，如果地面坡度较大，土壤透水性较差，畦田可以适当延长，入畦水流量适当减少。如果地面坡度较小，土壤透水性又较好，则要适当缩短畦长，增加入畦水流量，这样才能使灌水均匀，避免水分的土壤深层渗漏。

②小畦灌溉田间操作要点。首先要平整土地，合理规划畦田。在平原地区，可以大面积地进行土地平整，在山区或地势变化较大的地区，可以划分成几片进行平整。土地平整是小畦灌溉的关键，要根据理论和实际经验规划畦田。灌水时经常采用及时封口的方法，即当水流到离畦尾还有一定距离时，就要封闭入水口，使畦内剩余的水流到畦尾时即可全部渗入土壤。操作时，可以根据具体情况，采用七成封口、八成封口、九成封口或灌流封口等方法实施。

19. 地下灌溉方式　地下灌溉是利用土壤毛细管作用，使灌溉水自下而上地湿润土壤的灌溉方法。也称渗灌。其特点是灌水质量好，蒸发损失小，占用耕地面积少，并且不影响机械耕作，灌溉作业还可与其他田间作业同时进行。与其他灌水系统相比，它还具有能耗少、输水效率高、灌水效率高、水利用效率高等特点。由于它在作物根部土壤灌水速度慢、灌水量小、水压低，并且肥料用量少，因此这种系统不仅能耗小，而且对生态环境保护也有明显的作用。由于土壤深层渗漏明显减少，因此溶解后的肥料和土壤消毒剂，不会污染地下水资源。该系统不会对土壤结构产生破坏。与地面滴灌系统比较，它对土壤板结的影响较小。另外一个重要的方面，是它形成的有利的农田小气候可以防止病虫害的发生，因此农药的用量也能减少到最小。

但是，地下灌溉由于投资高、灌水均匀性差，土壤出现盐碱化现象、地面管道和灌水器耐久性差、技术复杂、管路易堵塞等使得大面积应用受到限制，并且地下管道造价高，管理检修较困难，在土壤表层浸润较差的情况下，对种子发芽出苗不利，在透水性强的土壤中渗漏损失大，因此仍然没有被大面积推广应用。

根据供水方法的不同，地下灌溉可以分为以下几种：

（1）管道式地下灌溉系统 应用管道式地下灌溉系统，是最常见的一种地下灌溉方法。该系统由输水部分和渗水部分组成。输水部分采用明渠或暗渠形式同水源连接，渗水部分由埋设在田间的渗水管道网组成。常用的渗水管道有多孔瓦管、无砂混凝土管和上部开孔的塑料管道等。鼠道式地下灌溉，属于管道式地下灌溉的一种，是利用拖拉机或绳索牵引机牵引暗沟犁，顺坡向钻成一排排的地下土洞，形成地下渗水网。这种灌溉设施修建简单，省时省工，无需建筑材料。但是，鼠道受土壤土质的限制，只适宜于黏性较强的土壤。

（2）明沟式地下灌溉系统 明沟式地下灌溉系统适用于气候湿润、地下水位较高、水质矿化度低、地下水资源或其他水源丰富的无盐渍化的河网地区。通常可利用排水系统，在明沟上设置控制阀门，以抬高水位向两侧浸润，满足作物根系层土壤对水分的需求。

（3）暗沟式地下灌溉系统 这种灌溉系统利用地下排水沟（管）系统设置控制阀门来控制地下水位，达到渗灌的目的。在地下水位较高的冲积扇缘一带，泉水丰富，地面坡度较大时，可以利用泉水进行地下灌溉。

20. 节水灌溉对蔬菜生长发育的影响 蔬菜是需水量较高的作物，其体内 60%～95% 的成分是水分。水分对于蔬菜正常的生理生化活动、产量、品质都有非常重要的影响。在设施蔬菜生产中，灌溉不仅是为蔬菜本身提供足够的水分，还对设施土壤理化性状、生态环境、病虫害的发生与变化、水分利用率等都有重要的影响。肥料和水分是影响蔬菜产品品质的主要因素，灌水增加了产量，却减少了果实糖、有机酸等物质的含量。当土壤水分太多时，造成土壤缺氧，引起作物好气孔关闭，严重时植物生长点和根系生长受到抑制。过多的灌水不仅降低了水分的利用率，并且还使蔬菜的产量、品质和经济效益下降。但过分减少灌水量，同样会降低蔬菜的水分利用率。水分胁迫促进了根系生长，减少了干物质分配到叶冠的比例。所以，确定适宜的蔬菜灌水量，应该从蔬菜产量、品质、水分利用率、生态环境影响等因素综合考虑。找到适合的平衡点，以获取节水、高产、优质及良好的经济和社会效益。

近年来比较先进的一种灌溉技术是亏缺灌溉，也称非充分灌溉或调控灌溉。就是通过适度控制土壤水分给作物一个适度的干旱逆境，来提高果实的品质。在蔬菜生产灌溉方面，亏缺灌溉虽然能够提高番茄的品质，但普遍产生一定程度的产量减少现象。随着土壤水分的减少，樱桃番茄单果质量和产量逐步降低，但亏缺灌溉对结果数的影响不大，亏缺灌溉提高了果实可溶性物质的含量、酸度、糖酸比和维生素 C 含量，并且显著提高了水分利用率。水分供应对蔬菜幼苗质量的影响表明，不同程度的限水供应都会限制幼苗的生长，但一定程度的限水可以明显增加幼苗后期的抗性，定植前的限水锻炼使幼苗叶片产生了渗透调节能力，以适应复杂变化的逆境。植株在轻度缺水情况下，光合作用没有受到影响，甚至强于供水充足的植株。对番茄早春育苗苗床灌溉的土壤含水量最大值进行的试验结果表明，土壤含水量为最大含水量的 90%，比通常灌溉至土壤最大含水量的 100%，植株干物质积累增加，壮苗指数提高，光合速率、根系活力增加，蒸腾速率降低。所以，番茄苗床灌溉土壤相对含水量最高值以 90% 为好。温室辣椒在开花结果期、盛果期分别进行不同灌溉上限的处理，试验结果表明，辣椒在开花结果期，灌溉水量上限为土壤最大含水量的 90%，其茎秆较粗，叶面积较大，结果率较高，并且前期产量达到最大；在辣椒盛果期，灌溉水量上限为土壤最大含水量 95% 时，光合速率较大，蒸腾速率相对较小，水分利用率和产量都较高。所以，从水分利用角度看，适当减少土壤含水量，不但不会减少蔬菜产量，反而会降低无效水分的消耗，从而提高了水分的利用率。

在蔬菜的灌溉管理中，蔬菜各个生育时期的需水量和作物系数，是指导灌溉的重要参数。水分对蔬菜生长发育的影响，经常与栽培条件有关，例如灌水与施肥之间，灌水量与灌水方法之间，灌水与品种之间，都有相互作用。

21. 设施蔬菜肥害的类型 设施蔬菜的肥害多种多样，但总的来说有内伤和外伤两种类型。

(1) 外伤型肥害 主要有以下两种情况。

①气体毒害。主要是指氨气毒害。氨气挥发于空气中，只要浓度达到 5 微升/升以上时，就会使叶片产生伤害。开始出现水渍状斑块，以后细胞失水死亡，形成枯死斑。高浓度（如 40 微升/升以上）的氨气会使蔬菜发生急性伤害，叶肉组织崩坏，叶绿素解体，叶脉间出现点状、块状褐黑色伤斑。不仅在施用碳酸氢铵、氨水时容易产生这种毒害，而且在施用尿素时也经常产生。另外，施用未腐熟的有机肥也会产生氨的危害。氨气毒害在茄果类、瓜类等蔬菜的苗床或者棚室内容易产生，由于这些设施使蔬菜植株生长在近似密闭的环境中，氨气容易在空气中积累而发生毒害。

②浓度伤害。总盐浓度超过了 3 克/千克的土壤溶液，就会对蔬菜作物的养分和水分吸收产生显著的抑制作用。由于化肥或者人、畜粪尿一次施用量太大，会造成土壤溶液浓度过高，渗透阻力增大，导致植株根系吸收水分困难，甚至发生根细胞内的水分被吸收到土壤溶液中，出现不正常的外渗透。在这种情况下，根和根毛细胞原生质就会失水死亡。这种缺水不是由于土壤真正缺水而引起的，所以又叫生理性干旱。在设施蔬菜生产中，以下情况最容易发生此类伤害。

一是化肥干施。人们为了节省劳力，常常将化肥直接施入菜田，并且误认为施肥部位离蔬菜植株越近，就越容易被根系吸收。其实，根系吸收能力最强的部分是在根群外围，即幼根及其根毛部。人们还经常误认为施一点化肥不会有多大作用，却不知道 50 克化肥的有效成分比几十千克有机肥还要多。

二是营养土配比不当。进行茄果类、瓜类蔬菜育苗时，经常由于营养土配比不当而产生肥害。例如，在配制营养土时添加的化肥太多，而在苗期出现土壤浓度伤害，发生烧根，严重时可以造成死苗。

三是生肥伤害。新鲜人、畜、禽粪尿，未经腐熟就直接使用。这些生肥在分解过程中产生有机酸和热量，使蔬菜作物根部受害。这种情况在冬季果菜类蔬菜育苗的苗床中最为常见。

(2) 内伤型肥害　指由于施肥不合理，致使植物体内离子平衡被破坏，而产生的生理性伤害。由于植物的养分元素之间存在着拮抗作用，情况比较复杂。常见的内伤型肥害有以下几种情况。

①氨中毒。土壤中铵态氮太多时，蔬菜就会吸收太多的氨，从而产生氨中毒，影响蔬菜光合作用的正常进行。

②氮肥太多。在土壤硝化作用的过程中，经常会出现亚硝酸积累，产生亚硝酸毒害。具体表现是植株根部变褐，叶片发黄。

③氮过剩。氮素太多时会造成钙素淋溶增加，使蔬菜产生缺钙症状，最常见的是番茄的脐腐病和大白菜干烧心等。

④总盐度太高，抑制钙的吸收。这种情况在覆盖种植中最容易产生。

⑤养分之间的拮抗作用。钾肥施用多了，就会影响蔬菜对钙和镁的吸收。同时，还会影响蔬菜对硼的吸收，造成芹菜茎裂病。在钾浓度为 300 毫克/千克时，黄瓜生长量只有钾浓度 100 毫克/千克时的 70%。

⑥硝态氮太多。影响蔬菜对钼的吸收，造成蔬菜产生以失绿为症状的缺钼症。

22. 防止设施蔬菜肥害的措施

(1) 增施有机肥　有机肥在腐解过程中，可以形成有机胶体，而有机胶体对阳离子有很强的吸附能力。当化肥施入土壤以后，由于阳离子多为胶体所吸附，于是存在于土壤溶液中的阳离子数量相对减少，从而使土壤溶液的浓度不会升得太高。

(2) 适量施用化肥　化肥一次施用量太大时，使土壤溶液浓度太高，这是造成蔬菜肥害的主要原因。如果将化肥的一次施用量控制在适当的数量范围内，蔬菜肥害的发生就会大大减少。不同类型土壤的一次性追施化肥量是不同的，从砂性土到黏性土，一般每667米² 一次施用硫酸铵的数量范围为20～60千克，尿素为12～30千克，过磷酸钙为30～55千克，硫酸钾为10～20千克。

(3) 全层深施化肥　同等数量的化肥，在局部施用时，阳离子被土壤吸附的数量相对较少，可以造成局部土壤溶液的浓度急剧升高，导致部分根系受到伤害。如果采用全层深施，做到土肥交融，就能使肥料均匀地分布在整个耕作层中，被土壤吸附的阳离子的数量就会相对增加，使土壤溶液的浓度不会升得太高，从而使蔬菜避免受伤害。同时，由于化肥深施，阳离子被土壤颗粒吸附的机会增多，氨的挥发也就因此而减少，地上部发生焦叶的危害也就减少了。

对于苗床和设施种植施肥，除了以上措施以外，还要注意施肥后适当通风换气，防止氨的积累。同时，适量浇水，保持土壤湿润，也可以降低土壤溶液浓度，防止产生浓度伤害。

(二) 设施茄果类蔬菜的养分水分特点及施肥灌溉技术

1. 根据茄果类蔬菜的生长发育特点进行水肥管理　茄果类蔬菜是指茄科以浆果为食用部分的蔬菜作物，包括番茄、茄子和辣椒等。茄果类蔬菜是我国蔬菜生产中最重要的果菜类之一，其果实营养丰富，适于加工，具有较高的食用价值。加之适应性较强，全国各地普遍栽培，具有较高的经济效益。

茄果类蔬菜的分枝性相似，都为主茎生长发育到一定程度，顶芽分化为花芽，同时从花芽邻近的 1 个或数个副生长点抽生出侧枝代替主茎生长；连续分化花芽及发生侧枝，营养生长和生殖生长同时进行。因此，栽培上应该采取措施调节营养生长和生殖生长的平衡。茄果类蔬菜从营养生长向生殖生长转化过程中，对日照不敏感，只要养分充足，就可以正常生长发育。对生长发育环境的需求相似，都需要温暖的条件和充足的光照，耐旱不耐湿，空气湿度大，容易落花落果。有共同的病虫害，应该与非茄科作物实行 3 年以上的轮作。

茄果类蔬菜一般是喜高温和充足光照的作物，其生长发育期长，结果时间也较长。此类蔬菜的生长发育期，大致可以分为幼苗期、定植期、第一次盛果期、败秧期、第二次盛果期，直到最后拉秧。播种出苗后长出 2～3 片真叶时，开始花芽分化，随着营养生长的不断发展，逐步进行现蕾、开花、结果、果实膨大等非同化器官的生长。从播种到第一穗花芽分化，番茄需要 25～30 天，甜椒、茄子需 25～27 天。定植前番茄第一花序已现大蕾，第二、第三穗花的芽已分化完毕，从开花到采收需要 40～50 天。甜椒从授粉到果充分膨大、果肉变甜达到上市标准，需要 25～30 天，到红熟则需 45～60 天。茄子在开花后 25～30 天，它的果实可以达到商品熟度而采收上市。除番茄部分品种为有限生长型外，其他都为无限生长类型，营养体都很发达。在栽培上要注意调节营养生长与生殖生长的矛盾。

茄果类蔬菜是根系比较发达的蔬菜作物，吸收水分和养分的能力非常强。适宜栽培在土层深厚、有机肥充足的土壤中。由于生长发育期长，可多次采收上市，所以要分期多次进行追肥浇水，特别是在结果期施肥浇水更为重要。

茄果类蔬菜在生长发育的整个过程中，要供应充足的氮素，这才能充分进行光合作用，从而增加干物质含量。当缺氮时，下部叶片容易老化和脱落。如果这个时候能及时补施氮肥，植株还可以恢复到正常生长状态。氮肥补施太晚，就会使植株地上部和地下部的恢复延缓而受到伤害。生育后期如果缺氮，就会造成开花数减少，花的质量不良，短花柱花增加，坐果率降低。在坐果、果实膨大期缺氮，产量就会更低。磷素对茄果类蔬菜的生长发育，也有很大的影响。生育初期缺磷，不但会使花的质量降低，而且还会减少花的数量。钾素充足时，茄果类蔬菜光合作用强烈，促进果实膨大。因此，氮、磷、钾三要素要充分供应，这样才能增加叶面积，提高叶片的光合能力，显著提高产量和质量。进入生长发育后期，果实正在膨大时，就必须同时供给钾肥和氮肥，当钾、氮含量比较高时，钾的吸收量就比较多，就能显著地促进果实膨大。以采摘嫩果为主时，钾素和氮素等量或者钾素比氮素稍少较为适宜。

茄果类蔬菜是喜钙的蔬菜作物，当土壤中缺钙或含钙量低时，或者由于土壤溶液浓度较高，土壤缺水，氮、钾肥施用量过多等原因，而产生生理性缺钙时，经常容易发生脐腐病，番茄尤其明显。

2. 设施番茄养分水分特点及施肥灌溉技术

(1) 设施番茄栽培茬口安排　目前，设施番茄生产以日光温室和塑料大棚栽培为普遍，按栽培季节可分为以下几种茬口：

①日光温室秋冬茬。7月中旬到8月上旬播种育苗，8月上旬至下旬定植，11月中旬开始采收，第二年1月下旬拉秧。

②日光温室冬春茬。9月上中旬播种育苗，11月上旬定植，第二年2月上旬开始采收，7月底开始拉秧。该茬番茄栽培难度较大，在北纬40°以北地区，冬季温度低，光照弱，番茄不能正常生长；而在此以南的地区，如果温室结构不合理，保温措施差，采光不合理，也不适宜栽培冬春茬。

③日光温室早春茬。11月下旬至第二年1月上中旬播种育苗，2月上旬至3月上中旬定植，4月上旬开始采收，5月中旬

至 6 月上旬拉秧。这是番茄栽培比较保险的茬口。

④塑料大棚早春茬。12 月中下旬至第二年 1 月中旬播种育苗，播种期早晚可根据塑料大棚覆盖状况而定。保温效果好，可早播，2 月下旬至 3 月中旬定植，5 月上中旬开始采收，6 月上中旬拉秧。也可在当地晚霜前 110 天播种育苗，按苗龄定植。

⑤塑料大棚秋延后茬。7 月中旬播种育苗，8 月上中旬定植，10 月中旬开始采收，11 月上旬拉秧。也可在当地早霜前 100 天播种育苗，按苗龄定植。

（2）根据番茄的生长发育特点进行水肥管理　番茄别名西红柿、洋柿子，为茄科番茄属一年生草本植物。原产于南美洲西部的秘鲁和厄瓜多尔的热带高原地区。公元 16 世纪传入欧洲作为观赏栽培，17 世纪才开始食用。17~18 世纪才传入我国。新中国成立后，番茄栽培面积迅速发展，尤其是 20 世纪 60 年代以后，随着设施蔬菜生产的发展，番茄栽培面积不断扩大。现在已经成为我国主要的栽培蔬菜之一。

番茄根系发达，主根入土达 1.5 米深，分布范围直径达 1.0~1.3 米，主要根群分布在 30 厘米深的土壤中。根系的生长发育特点是一面生长，一面分枝。栽培中采用育苗移栽，伤主根，促进侧根发育，侧根、须根多，苗壮。地上部茎叶生长发育旺盛，根系分枝能力强。因此，过度整枝或摘心会影响根系的生长发育。茎多为半直立，需搭架栽培。腋芽萌发能力极强，可以发生多级侧枝。为减少养分消耗和便于通风透光，应该及时整枝打杈，形成一定的株型。茎节上容易发生不定根，可以通过培土、深栽，促其发不定根，增加吸收面积，还可以利用这一特性进行扦插繁殖。

番茄发芽期从种子萌动到第一片真叶显露，在适宜条件下需要 7~9 天。番茄种子小，营养物质少，发芽后很快被利用完，因此幼苗出土后需要保证养分供应。幼苗期是从第一片真叶显露到第一花序现蕾。此期又可以细分为 2 个阶段：从第一片真叶出现到幼苗 2～3 片真叶为营养生长阶段，需要 25～30 天。此期间根系生长快，形成大量侧根。此后进入花芽分化阶段。此时营养生长和生殖生长同时进行，需要适宜的水肥条件，开花着果期是从第一花序现蕾到坐果。这是番茄从以营养生长为主过渡到生殖生长和营养生长并进的时期，该时期正处在大苗定植后的初期阶段，直接关系到早期产量的形成。开花前后对温度、水分、肥料等环境条件反应比较敏感，温度低于 15℃或高于 35℃都不利于花器官的正常发育，容易产生落花落果或出现畸形果。结果期是从第一花序坐果到采收结束。无限生长型的番茄，只要环境条件适宜，结果期可无限延长。该阶段的特点是秧果同步生长。营养生长和生殖生长的矛盾始终存在，既要防止营养生长过盛而造成疯秧，又要防止生殖生长过旺而坠秧。主要是要调节秧果的平衡点等。单个果实发育过程可分为 3 个时期：一是坐果期，从开花到花后4～5天，子房受精后，果实膨大很慢，生长调节剂处理可缩短这一时期，直接进入膨大期。二是果实膨大期，花后 4～5天到 30 天左右，果实迅速膨大，是水分、养分供应的关键时期。三是定个及转色期，花后 30 天至果实成熟。这时果实膨大迅速减慢，花后 40～50 天，果实开始着色，以后果实几乎不再膨大，主要是进行果实内部物质的转化。

　　番茄是喜温蔬菜，生长发育的适宜温度为 20～25℃，喜欢充足阳光；属于半耐旱蔬菜作物，适宜的土壤湿度为田间最大持水量的 60%～80%。在较低的空气湿度（相对湿度为 45%～50%）下生长发育良好。空气湿度过高，不仅阻碍正常授粉，还容易引发病害。番茄对土壤条件要求不严格，但是在土层深厚、排水良好、富含有机质的土壤栽培，容易获得高产。适合在微酸性至中性土壤上生长。番茄结果期长，必须有充足的养分和水分供应。生育前期需要较多的氮、适量的磷和少量的钾，后期需要增施磷、钾肥，提高植株的抗逆性，尤其是钾肥能改善果实品质。此外，番茄对钙的吸收较多，果实生长发育期间如果缺钙，则容易产生番茄果实的脐腐病。

（3）番茄的需水肥特点　番茄生育期为 90 天左右，每 667 米^2 需水量为 460 米^3 左右，平均每天需水量为 5.2 米^3。

每生产 1 000 千克番茄，需纯氮（N）2.2～3.9 千克、磷（P$_2$O$_5$）0.4～1.2 千克、钾（K$_2$O）3.6～5.12 千克、钙 1.6～2.1. 千克、镁 0.3～0.6 千克，其氮、磷、钾、钙、镁的养分吸收比例为 3.25～5.5：1：4.27～9：1.75～4：0.5～0.75。如果以氮为 100，则磷为 26，钾为 143，钙为 61，镁为 15。吸收钾最多，其次是氮、钙，吸收磷、镁较少。不同养分元素在番茄的叶、茎、果实中的含量是不同的。氮在叶片中含量最高，其次是果实、茎秆。磷的含量在三者中相近。钾在果实中较多，在茎秆中较少。钙以叶片中含量最多，其次是茎秆，果实中含量最低。番茄在不同的生育时期，对养分的吸收量是不一样的，氮、磷、钾、钙、镁 5 种养分的吸收量，随着生育期延长而增加。尤其是氮、钾、钙在第一花序开始结果时，吸收量增加很快。在番茄生育前期，植株对氮和磷的吸收量虽然没有后期多，但是由于前期番茄根系吸收养分能力弱，因此对养分浓度的要求却较高，这时如果缺乏氮和磷，不仅会影响番茄前期的生长发育，而且这种影响所造成的不良后果，生育后期补施氮和磷肥也不能消除。在番茄生育中期，氮、磷、钾主要存在于茎秆和叶片中，供给花芽和叶芽的分化发育所用。因此，氮和钾的养分供应，必须保持平衡。氮素太多会使茎和叶柄徒长，影响果实发育。在光照不足，温度较高的情况下，要减少氮肥的施用量，增加钾肥的施用量。番茄果实发育初期，磷的含量较高，随着果实的膨大，钾的含量大量增加。在氮钾比中，钾素较高有利于番茄果实的膨大，但是钾素太多会造成番茄植株根系的老化，从而影响茎叶的生长发育。因此，要保证氮素的充分供应，以延长番茄植株的生长期。

育苗时，氮、磷、钾肥的比例为 1：2：2，育出的壮苗可提早开花结果，提高结果率。在培育壮苗的基础上，大多带花移栽定植。缓苗后生长较慢，第一穗花陆续开花、坐果。这时营养生长和生殖生长同时进行，所需养分逐渐增加。进入坐果期后，吸肥量迅速增加。当第一穗果采收、第二穗果膨大、第三穗果形成时，番茄达到需肥高峰期。定植后一个月内吸肥量仅占总吸收量的 10%～13%，其中钾的吸收量最低。在以后 20 天里，吸钾量迅速增加，其次是磷。结果盛期，养分吸收量达到最大，此期吸收量占总吸收量的 50%～80%。此后吸收量逐渐减少，植株衰老，根系吸收能力减弱。因此，生长后期进行叶面追肥很重要。

（4）番茄育苗施肥　番茄育苗如果只用化肥，育苗营养土中缺乏有机肥，容易板结，通气性差，并且化肥的养分较单一，不能满足番茄幼苗生长发育的需要。化肥用量（氮肥）偏高时，易产生畸形花，导致以后出现畸形果或落花落果，因此配制育苗营养土时不能只用化肥，必须加入一定比例的腐熟有机肥，这样既能改善苗床土的性质，提高土壤温度，又可培养出壮苗。常用的有机肥有骡马粪、羊粪、猪粪、人粪尿等，这些有机肥只有经过沤制腐熟后，才能配制苗床土。近十年来，鸡粪量较多，但不能使用生鸡粪，一定要腐熟后才用，不然易导致烧根或地下害虫发生。同时，鸡粪中含氮量为 1.63%，含磷量为 1.54%，含钾量为 0.85%，可与其他有机肥混合使用，如单用鸡粪，用量一般为其他有机肥的 1/4～1/3。在配好的营养土中，全氮含量应在 0.8%～1.2%。

（5）番茄苗期施肥　培育壮苗是促进番茄早熟、增强抗病性和取得番茄高产的基础。幼苗质量的好坏，与土壤速效养分的供应水平有关。在施肥上除应增施腐熟好的有机肥外，适当配合使用部分速效养分含量较高的无机化肥，尤其是施一些磷肥，是很有必要的。育苗土壤中的速效养分，如能达到无机氮（硝态氮加铵态氮）180～200 毫克/千克，磷 200～500 毫克/千克，钾

400～600毫克/千克，就基本能满足培育壮苗的需求。养分浓度过高反而有害。如在生产中因施用未腐熟透的粪肥或加入化肥过多，就会造成烧苗或死苗。只有床土肥沃疏松，氮、磷、钾含量较多，才能使幼苗早形成花芽，生长发育快。播前半个月，育苗床土准备好后，在10米^{2}左右的苗床土上，需施入经过充分腐熟和捣碎的混合粪肥（马粪70%、大粪30%）100～150千克，掺入过磷酸钙1～1.5千克，氯化钾0，3千克，充分混匀。苗床追肥一般结合浇水进行，正常苗可交替喷施0.2%～0.3%的尿素，0.3%的磷酸二氢钾。若幼苗生长较慢，可只喷施0.2%～0.3%的尿素；若幼苗有徒长现象，可只喷施0.3%的磷酸二氢钾。除叶面追肥外，在番茄1～2片真叶展开后，用800～1 000毫克/千克浓度的二氧化碳连续施用15～20天，增产效果很明显。

（6）番茄施基肥和追肥

①定植前重施基肥。要获得每667米^{2}4 000～7 000千克产量，应施腐熟的有机肥4 000～7 000千克，磷酸二铵30～50千克。全部有机肥和磷酸二铵作基肥深施。有机肥撒施后深翻，将土肥混匀，耙细整平。磷酸二铵进行沟施，沟深10～15厘米，施肥后覆土混匀，浇足底水，每667米^{2}浇水量为50～70米^3，准备定植。

②定植后追肥。番茄前期追肥不宜过多，结果以后要重追肥。追肥的原则是，由少到多，前期以氮为主，后期以氮、钾为主。一般是每采收一次果，追施一次肥，一共追肥3～5次。

轻施催苗肥：结束缓苗后开始浇水，每667米^{2}浇水量为40～60米^3，并进行第一次追肥。这个时期幼苗刚缓苗，急需氮素营养供根、茎、叶生长。此时期养分缺乏，会影响番茄营养生长与花芽分化，导致减产。一般是在定植后10～15天，结合浇水追施硫酸铵20千克/667米^2，或尿素10千克/667米^2。表层土见干时，松土培垄，适当蹲苗，促进根系生长和叶面积扩大，严防幼苗徒长。有条件时，可进行二氧化碳施肥，浓度为1 000毫克/千克。

重施催果肥：在第一穗果开始膨大时，结合浇水追施催果肥。一般每667米^{2}追施硫酸铵25～35千克，或尿素10～15千克，硫酸钾10千克。结合浇水、追肥，每667米^{2}浇水量为40～60米^3。在早上日出后30～40分钟，开始施二氧化碳肥1～2小时，通风前30分钟结束，施后的二氧化碳浓度为1 000～1 500毫克/千克，连续15～20天，增产效果明显。

足量施盛果肥：番茄进入盛果期，第一穗果即将采收，第二、第三穗果迅速膨大，植株的需肥量迅速增加，应及时进行追肥。一般每667米^{2}追施硫酸铵25～35千克，或尿素10～15千克，硫酸钾10千克。每667米^{2}浇水量为40～60米^3。

适时适量施盛果中后期肥：日光温室冬春茬和秋冬茬番茄栽培中，晚熟品种结果期长，产量高，需肥量大。因此，适时适量进行2～3次追肥，可防止植物早衰，延长结果期。一般每667米^{2}每次追施硫酸铵25～30千克，或尿素10～12千克，硫酸钾10千克。在番茄盛果后期，可结合打药，在晴天下午进行叶面施肥。用0.3%～0.5%的尿素，0.5%～1%的磷酸二氢钾，以及0.3%～1%的氯化钾，混合喷施2～3次。此法省工，见效快，对于促进植物健壮、延缓早衰、提高果实品质和产量都有较好的作用。叶面喷施10毫克/千克浓度的钼、硼等微量元素肥液，可以增加番茄中维生素C及可溶性固形物的含量。

(7) 不合理施肥对番茄造成的危害 番茄的大多数生理性病害，都与养分条件不适合有直接和间接的关系。如脐腐病与钙养分缺乏有直接的关系，而畸形的产生等，不仅与养分缺乏有关，还与日照、气温等条件不适合，间接影响养分的吸收，以致产生危害有关。

①畸形果。畸形果是在番茄幼苗花芽分化发育过程中发生

的，和花芽分化前的养分状况有关。花芽生长点养分积累过多时，容易使花器畸形。养分的积累是由于养分和水分吸收过多，同时土壤环境温度过低，番茄幼苗呼吸消耗较少所造成的。因此，在番茄育苗的花芽分化期，应尽量防止养分和水分太多及土壤环境温度过低。

番茄育苗期间光照不足，吸收养分较少，产生畸形果较少，但是产量也较低，因此要注意光照、温度和养分之间的平衡。设施和露地春早熟栽培番茄的第一到第三花序上，都容易产生畸形果，而秋延后栽培中产生的畸形果较少。

②空洞果。这是胎座组织生长发育不良，果皮部和胎座种子、胶囊部分隔离间隙太大，种子腔成为空洞而造成的，对果实的重量和质量有很大的影响。有时候植物生长调节剂使用过多，也容易形成空洞果。一般当养分吸收过多，特别是氮肥施用太多，又遇到低温（5℃）时，产生空洞果的比例大。当温度大于12℃时，即使施用氮肥较多，也不容易产生空洞果。此外，胎座的膨大发育也和有无种子有关，因此种子在形成过程中，可以分泌激素，刺激果实膨大。使用植物生长调节剂以后。果实内没有种子形成，也容易形成空洞果。因此，在番茄栽培上，如果使用植物生长调节剂提高坐果率，也应该同时进行振动授粉，使果实内产生少量种子，以减少空洞果的产生。在进行设施番茄栽培时，由于光照不足或者土壤温度过低，根系受到伤害，从而使果实内部不能充实时，都容易形成空洞果。

③脐腐病。该病的发生主要是土壤中缺少钙养分，或者是由于番茄植株体内生理性缺钙造成的。大量吸收氮、钾和镁养分，容易产生钙的缺乏。此外，浇水不多，空气干燥时，脐腐病果也形成较多。在番茄栽培中，要防止氮肥施用太多和土壤干旱。在番茄谢花至幼果期应喷施 0.4％～0.7％氯化钙溶液于果实上。连续阴雨突然晴天后，要注意喷清水和遮光，防止番茄植株萎蔫。

④网纹果。番茄果实接近着色期，从果实表面上可以看到网状的维管束。这种情况多出现在春季至初夏时期。尤其是在肥料较多，土壤温度较高，并且土壤水分多的条件下，这时土壤中肥料容易分解，番茄植株对养分吸收迅速增加，果实快速膨大，容易产生这种果实。为了防止网纹果的出现，要注意基肥尤其是氮肥不要施用太多。设施内种植番茄，应该加大通风换气，防止气温太高。

⑤主茎异常。茎的生长点停止生长，茎部产生空洞，或者在生长期中，生长点部肥大带花等表现，在高温干燥、浇水太多、生长发育旺盛时容易出现。这主要是由于茎部缺乏钙素、氮肥施用量过多造成的。因此，浇水要适量或者在地表覆盖稻草、麦秸等，以降低土壤湿度。

⑥筋腐果。有白筋腐病和黑筋腐病2种。白筋腐病果，主要是幼果期（直径2厘米）感染花叶病毒所造成的。在绿熟期至转色期发生。番茄果实表现着色不均匀，病部有蜡样光泽。切开果实，果肉呈现"糠心"状，病果硬化、品质差。黑筋腐病果，则是亚硝酸盐中毒和缺钾造成的。在果实膨大期，果面上出现局部褐变，果面凹凸不平，果肉僵硬，甚至出现坏死斑块。切开果实，可以看到果皮内维管束褐色条状坏死，不能食用。番茄栽培中氮肥施用量太多和光照不足时，容易造成此病的发生。因此，设施种植番茄要提高光照强度，及时通风换气，防止施肥过量，并且提高土壤温度。

⑦裂果。番茄裂果不耐贮运，开裂部位容易被病菌侵染，从而使果实失去商品价值。根据果实开裂部位和原因的不同，裂果可以分为放射状开裂、同心圆状开裂和条纹状开裂。裂果的主要原因是高温、强光、土壤干旱等，使果实生长发育缓慢，如果突然遇到大雨或浇大水，果肉细胞吸水膨大，而果皮细胞因老化已经失去与果肉一起膨大的能力，因而开裂。为防止裂果产生，除了选用不容易开裂的番茄品种外，栽培管理上要注意均匀浇水，

防止土壤忽干忽湿，特别是应该防止久旱后过湿。植株调整时，要把花序安排在茎蔓内侧，靠自身叶片遮光，防止阳光直接照射果面，而使果皮老化。

⑧日烧果。多在果实膨大期绿果肩部的向阳面出现，果实被灼部呈现大块褪绿变白的病斑，表面有光泽，似透明革质状，并出现凹陷。以后病部稍变黄，表面有时出现皱纹，干缩变硬，果肉坏死，变成褐色块状。日烧果发生的原因，是果实受阳光直射部分果皮温度太高而灼伤。番茄定植太稀，整枝打杈过重，摘叶太多，是造成日烧果的主要原因，气候干旱、土壤缺水或雨后突然晴天，都会加重日烧果的产生。为防止日烧果的产生，番茄定植时需要合理密植，适时适度地整枝、打杈，果实上方应该留有叶片遮光。吊蔓时，要尽量将果穗安排在番茄蔓的内侧，使果实不受阳光直射。

⑨生理性卷叶。主要表现是番茄小叶纵向向上卷曲，严重者整株所有叶片都卷成筒状。卷叶不仅影响蒸腾作用和气体交换，还严重影响光合作用的正常进行。因此，轻度卷叶会使番茄果实变小，重度卷叶造成坐果率降低，果实畸形，产量严重低下。番茄生理性卷叶是植株在干旱缺水的情况下，为减少蒸腾面积而产生的一种保护性生理反应。另外，过度整枝也可以造成下部叶片大量卷曲。为防止生理性卷叶的发生，栽培上要均匀浇水，防止土壤太干或太湿。在设施栽培中，要及时通风，防止温度太高。生理性缺水造成卷叶发生后，及时降温、浇水，在短时间就会缓解。同时，要适时、适度整枝打杈。

(8) 番茄叶面追肥需要注意的问题

①叶面肥的种类及使用浓度。在配制过磷酸钙浸出液时，需在清水中浸泡2天（常搅拌），然后过滤除渣，用滤液喷施。在配制草木灰浸出液时，需搅拌过滤除渣，用过滤液喷施。市场上有各类叶面肥和微肥，买回后要按说明书使用。番茄常用叶面追肥浓度和用量见表3-3。

表 3-3　番茄常用叶面追肥浓度和用量

肥料名称	喷施浓度（%）	喷施量（千克/米^2）
红糖	0.1	50～75
尿素	0.1～0.3	70
磷酸二氢钾	0.2～0.3	50
过磷酸钙浸出液	0.5～1	50
草木灰浸出液	3～5	50
氧化钙	0.3～0.5	50
硫酸镁	1～2	50
硫酸钾	0.01～0.1	50
硼砂	0.1～0.2	50
硫酸亚铁	0.05～0.1	50
硫酸锰	1	50
硫酸锌	0.1～0.5	50
硫酸铜	0.05～0.1	50
钼酸铵	0.07～0.1	50

②施用要求。第一，严格按使用浓度配制，不能随意加大浓度，不然会造成烧叶。最好用河水、雨水来稀释配制。第二，在使用浓度范围内，幼苗期使用低浓度，成株期使用高浓度。第三，露地可在晴天无风的 16 时以后或阴天施用，设施内在晴天上午喷施。全株要喷施均匀，叶片正反面都要喷到。第四，一般10 天左右喷施 1 次，进入结果期可 7 天左右喷施 1 次。第五，叶面追肥只是一种辅助性措施，不能完全靠叶面追肥。

③使用时期。如幼苗长势强，茎秆粗壮，叶色浓绿，可不进行叶面追肥，如幼苗茎秆细弱，叶色淡绿，可叶面追施磷、钾肥。进入结果前期，可喷施微量元素肥料，进入结果中后期，可喷施氮、钾肥，如植株有徒长现象，可喷施磷、钾肥，但不可用

尿素，如植株长势弱，可喷施尿素。在低温弱光照期，可叶面喷施氮、磷、钾肥。当番茄遭受病害或自然灾害时，可适当喷施糖、磷酸二氢钾、尿素等，以增强植株的抗逆性。

④小心混用。第一，糖类、尿素、磷酸二氢钾三者，既可单用，也可混用。第二，各类微肥、过磷酸钙浸出液、草木灰浸出液等宜单独使用，不宜互相混用，也不宜和农药混用。

（9）塑料大棚春茬番茄的水肥管理

①定植前施基肥。一般在定植前一个月左右覆盖棚膜进行烤地，在覆盖棚膜前将充分腐熟的有机肥撒施于棚内，每 667 米^2 施 5 000～10 000 千克，再施过磷酸钙 50～100 千克，深翻 20～30 厘米，整细耙平，然后做成 1 米宽的高畦或 50 厘米行距的高垄，可在高畦或高垄上覆盖地膜。

②定植后水肥管理。番茄幼苗定植后浇定植水，每 667 米^2 浇水量为 40～60 米^3。定植时浇水充足的，可以等番茄蹲苗后开始追肥浇水。以后每隔 7～10 天浇 1 次水，每次浇水量不适宜太大。整个番茄生育期追肥 4～5 次，浇水 8～10 次，每次每 667 米^2 追施尿素 10 千克或硫酸铵 25 千克或硝酸铵 15 千克、硫酸钾或氯化钾 10 千克。每次每 667 米^2 浇水量为 40～60 米^3。追肥一般采用穴施，也可以随水追施。番茄生育后期，还可以结合喷药进行叶面追肥。浇水要在晴天上午进行，浇水后要加大放风量，以降低大棚内的空气湿度，防止各种病害。

（10）塑料大棚秋茬番茄的水肥管理

①施肥整地。一般每 667 米^2 施腐熟的有机肥 5 000 千克，过磷酸钙 30～50 千克。然后深耕、整平，按行距做高畦或高垄。

②定植后浇水追肥。番茄定植后要浇足定植水，一般每 667 米^2 浇水量为 40～60 米^3。大棚秋延迟番茄缓苗后，要少浇水，多中耕松土。番茄植株表现干旱时，可适当浇水。每 667 米^2 浇水量为 30～50 米^3。第一花序开花前，要及时浇一次水，每 667 米^2 浇水量为 30～50 米^3，开花期应控制浇水。在第一穗果坐住

并开始膨大时，每 667 米² 施尿素 10 千克或硫酸铵 25 千克或硝酸铵 15 千克，硫酸钾或氯化钾 10 千克。然后浇一次水，每 667 米² 浇水量为 40～60 米³。在第二穗果坐住后，再每 667 米² 施用和第一次同量的肥料，并浇一次水，浇水量同上。如植株生长良好，可不再追肥。番茄全生育期追肥 2～3 次，浇水 4～6 次。如番茄生育后期叶片发黄，可喷施 0.1%～0.3% 的尿素溶液，0.2%～0.3% 的磷酸二氢钾，或 0.5%～1% 的过磷酸钙。当果实膨大后，一般不浇水，有利于保温降湿，促进果实成熟。

(11) 塑料中、小棚春番茄的水肥管理

①施肥与整地。利用中、小棚进行番茄春早熟栽培，番茄的生育期不是很长，为 3～4 个月。一般每 667 米² 施腐熟有机肥 5 000 千克，过磷酸钙 50 千克。可在定植前 10～15 天将有机肥全面撒施，过磷酸钙集中施在栽培畦下。深耕 25～30 厘米，耙平后做畦。

②定植后追肥。番茄定植后浇足定植水，一般每 667 米² 浇水量为 40～60 米³。小棚春早熟栽培番茄，因其生育期较短，一般可追肥 1～2 次，浇水 2～4 次。当第一穗果坐住后，每 667 米² 施尿素 10 千克，或硫酸铵 25 千克，或硝酸铵 15 千克，硫酸钾或氯化钾 10 千克。在畦内开沟施入，然后盖土，或随水冲施。每次每 667 米² 浇水量为 40～60 米³。中棚栽培番茄，因其生育期较长，一般可追肥 2～3 次，浇水 4～6 次。第一次在第一穗果坐住后，每 667 米² 施尿素 10 千克，或硫酸铵 25 千克，或硝酸铵 15 千克，硫酸钾或氯化钾 10 千克。第二次在第一穗果实采收之后，每 667 米² 施肥量同第一次，每次追肥后都要适时浇水。每次每 667 米² 浇水量为 40～60 米³。使土壤湿度保持在 65%～85%，即土壤表面见湿见干为适宜。

(12) 日光温室秋冬茬番茄的水肥管理

①施肥整地做垄。每 667 米² 施腐熟有机肥 5 000 千克，过磷酸钙 50 千克。深翻 30 厘米，耙平后按 50 厘米开定植沟，沟

里均匀撒施磷肥，然后做垄，耙平垄面并压实，每两垄覆盖一副地膜。

②结果期水肥管理。番茄幼苗定植后浇一次定植水，每 667 米² 浇水量为 40～60 米³。番茄第一穗果长到乒乓球大小时，进入果实旺盛生长期，开始浇水追肥。在第一穗果开始膨大时，结合浇水追催果肥。一般每 667 米² 追施硫酸铵 25～35 千克，或硝酸铵 15～20 千克，或尿素 10～15 千克，硫酸钾或氯化钾 10 千克。每 667 米² 浇水量为 40～60 米³。进入盛果期，第一穗果即将采收，第二、三穗果迅速膨大，植株需求养分水分量迅速增加，应进行第二次追肥，施肥量浇水量同第一次。进入结果中后期，为防止植株早衰，延长结果期，可适当追施 1～2 次肥，施肥量浇水量基本同前二次。番茄整个生育期基本上追肥 3～4 次，浇水 6～8 次。这个时候，应保持充足的水分供应。果实迅速膨大期，每 7～10 天浇一次水，浇水后及时通风排湿，以促进果实迅速膨大，以后随着外界气温的降低，浇水的次数要适当减少。

(13) 日光温室早春茬番茄的水肥管理

①施基肥及整地。每 667 米² 施腐熟有机肥 5 000 千克。有机肥最好提前运进温室，防止使用时有冻块，使土壤地温降低。撒完有机肥后深翻 30 厘米，耙平整细，使土壤和肥料混合均匀。然后做高垄或高畦，按双行开深沟，沟里施过磷酸钙，每 667 米² 用量为 50 千克。然后合垄，楼平垄面并压实，覆盖地膜。

②定植后的水肥管理。番茄幼苗定植后，浇一次定植水，每 667 米² 浇水量为 40～60 米³。日光温室早春茬番茄植株生长量大，产量也较高，结束蹲苗后要追施催果肥，结合浇水，每 667 米² 施硫酸铵 25～35 千克，或硝酸铵 15～20 千克，或尿素 10～15 千克，硫酸钾或氯化钾 10 千克。每 667 米² 浇水量为 40～60 米³。必须选晴天上午浇水，阴天或下午不能浇水，浇水后不能碰上阴天。浇水后关闭温室 1 小时升温，然后再放风排湿。从花期开始，每 15 天喷施一次 1‰的氯化钙溶液，连续喷施 2～3

次，可防止植株缺钙产生的脐腐病、红粉病和植株早衰。

第一穗果采收后，应该再追肥 1～2 次，施肥量同第一次，并可进行叶面追肥。在番茄全部生育期，追肥 3～4 次，浇水 6～8 次。每 667 米^2 浇水量为 40～60 米^3。在果实膨大期不能缺水，一般每 7～10 天浇 1 次水，每次浇水量不应太大，以浇满垄沟间为宜。

(14) 日光温室冬春茬番茄水肥管理

①定植前施肥。在中等肥力条件下，每 667 米^2 施腐熟优质肥 10 米^3，消毒烘干鸡粪 2 000 千克，三元复合肥 80 千克。结合深翻先撒施 60% 的厩肥，再按 1.4 米畦间距开宽 50 厘米、深 20 厘米的沟，施入其余的厩肥、鸡粪及复合肥，并与土壤充分混合均匀。

②采收前的水肥管理。定植后用小水勤浇，以降低土壤温度，一般 7 天左右浇 1 次水，每 667 米^2 浇水 7 米^3 左右。第一穗果直径 4～5 厘米大小。第二穗果已坐住时，进行水肥齐攻，催果壮秧。可在畦边开小沟，每 667 米^2 追施三元复合肥 15 千克，或随水施尿素 10 千克、硫酸钾 10 千克，浇水 15 米^3 左右。以后每 7～10 天浇 1 次水，每 667 米^2 每次浇水 8～10 米^3。10 月中旬后控制浇水。

③采收期水肥管理。11 月份后减少浇水，每 20～30 天浇 1 次水，每 667 米^2 每次浇水 10～15 米^3。第二年 4 月份后，每 7 天左右浇水 1 次，每 667 米^2 每次浇水 10 米^3 左右。定植后至拉秧前共浇水 20～25 次，总浇水量为 300～340 米^3。追肥一般按平均每三穗果追施 1 次，每次施三元复合肥 20 千克，加磷酸二铵 10 千克或硫酸钾 10 千克，共追肥 8～10 次。总追肥量为三元复合肥 120 千克，磷酸二铵 80 千克，硫酸钾 80 千克。番茄坐果以后，可施放二氧化碳肥，浓度以 700～1 000 毫克/千克为适宜。一般在每天日出后 30 分钟开始施用，封闭温室 2 小时左右。放风前 30 分钟停止施放，阴天不施放。

(15)日光温室冬春茬番茄在不同生态环境下的植株形态表现　日光温室冬春茬番茄生产，生态环境是否适合，种植技术是否合理，从番茄植株的形态上都可以表现出来。因此，在生产上要注意仔细观察，根据番茄植株的形态表现，调控设施内的生态环境条件，使之适宜番茄植株的生长发育。

设施内生态环境适当，种植技术措施合理，番茄植株生长发育健壮。无限生长类型的番茄，从顶端往下看，植株呈现等腰三角形，开花的部位距离顶部 20 厘米左右，开放的花序上还有现蕾的花序；叶片肥大，尖端较尖，叶脉清晰，花梗较粗，花色鲜黄，花梗节突起。如果茎太粗，节间较长，开花部位低，属于徒长苗。主要是由于氮肥过多、水分太大、光照不足和夜温太高引起的。徒长的番茄植株容易出现畸形果和空洞果。就是轻微徒长，也容易造成果实生长发育缓慢。如果开花节位上移，距离顶部很近，茎细，植株顶部呈现水平形，表明植株顶端受到抑制，这是由于夜温低、土壤缺水干旱、养分不足或者结果过多等原因造成的。土壤干旱或者发生病毒病，容易引起植株卷叶。植株顶端弯曲，下部叶片也弯曲，植株呈现不等腰三角形，小叶片中肋突出，呈现覆船状，叶柄长，果实容易形成筋腐病。生产中要随时观察，及时进行防治。

(16)番茄生理性病害及其特点

①生理性病害的发生。生理性病害（非侵染性病害）是由于不适宜的生态环境条件引起的，只要生态环境条件恢复正常后，生理病害就不再发展，较轻时还可能恢复正常。生理病害的危害在于降低植株对病害的抵抗力，从而成为诱发侵染性病害发生的原因。生理病害产生的因素较多，如温度不适宜，光照弱或太强，水分不足或过剩，养分缺乏或过剩，以及肥害与药害等栽培管理不合理等因素。

②生理病害的特点。生理性病害不传染，在田间经常大面积发生，分布比较均匀，没有从点到面向四周逐渐发展蔓延的过

程。生理病害无病原物存在，虽然有些生理病与一些由病原物所引起的侵染性病害症状比较相似，但在发病部位不会有病原物。生理病害与环境条件及栽培措施有关，生理病害大面积发生，与环境条件的突然变化或其他特殊环境因素有关。有时与浇水、施肥或喷药等栽培措施有关，对生理病害的判断，应对发病区域内及其附近生态环境的近期变化，以及栽培管理措施中的不合理，做仔细的检查和分析。番茄生理病害发生后，主要表现出以下特点：

第一，病害突然大面积同时发生，发病时间短，只有几天。大多数是由于空气污染，如氟化氢和二氧化碳等，或温度、光照不良等因素，如冻害和日灼等。

第二，植株根部发黑，根系生长发育差，经常与土壤水分较多，土壤板结而缺氧，有机肥没有充分腐熟而产生硫化氢或浇污水中毒等有关。

第三，番茄植株上有明显的枯斑和灼伤，并且多集中在某一部位的叶片或嫩芽上。大多数是使用化肥或农药不合理造成的。

第四，植株表现明显的缺素症状，多数表现为老叶或顶部新叶呈现黄化或特殊的症状。

第五，病害仅限于某一个品种发生，表现为生长发育差或与系统性症状相似，多数为遗传性生理病害。

(17) 造成番茄养分失调的原因

①番茄对养分的吸收特点。番茄对磷、钾、锌、钼、铜的缺少较敏感，对铜的过多也敏感。

②菜田土壤肥力状况。土壤肥力状况是大量元素氮、磷、钾基本缺少，微量元素硼、锰、钼也缺少，土壤酸碱度不适合，土壤耕作层不深，都能影响植株根系生长，减少对养分的吸收，产生养分缺乏。

③施肥不合理。氮、磷、钾肥比例失调，偏施氮肥，基本施

磷肥，不施或少施钾肥；或不注重钙、镁及微量元素肥料的使用。

④生态环境不良。主要是光照、温度和水分等状况不能适应蔬菜生长的需要。主要表现如下：

第一，光照不足明显影响植株对氮磷钾的吸收，但对钙、镁的影响较小，其吸收顺序是：磷＞钾＞氮＞锰＞硅＞镁＞钙。

第二，温度不仅影响土壤养分的释放，也影响番茄植株对养分的吸收。地温直接影响番茄对养分的吸收和植株地上部氮钾含量的比率。在一定范围内，植株地上部含氮量随温度的升高而减少。地温高于 22℃ 虽然有利于氮的吸收，但高温条件下氮易挥发损失；地温较高时，有利于磷、钾、锰、锌、铜、铁的吸收和转移，对钙、镁影响较小，但能减少对钠的吸收。当温度从 20℃ 降低到 12℃ 时，植株体内磷、钾的含量减少 50%。

第三，土壤水分太多或太少，都限制土壤养分的释放，固定和淋失，土壤干旱时易出现缺钙和缺硼症状，土壤水分太多易产生镁的流失和降低铁的有效性，会出现缺镁、缺铁症状。

（18）养分失调的诊断方法　养分失调的诊断方法，有土壤化学诊断、植株形态化学诊断、植株形态诊断和施肥诊断等。其中植株化学诊断、土壤化学诊断是较准确的方法，但需一定的设备和时间，因此生产上多采用植株形态诊断方法。但是当养分失调还不严重时，一般植株外部不呈现症状，有些症状还可能是几种养分同时缺少所导致的复合症状。因此植株形态诊断有其局限性和不足。

①养分缺乏的形态诊断。应从缺素症状呈现的部位、叶片形状、大小及颜色进行识别。症状产生的部位，氮、钾、镁等养分在植株体内易移动，首先供应新生长点的需求，当这些部位养分缺乏时，养分就会从老茎叶转移到新生的茎叶，因此，缺素症状是在老茎叶上首先表现出来。相反，钙、硼、钼、铁等养分不易移动，其缺素症状常从新生长点开始出现。镁、锌、锰、铁等养

分直接或间接与叶绿素产生或光合作用有关，缺少时一般会出现失绿症状，叶片黄化或出现白色，磷、硼等养分与糖类物质运转有关，缺少时糖类物质易在叶片中滞留，有利于花青素的产生，使植株茎叶呈现紫红色。根据叶片形状和大小确定，当缺少锌时，植株出现小叶片；植株生长点萎缩，甚至死亡，与缺少钙和硼养分有关。

②养分过量的形态诊断。养分过量对番茄的危害主要是通过破坏细胞原生质损伤细胞和抑制对其他养分的吸收，使番茄的生理代谢失调，从而表现各种生理病害，常见到的症状是叶片黄白化，出现褐斑，边缘枯焦，茎叶扭曲或畸形，根系生长不良、变褐或尖端死亡。症状呈现的部位，由于养分移动性的不同而存在明显差异，一般出现症状的部位是该养分易积聚的部位，这与养分缺乏症正好相反。造成拮抗养分的缺乏，由于有的养分的过量，常造成对其他养分的拮抗作用，因此，当一种养分过剩时，常表现其他养分的缺乏症。如锰、铜过剩时，明显抑制铁的吸收，致使出现缺铁症状。锌、铁过剩时，抑制锰的吸收，锰过量时抑制钼的吸收，氮过剩时抑制钾和镁的吸收等。因此，不少养分缺乏症，是由于某一种养分过量而造成的。

(19) 番茄氮素失调会出现的症状 番茄氮素失调，有氮素过量和氮素缺乏两种情况，其症状分别如下：

①氮素过量。番茄氮素过量会产生以下危害症状：植株呈倒三角形，节间长，茎从基部向上逐渐变粗，叶片大而且颜色深，叶片软，易感染病害，顶部幼叶中生长素含量增加，叶片很快生长，使幼叶在傍晚卷曲，严重时甚至会出现涡状扭曲。土壤铵态氮含量越多，顶部叶片卷曲越严重。小叶片中肋突起，叶片翻转，呈船底形；植株高大，茎叶生长旺盛，坐果少，明显表现徒长。植株营养生长太旺盛，组织柔嫩，茎叶木栓化程度低，易被侵染各种病害。铵态氮过量，抑制钾、钙、镁、硼的吸收，引起缺素症，产生褐变形成筋腐病，植株体内养分失去平衡，导致生

理代谢功能紊乱，出现生理性卷叶。果实着色不良，易形成绿背果、茶色果和顶裂果。

②氮素缺乏。番茄缺乏氮素会产生以下症状：植株生长发育缓慢，株形矮小，茎细长，叶片小而薄，易早衰。开始下部老叶先从叶脉间黄化，逐渐全叶黄化，并向上发展，小叶细小而直立，叶片主脉由黄绿色变为紫色至紫红色。下部叶片更为明显，后期下部黄叶上出现浅褐色小斑点，花芽分化推迟，芽数减少，坐果率低，果实小，品质差。阴天时，植株上部茎叶细小，但下部叶片叶色深；根系细长，根量少，严重时，根系停止生长，并呈黄褐色，影响叶绿素的合成，光合作用减弱，植株生长受到抑制，特别是在生长发育初期表现明显。

（20）番茄缺磷症状　生育初期是需磷的关键时期。这时施磷可促进花芽分化，使植株健壮，增强抗逆能力。磷是决定植株根系数量多少的主要养分，可加快开花、坐果和成熟。磷与镁相互促进作用较强，与氮、钙也有一定的促进作用。钾、锌、铁、铜等对磷的吸收有抑制作用。

番茄缺磷会产生以下症状：幼苗缺磷，下部叶片呈绿紫色，并向上部发展；植株矮小瘦弱，叶片小并发硬，叶色暗绿无光泽，叶片背面呈紫色；下部叶片易衰老，向上卷曲，出现不规则的褐色、黄色斑，叶尖成为黑褐色并枯死；坐果少，果实小，成熟迟。

（21）番茄钾素失调症状　钾是植株体内许多酶的活化剂，在植株体内移动性较强。钾能促进叶绿素的形成和碳水化合物的合成，并能增强植株抗逆能力，可改善果实的品质。钾能调节叶片气孔的运动，从而调节水分代谢。钾有利于光合产物的输送。硼、锰、铁能促进钾的吸收，氮、钙、镁可抑制钾的吸收。

①缺钾症状。生长初期缺钾，先从叶缘开始，叶缘失绿并干枯，严重时叶脉间也失绿，在果实膨大期易出现缺钾症状，中上部叶片的叶缘出现黑褐色针状斑点，叶缘黄化，逐渐向叶脉间发

展，最后叶片变褐枯死，茎部出现黑褐色斑点，变硬或木质化；幼果易脱落，或形成畸形果，或果实着色不良，品质下降。植株抗逆能力降低；缺钾严重时，植株枯死。

②钾过剩的危害。钾素过剩时，叶片颜色变深，叶缘上卷，叶片的中部脉突起，叶脉间有部分失绿，叶片有轻微硬化，有机肥使用量较大时，应适当减少钾肥使用量。发现钾素太多时，可适当增加浇水量，以减少钾过量的危害。

(22) 番茄缺钙、镁症状 钙能增强植株抗病能力，使植株的器官和组织有一定的机械强度；钙对根系的生长发育有显著的作用。缺钙时，根系在几小时内就会停止生长。钙参与植株体内糖分的输送。磷能促进钙的吸收，氢、钾、镁都能抑制钙的吸收。

番茄缺钙会产生以下症状：缺钙主要发生在生育中后期，在生长点和上部叶片表现明显。番茄植株缺钙时，如果是苗期缺钙，植株萎缩，幼芽变小，叶脉间黄化，生长点附近幼叶四周呈现褐色，有部分枯死斑。生育中后期缺钙，植株小，叶边缘发黄皱缩，生长点附近顶部幼叶黄化，叶片尖端呈黄褐色，以后发展到叶缘呈黄褐色，叶卷曲，然后黄化，呈枯死斑。中部叶片有的叶缘发现黄化，严重时坏死，呈大块黑褐色斑。下部叶片一般正常。叶片小而硬，叶面皱缩。后期全株叶片上卷，果实出现脐腐病。如植株呈缺钙症状，可用 $0.3\%\sim0.5\%$ 氯化钙溶液叶面喷施；每隔 $3\sim4$ 天喷 1 次，连续喷施 $3\sim4$ 次。

镁是叶绿素的主要成分之一，缺镁植株叶片就会失绿。镁参与氮素代谢作用，促进磷酸盐在植株体内的运转，加速维生素 C 和维生素 A 的合成。镁对磷的吸收有促进作用；钾、钙对镁的吸收有抑制作用。

番茄缺镁会出现以下症状：先从中下部的主脉附近开始发黄，出现失绿，在果实膨大期，果实附近的叶片先出现发黄失绿现象。开始叶脉间黄化并呈黄褐色，黄化先从中部叶肉开始，叶脉仍然保持绿色，以后逐渐发展到整个叶片，但有时叶缘仍然呈绿色。果实无明显症状。老叶仅有主脉保持绿色，其他部分黄化，在叶脉间形成枯斑，而小叶四周经常有一小窄绿边，或全叶干枯。缺镁严重时影响叶绿素合成。从第二穗果开始，坐果率和果实膨大都受到影响，果实小而产量降低。如发现植株缺镁，可用1%～2%硫酸镁溶液进行叶面喷施，每隔2天喷1次，连续喷3～4次。

（23）番茄缺硼症状　硼参与碳水化合物的代谢和输送。植株体内缺少硼时，会影响钙的移动。氮、钾、钙可以抑制硼的吸收。

番茄缺硼时，在幼苗顶端第一花序或第二花序上出现封顶和萎缩，新叶停止生长，附近嫩茎节间缩短，上部叶片叶脉失绿，小叶片内有斑块，并向内翻，叶柄易折断，生长点发黑或发暗，严重时死亡。茎弯曲变脆，第三和第四花序附近的主茎节间变短，并在茎内侧出现褐色木栓化龟裂，有时裂开成窗缝或眼睛状。把异常茎切开，发病轻的可以看到中心部呈白色或褐色病变，发病重的茎上的褐色病变部位变大并开裂，呈内部变褐色的病变。果实表面呈褐色斑点。根系生长发育差，呈褐色。土壤缺硼，每667米²施硼砂0.5～1.2千克做基肥。植株呈缺硼症状时，可用0.1%～0.2%硼砂溶液进行叶面喷施，每隔5～7天喷1次，连续喷2～3次。

（24）番茄缺铁症状　铁在植株体内的含量为100毫克/千克左右，铁与叶绿体的磷蛋白结合在一起，缺铁叶片黄白化。铁可通过二价铁和三价铁的相互转化，参与植株体内的氧化还原反应；铁在植株呼吸作用中起输送氧的作用；铁和植株氮代谢有关，缺铁时，蛋白质合成受到阻碍，植株体内积累可溶性氮化合物，植株抗病能力降低。钾能促进铁在植株体内移动，土壤中的钙能抑制铁的吸收，磷、锰、锌、铜也阻碍铁的吸收及其在植株体内的移动。

番茄植株缺铁时，顶部叶片叶脉间或叶缘失绿黄化，开始末梢仍然保持绿色，以后逐渐全叶黄化变白，叶片较小，老叶虽不黄化，但生命力弱；苗期缺铁，全株黄化，严重，时新叶可呈黄白色。植株出现缺铁症状，可用 0.05%～0.1% 硫酸亚铁溶液进行叶面喷施，每3天喷1次连续喷2～3次。

（25）番茄缺锰、锌、铜、钼症状

①缺锰症状。番茄植株缺锰时，中下部叶片变黄发白，叶片上有绿色网状叶脉，并出现褐色小枯斑点，以后幼叶也失绿。可通过增施腐熟有机肥改良偏黏重或偏碱性的土壤，植株呈缺锰症状，可用 0.1%～1% 硫酸锰溶液叶面喷施1～2次。

②缺锌症状。番茄植株缺锌时，先从新叶和生长点附近出现症状，叶脉及其附近组织变白，叶脉呈紫红色，小叶柄和叶脉间出现干枯棕色斑，严重时，叶柄朝后弯曲呈圆圈状。土壤缺锌，可每667米² 施硫酸锌1～2千克做基肥，植株呈缺锌症状，可用 0.1%～0.5% 硫酸锌溶液作叶面喷施。

③缺铜症状。番茄植株缺铜时，叶片卷曲，顶端小叶呈管状相对，小叶坚硬折叠，后期叶脉附近出现枯斑，茎短缩。土壤缺铜时，可每667米² 施用硫酸铜1～2千克，每隔3～5年施1次。植株出现缺铜症状时，可用 0.05%～0.1% 硫酸铜溶液作叶面喷施。

④缺钼症状。番茄植株缺钼时，一般从老叶向幼叶发展，小叶片叶脉黄化，叶缘上卷，严重时，叶片枯萎。植株出现缺钼症状，可用 0.07%～0.1% 钼酸铵溶液叶面喷施。

3. 设施茄子的养分水分特点及施肥灌溉技术

（1）茄子的栽培季节和茬口安排 茄子的生长期和结果期长，全年露地栽培的茬口少，北方地区多为一年一茬，早春利用设施育苗，终霜后定植，早霜来临时拉秧。长江流域茄子多在清明后定植，夏秋季节采收，由于茄子耐热性较强，夏季结果时间较长，因而成为许多地区填补夏秋淡季的重要蔬菜。华南无霜地区，一年四季都可以露地栽培。云贵高原地区由于低纬度、高海拔的地理特点，无炎热夏季，适合茄子栽培的季节较长，许多地方可以越冬栽培。近年来，北方地区设施茄子栽培面积发展很快，在一些地区已形成规模化的温室、大棚茄子生产基地，取得了较高的经济效益。

（2）根据茄子的生长发育特点进行水肥管理　茄子别名落苏，为茄科茄属 1 年生草本植物。原产于东印度，公元 3～4 世纪传入我国，在我国已有 1 000 多年的栽培历史。通常认为我国是茄子的第二起源地。茄子适应性强，栽培容易，产量高，营养丰富，又适合于加工，是我国人民喜欢食用的蔬菜之一。在我国南北方地区普遍栽培，近年来设施茄子栽培面积逐渐扩大。

茄子根系发达，主根入土可达 1.3～1.7 米深，横向伸长可达 1.0～1.3 米宽，主要根群分布在 30 厘米深的土壤中；根系木质化较早，不定根发生能力弱，与番茄相比，根系再生能力差，不适宜多次移植；根系对氧气要求严格，土壤板结影响根系生长发育，地面积水能使根系窒息，致使地上部叶片萎蔫枯死。

茄子的发芽期，从种子萌动到第一片真叶出现为止，需要 15～20 天。播种后要注意提高地温。幼苗期，从第一片真叶出现到门茄现蕾，需要 50～70 天。幼苗 3～4 片真叶时开始花芽分化，花芽分化之前，幼苗以营养生长为主，生长量很小，水分、养分需要量较少。从花芽分化开始，转为生殖生长和营养生长同时进行。这一段时间幼苗生长量大，水分、养分需求量逐渐增加。分苗应该在花芽分化前进行，以扩大营养面积，保证幼苗迅速生长发育和花器官的正常分化。开花结果期，从门茄现蕾到门茄"瞪眼"，需要 10～15 天。开花坐果期为营养生长为主向生殖生长为主的过渡期。此期需适当控制水分，以促进果实发育。结果期从门茄"瞪眼"到拉秧为止。门茄"瞪眼"以后，茎叶和果实同时生长发育，光合产物主要向果实输送，茎叶得到的同化产物很少。这个时期要注意加强水肥管理，促进茎叶生长和果实膨大。对茄与"四母斗"结果期，植株处于旺盛生长期，对产量影响很大。尤其是设施栽培的茄子，这一时期是产量的主要形成期，更加要注重水肥管理；在"八面风"结果期，果数多，但较小，产量开始下降，但也要重视水肥管理。

茄子原产于热带，喜较高温度，是果菜类蔬菜中特别耐高温的蔬菜。生长发育适温为 22～30℃。对光照条件要求较高。根系发达，较耐旱。但由于枝叶繁茂，开花结果多，因此需水量大，适宜土壤湿度为田间最大持水量的 70%～80%，适宜空气相对湿度为 70%～80%。空气湿度过高，容易引发病害。茄子对水分的要求，在不同的生育阶段有所差异。门茄坐住前需水较少，盛果期需水量大，采收后期需水量少。日光温室茄子栽培，温度与水分经常发生矛盾，为保持地温，不能大量浇水，但水分还要满足植株生长发育的需要。水分不足，植株容易老化，短柱花增多，果肉坚实，果面粗糙。茄子根系不耐涝，土壤太湿，容易沤根。茄子对土壤适应性较强，在各种土壤上都能栽培。适宜的土壤 pH 为 6.8～7.3。但以在疏松肥沃、保水保肥能力强的壤土上生长最好。茄子生长量大，产量高，需肥量大，尤其以需钾肥最多，其次是氮肥和磷肥。整个生长发育期的施肥原则是，前期施氮肥和磷肥，后期施氮肥和钾肥。氮肥不足时，会造成花生长发育不良，短柱花增多，从而损害产量和质量。

(3) 茄子的需水肥特点　茄子是需水量较大的蔬菜之一。其生长发育期为 90 天左右，每 667 米^2 需水量为 517 米^3 左右，平均每天需水量为 5.6 米^3。

茄子是喜肥的蔬菜作物，除特殊情况下会造成徒长以外，其坐果率的高低取决于植株的生长强度。养分充足时落花少；养分缺乏时落花多，产量低。养分不足会使短柱花增多，不利于授粉，从而也不容易坐果，并且花型小而色淡，花器发育不良。此外，养分状况还会影响开花的位置。养分充足时，开花部位的枝条可展开 4～5 片叶；养分不足时，开花部位枝条展开的叶片较少，落花也多。

茄子吸收氮、磷、钾的数量，随着生育期的延长而增加。苗期吸收氮、磷、钾的量仅分别为总吸收量的 0.05％、0.07％、0.09％。开花初期，吸收量逐渐增加，盛果期至末果期养分吸收量占总量的 90％以上，其中盛果期占 2/3 左右。每生产 1 000 千克茄子，需要吸收纯氮（N）2.62～4.0 千克、磷（P_2O_5）0.63～1.0 千克、钾（K_2O）3.1～6.6 千克，其氮、磷、钾的吸收比例为 1：0.25：1.46。

茄子各个时期对养分的需要量不同。生育初期的养分主要是促进植株的营养生长。随着生育期的延长，养分向花和果实运转。在盛花期，氮、钾的吸收量显著增加。这个时期如果氮素缺乏，其花则发育不好，短柱花增加，植株生长发育也不良。氮素对茄子生长发育很重要，在生长发育的任何时期，氮素不足都会对开花结果造成不良影响。氮素缺乏 1 个月，补施氮肥后也需要 1 个月才能恢复，这就会造成严重减产。因此，从定植到采收末期，特别是在结果盛期，都需要大量施用氮肥。磷影响茄子的花芽分化，因此在生育前期要注意磷肥的施用，并且要氮、磷、钾配合施用。

（4）茄子施苗肥和基肥

①苗期施肥。在肥沃的床土上育苗，花芽分化快，发育完善；床土缺乏营养时，花发育迟，花器小。一般 10 米² 的育苗床中，可施入过筛的充分腐熟的有机肥 200 千克，过磷酸钙和硫酸钾各 0.5 千克，也可适当加入腐熟的马粪、草炭和锯末等。均匀地撒在畦面，将畦土浅翻 2～3 遍，使土肥混匀。育苗时期，需追施氮素化肥，如土温低，叶片发黄，可用 0.2％～0.3％的尿素喷施叶面。在茄子育苗过程中，容易出现缺氮现象，提高苗床土中速效氮的浓度，可显著改善幼苗的生育状态，提高幼苗质量。

②基肥。冬春季温室中栽培茄子，由于气候寒冷，增施有机肥除满足茄子的营养需要外，也有利于改善土壤条件，增加地温。每 667 米^2 施用腐熟的有机肥 5 000～7 500 千克，过磷酸钙 50 千克。施用方法一般是在整地前撒施，深翻后使土肥混匀。肥料较少时，也可在耕地后集中进行穴施或条施。然后浇足底水，每 667 米^2 浇水量为 60～80 米^3。

(5) 茄子追肥　茄子定植后，为了促进它的生长、开花、结果和优质高产，要施好催果肥、盛果肥、盛果中后期肥和叶面追肥。

①催果肥。定植缓苗后，一般要结合浇水施用腐熟的人粪尿或者氮素化肥 1 次。每 667 米^2 浇水量为 40～60 米^3。花逐渐开放，当门茄达到瞪眼期（花受精后，子房膨大露出花萼时，称为瞪眼期），果实开始迅速生长，整个植株进入以果实生长为主的时期。茎叶也开始旺盛生长，需肥量增加。此时进行第一次追肥，称为催果肥。这是施肥的关键时期。施肥过早易引起茎叶徒长，果实僵化或脱落，施肥过迟，果实膨大受到抑制，叶面积扩大也受到限制。催果肥用量，一般为每 667 米^2 施硫酸铵 25～35 千克，或尿素 10～15 千克，氯化钾 8～10 千克，穴施或沟施，施后盖土并浇水。每 667 米^2 浇水量为 50～70 米^3。

②盛果肥。当对茄果实膨大，四母斗开始发育时，是茄子需肥的高峰期，应重施追肥。一般追肥 2～3 次，浇水 4～5 次。每 667 米^2 追施硫酸铵 15～20 千克，或尿素 7～9 千克；每 667 米^2 浇水量为 50～70 米^3。这第二次追肥，基本奠定了茄子中后期产量的基础。此期为营养生长与生殖生长同步进行阶段，协调好秧果关系，延长结果期，是丰产的关键。既要防止茎叶徒长，又要避免果实发育而抑制营养生长。以速效氮、钾肥为主，还要注意叶面施钙、硼、锌等中量及微量元素肥料。结合浇水，每 667 米^2 施硫酸铵 30～40 千克，或尿素 13～17 千克，氯化钾 10～12 千克。

③盛果中后期肥。从第二次追肥后到最后一次采收前 15～20 天，每一层果实开始膨大时，每隔 15 天左右追 1 次肥，共追 3～4 次肥，每次每 667 米^2 施硫酸铵 20～25 千克，或尿素 9～11 千克，氯化钾 5～7 千克。每次每 667 米^2 浇水量为 40～60 米^3。

④追施叶面肥。茄子生长后期，根系吸收能力减弱，追施叶面肥能及时补充地上部对养分的需要。从盛果期开始，可根据植株长势喷施 0.2%～0.3% 的尿素溶液，0.5%～1.0% 的氯化钾溶液。0.2%～0.3% 的磷酸二氢钾，0.1%～0.2% 的硫酸镁等肥料，一般 7～10 天喷 1 次，连续喷施 2～3 次。

(6) 不合理施肥对茄子造成的危害

①产生僵茄。由于花未受精或受精不良，产生单性结果，使果实内部激素含量不足，营养不能大量地供给果实，果实膨大受到限制，从而产生僵果。另外，环境条件不良，施肥不足，养分缺乏，同化作用受阻，制造的光合产物有限，而茎叶生长却又要大量消耗光合产物，致使向果实外运输。营养物质受到限制，也使果实发育不良，质硬个小。

②茄果着色不良。水分供应不足，营养成分失调，加之叶片生长过旺而遮光，果实得不到充足的光线照射时，容易形成这种果实。设施内紫外光线少，这种果实较多。施用硫酸铵，可防止这种现象，喷施糖液也可增加茄子的色泽。

③出现畸形果。由于施肥过量，养分在花芽部分积累过多，使细胞分裂过程中形成多心皮的果实所致。低温，氮肥用量过多，浇水过量，容易形成畸形果。

④出现营养缺乏或过剩症。棚室多年连作，容易造成缺钾，前期叶片边缘和叶脉间产生失绿病斑，后期叶片脱落。在这些叶片中钾的含量低于 4%，最低仅为 0.6%。果实中钾的含量也在 4% 以下。另一方面，镁的含量增高，叶片中的镁含量可增加到 2.2%～3.7%，叶脉间产生黄化。镁与钾有显著的拮抗作用，镁的含量增高，会使钾的含量降低。

(7) 塑料中、小棚春茬茄子的水肥管理

①施足基肥。定植茄苗用的中、小拱棚，要提前 10～15 天施肥，整地和扣膜，以提高地温。一般每 667 米² 施腐熟的厩肥5 000～6 000 千克，或腐熟的鸡粪等 2 000～2 500 千克。施肥后深耕，耙平，做成平畦。

②结果期前的水肥管理。茄苗定植后浇定植水，每 667 米²浇水量为 40～60 米³。如定植水浇得不足，中耕 1～2 次后，可选晴天的上午，在茄苗行侧开浅沟浇一水，每 667 米² 浇水量为40～60 米³。而后再配合进行中耕松土。在门茄开花前后，要严格控制浇水，防止因浇水而落花。当门茄长到核桃状大时，每667 米² 施腐熟的鸡粪 500～800 千克，并进行中耕松土后稍加培土，然后浇水。每 667 米² 浇水量为 40～60 米³。

③结果期的水肥管理。在结果期内，茄子需水肥较多，可再追肥 2～3 次。最好能将腐熟的人粪尿或鸡粪，与尿素等化肥进行结合施用。每 667 米² 施腐熟的人粪尿 1 000 千克，尿素 15～20 千克每次每 667 米² 浇水量为 40～60 米³，追肥后随即浇水。天气转暖后，可根据天气，土壤和植株生长状况，进行浇水等管理。

(8) 塑料大棚春茬茄子的水肥管理

①定植前施肥、整地。茄子忌连作，应与非茄科作物实行2～3年的轮作。定植前 20 天覆盖棚膜或密封大棚提温，升温烤地，并进行造墒和棚内熏烟消毒。茄子喜肥，每 667 米² 施腐熟有机肥 8 000～10 000 千克，饼肥 150 千克，施后深翻 40 厘米，做成高 15～20 厘米、宽 50～60 厘米的小高垄。每 667 米² 浇底水 40～60 米³。

②定植后浇水、追肥。在门茄坐住前，一般不浇水，因为浇水易造成落花落果。结果初期，适当控制浇水，植株表现明显缺水时，可浇小水或隔沟浇水，每 667 米² 的浇水量为 20～40 米³。浇水后中耕松土，及时通风排温。盛果前，植株需要水肥量大，

可视天气情况进行追肥浇水，促进果实膨大。每 667 米² 追施尿素 15～20 千克，磷酸二铵 10～15 千克或人粪尿 500 千克。一般每 5～6 天浇 1 次水，每次每 667 米² 的浇水量为 40～60 米³。每隔二次水追肥 1 次，最好将化肥与有机肥交替使用。

（9）日光温室冬春茬茄子的水肥管理

①施肥和整地。定植前要进行耕翻，深耕后每 667 米² 施入农家肥 5 000～6 000 千克或优质腐熟粪肥 4 000～5 000 千克。平畦栽培全面普施后再耕翻整地，使土肥混合均匀，高垄栽培可先普施 2/3 的肥料，整地后按定植的部位开 30 厘米深的沟，将其余 1/3 的肥料施入沟中，与土壤混合均匀。

②浇水和追肥。茄子的需水量大于番茄，当门茄直径达到 3 厘米（瞪眼），即将进入迅速膨大期时开始浇水，但开始浇水的量不宜太大。每 667 米² 浇水量为 20～40 米³。当土壤最低温度在 20℃以下时，浇水量还是不宜过大，可在膜下沟灌；土壤最低温度上升到 20℃以上，可在行间进行明沟浇水。

追肥可结合浇水进行。门茄直径达到 3 厘米时开始追肥，每 667 米² 追施硫酸铵 20 千克，或硝酸铵 15 千克，或尿素 10 千克，硫酸钾或氯化钾 10 千克。在第一次追肥后 10～15 天，对茄开始"瞪眼"时进行第二次追肥，施肥量同第一次。以后可根据生长情况，每隔 15 天左右追肥一次。茄子整个生育期追肥 3～4 次，浇水 6～8 次，每次每 667 米² 追肥量基本同第一次，浇水量为每次每 667 米² 40～60 米³。

（10）茄子氮素失调症状

①氮素缺乏。茄子缺氮时表现为叶片小而薄，叶柄与茎之间的夹角小，呈直立状。植株长势弱，叶片稀疏，下部叶片淡绿色，缺氮严重时，变为黄色，易脱落。果实小，膨大受阻，易出现畸形果。

②氮素过剩。氮素过剩时植株徒长，叶片肥大，表面凹凸不平，叶色浓绿，严重时叶片向外翻，并下垂，叶柄与茎之间的夹

角大。光照不足、低温和土壤水分太大，可使氮素过剩症加重。氮素过剩易诱发其他病害，特别是黄萎病的发生。

(11) 茄子缺磷、钾症状

①缺磷症状。茄子缺磷的症状表现不明显，一般为叶片小，表面光泽暗淡，颜色深，叶柄与茎之间的夹角小，果实不能膨大。植株长势弱，在生长发育的中后期，下部叶片提前衰老，叶片和叶柄变黄。

②缺钾症状。茄子缺钾症状也不明显。在土壤钾素缺乏不严重时，缺钾症状和氮素过剩症状极为相似，下部叶片发黄、软弱，易感染病害。当缺钾严重时，表现为下部叶片的叶脉间，出现淡绿色到黄色的斑点，有时也表现为叶缘褪绿，果实不能正常膨大。

(12) 茄子缺钙、镁症状

①缺钙症状。茄子缺钙的症状主要表现在上部叶片上，顶部生长发育受阻，叶脉间变黄褐色。缺钙还常发生果实脐腐病。

②缺镁症状。缺镁症状出现在下部叶片上，在叶片中脉附近的叶肉发生黄化，并逐渐扩大到全部叶片，缺镁严重时叶脉间会出现褐色坏死斑。在砂土上栽培茄子，如出现缺镁症状，一般是由于土壤供镁不足，需要追施镁肥。而在其他土壤上出现的缺镁症状，不一定是因为土壤缺镁造成的。施用钾肥太多，地温低和缺磷，都可能造成茄子的缺镁症状。

(13) 茄子缺少硼、铁和锰素症状

①缺硼症状。茄子缺硼表现在植株的顶部，顶部茎叶发硬，严重时顶叶变黄，芽弯曲，停止生长。果实内部和靠近花萼处的果皮变褐，落果现象严重。

②缺铁症状。茄子缺铁症也发生在植株的顶端，顶部叶片发生黄化，黄化现象均匀，不出现斑状黄化和坏死斑。

③缺锰症状。茄子缺锰症状易出现在中上部叶片上，叶脉间出现不明显的黄斑和褐色斑点，叶片易脱落。

④锰过剩症状。茄子锰过剩症状表现在下部的老叶片上，叶脉变褐，沿叶脉的两侧出现褐色斑点。土壤酸化、黏重、浇水太多和通气不良，是茄子出现锰中毒的主要原因。

4. 设施辣（甜）椒养分水分特点及施肥灌溉技术

（1）辣椒的栽培季节与茬口安排　辣椒露地栽培多于春季在设施内育苗，经霜后定植。华南地区一般在 12 月至翌年 1 月育苗，2～3 月份定植。在长江中下游地区，多于 11～12 月份育苗，翌年 3～4 月份定植。在北方地区，则于 2～4 月份育苗，4～5 月份定植。北方地区辣椒定植后很快进入高温季节，阳光直射地面，对辣椒生长发育极为不利。因此，利用地膜、小拱棚等简易设施，提早定植，使植株在高温季节来临前封垄，是露地辣椒栽培获得高产的主要措施。近年来，长江中下游地区和北方地区利用塑料大棚、日光温室等保护地设施，可以周年生产和供应新鲜的辣椒产品。

（2）根据辣椒的生长发育特点进行水肥管理　辣椒别名番椒、海椒、秦椒、辣茄，为茄科辣椒属植物。原产于南美洲的热带草原，明朝末年传入我国，至今已有 350 多年的栽培历史。辣椒在我国南北方地区普遍栽培，南方地区以辣椒为主，北方地区以甜椒为主。

辣椒的栽培种为 1 年生辣椒。根据果实形状又可以分为灯笼椒、长辣椒、簇生椒、圆锥椒和樱桃椒 5 个变种，其中灯笼椒、长辣椒和簇生椒栽培面积较大。

辣椒的生育周期，分为发芽期、幼苗期及开花结果期。辣椒根系不发达，分布较浅。初生根垂直向下伸长，经育苗移栽，主根被切断，发生较多侧根，主要根群分布在 10～30 厘米深的土壤中。根系生长发育弱，再生能力差，根量少，茎基部不容易产生不定根，栽培中最好护根育苗。根系对氧气要求严格，不耐旱，又怕涝，喜欢疏松、肥沃、透气性良好的土壤。一般从受精到果实充分膨大需要 30 天左右，转色老熟又需要 20 天以上。

辣椒属于喜温蔬菜，对温度要求严格。它喜温不耐寒，又忌高温曝晒。生长发育的适宜温度为 25～30℃，在果实膨大期需要高于 25℃的温度。温度过高还容易诱发病毒病和果实日烧病。土壤温度过高，对植株根系生长发育不利。长成的植株对温度曾适应范围较广，既耐高温，也比较耐低温。对光照要求不严格，长日照或者短日照的条件下，都可以完成花芽分化和开花，与其他果菜类蔬菜相比较，辣椒是最耐弱光的果菜。光照强对辣椒植株生长发育产生不利影响，容易产生果实日烧病。辣椒既不耐旱也不耐涝，其单株需水量并不太多，但是因为其根系不发达，所以必须经常供给水分，并且保持土壤有较好的通透性。在气温和地温适宜的条件下，辣椒花芽分化和坐果对土壤水分的要求，以土壤含水量相当于田间最大持水量的 55％为最好。随着植株生长量的增加，其需水量也随着增加。但是，土壤水分过多不利于植株生长发育，连续淹水 24～48 小时，就容易发生死株。干旱容易诱发病毒病。对空气相对湿度的要求以 60％～80％较为适宜。这时辣椒坐果率较高，太湿则容易引发病害；但空气干燥，又严重降低坐果率。辣椒根系对氧气要求严格，因此要求土质疏松、通透性好的壤土，不能在低洼地栽培。对土壤酸碱度要求不严格，pH 在 5.6～8.5 的范围内都能适应。辣椒需肥量大，不耐贫瘠，但是耐肥力又较差。因此，在设施栽培中，一次性施肥不宜过量，否则容易发生各种生理性障碍。特别是在施氮肥时，要防止氨气中毒而引起落叶。

在辣椒的子叶展开时，从子叶的形状就能够看出幼苗将来是否能长成壮苗。当幼苗长出 2～3 片真叶时，花芽分化和侧枝发育已经开始。随着植株叶面积的不断增加，开花和分枝也持续增加，对水分和养分的需求量也逐渐增加。定植时早熟品种幼苗为 7～8 片叶，中晚熟品种为 10～14 片叶，苗龄为 100～120 天。从定植到盛果期以前，主要是促进植株根系的生长和地上部的生长发育，这时施肥以氮肥为主，钾肥为辅；浇水量也应逐渐增大。进入盛果期到雨季前，应该及时采收门椒和对椒，这样有利于植株的生长发育，延长辣椒开花结果期和缩短结果周期。同时，也要及时进行追肥和浇水。在雨季，辣椒容易落叶、落花和落果，要注重保苗复壮。雨季过后，霜冻来临之前，为秧苗复壮期，是辣椒生长新枝、开花结果的第二个周期，直到拉秧。这个时期要及时进行水肥管理。在辣椒生产上，由于气候、栽培条件和病害的影响，也有的在雨季以前采收完毕，并拉秧。

（3）辣（甜）椒的需水肥特点　辣椒的生育期较长，因此，需水量也较大。辣椒的生长发育期为 130 天左右，每 667 米^2 需水量为 546 米^3，平均每天需水量为 4.2 米^3。

辣（甜）椒是茄果类蔬菜中需肥量较多的蔬菜。就辣（甜）椒来说，甜椒类型要求的肥料多于辣椒类型。幼苗期吸收养分量较小，在结果期，养分吸收量较多，氮、磷、钾的吸收量分别占各自总吸收量的 57％，61％，69％以上。一般每生产 1 000 千克果实，需吸收纯氮 3～5.2 千克，磷 0.6～1.1 千克，钾 5～6.5 千克，钙 1.5～2 千克，镁 0.5～0.7 千克，其吸收比例为 1：0.21：1.4：0.43：0.15。在不同的时期，植株对养分的吸收有差异。随着果实产量的增加，氮素吸收量也增加。钾、镁吸收量也同样从果实开始收获起持续增加，盛果期吸收最多。如果钾素不足，容易引起落叶；缺镁会引起叶脉间叶肉黄化。施肥少时，茎叶中氮磷钾含量相对减少，而果实中的却相对增多；施肥过多时，茎叶中营分含量增高，易造成植株徒长，影响果实对养分的利用而减产。

（4）辣（甜）椒施苗肥和基肥

①施苗肥。辣椒育苗有露地育苗和设施育苗两种，大多数地区都采用设施育苗。其方法有酿热物温床育苗、塑料薄膜覆盖冷床育苗、大棚育苗和快速育苗等。育苗时间一般都长达 100～120 天。因此，苗床土要选用有机质含量高和团粒结构良好并且未栽培过茄果类蔬菜的土壤。在苗床中要施用腐熟的优质有机

肥，一般每 10 米^2 左右的苗床可施用 150～200 千克有机肥，与苗床土充分混合均匀后，再撒施过磷酸钙 1～2 千克，翻耕 3～4 遍，整平后浇足底水，准备播种。在育苗期一般不追肥。如果幼苗生长发育缓慢，叶片狭小，茎秆细弱，可以在定植前 15～20 天，随水追施硫酸铵或者三元复合肥 1 千克左右。

②施基肥。由于辣（甜）椒生育期较长，而且根系较浅，耐肥力强，因此施足底肥很重要。一般每 667 米^2 施腐熟的优质有机肥 5 000 千克。基肥可用人粪尿、猪圈肥和土杂肥等，同时要注意磷肥的配合施用。可将过磷酸钙按每 667 米^{2}50 千克与有机肥沤制使用。在整地前撒施 60% 的基肥，定植时再按行距开沟施入剩余的 40%。这种撒施与沟施相结合的施肥方法，既有肥料的长效性，又利于发小苗。然后做畦浇足底水，一般每 667 米^2 浇水量为 60～80 米^3。

③辣（甜）椒追肥。第一次追肥可在定植后 15 天进行，为促苗早发棵，可随水每 667 米^2 追施硫酸铵 20～25 千克，或尿素 10 千克。一般每 667 米^2 浇水量为 40～60 米^3。当蹲苗结束，门椒以上和茎叶已经长出 3～5 片，果实长到核桃大小时，可结合浇水，每 667 米^2 追施硫酸铵 25～30 千克，或尿素 10～15 千克，硫酸钾 15 千克。浇水量为每 667 米^{2}50～70 米^3。第三次追肥在结果盛期，每 667 米^2 追施硫酸铵 25～30 千克，或尿素 10～15 千克，硫酸钾 15 千克。浇水量为每 667 米^{2}50～70 米^3。第四次追肥在结果中后期，每 667 米^2 追施硫酸铵 20～25 千克，或尿素 10 千克，硫酸钾 10 千克，浇水量为每 667 米^{2}40～60 米^3。以后可根据植株长势和土壤肥力状况，再追施 1～2 次肥，每次每 667 米^2 追施硫酸铵 20～25 千克，或尿素 10 千克，硫酸钾 10 千克，浇水量为每 667 米^{2}40～60 米^3。从而使植株既可延长结果期，又可防止早衰和减产。在开花结果期，也可进行叶面施肥，喷施 0.5% 尿素加 0.2%～0.3% 磷酸二氢钾，提高结果数和果实品质。

前期植株幼小时，追施化肥要距植株 10 厘米左右，以防烧苗。中后期封行后，可随水追施，以水调肥。为了促进辣（甜）椒根系发育，可结合浇水追肥，适时中耕培土。为延长结果期，可结合整枝，更新结果枝，降低结果部位，并及时浇水追肥，促发新枝，以提高第二次结果高峰期的坐果率，提高产量和品质。

（5）不合理施肥对辣（甜）椒造成的危害

①苗期病害。当苗土中施用腐熟不充分的有机肥而且数量较多时，铵态氮转变为亚硝态氮，根系会受到损害。有时可以引起缺铁症状，中心叶发黄，幼苗根数少。铵态氮过多还会引起幼苗嫩叶皱缩。

②叶期病害。施用过多的铵态氮肥料，会产生氨气中毒，危害近地面的老叶，使叶片变褐。施肥量过多，在土壤酸性的条件下，易发生亚硝酸气体危害，使未长成的叶片畸形，或部分坏死，功能叶片上产生褐色斑点。

③产生脐腐果。辣（甜）椒生长发育后期，常易发生脐腐果，多是由于缺钙引起。高温、干燥、多氮、多钾等条件，会使钙的吸收受到阻碍，产生脐腐果。从初花期开始，可用 1% 过磷酸钙溶液，或 0.1% 硝酸钙溶液，或 0.5% 氯化钙溶液，加入 5 毫克/千克的萘乙酸溶液，进行全株喷施。每隔 15 天左右喷 1 次，连喷 2～3 次，每 667 米² 每次喷施 50～60 千克药液。

（6）日光温室冬春茬辣椒的水肥管理

①定植前施基肥。由于辣椒生育期较长，而且根系较浅，耐肥力较弱，因此必须施足基肥。一般每 667 米² 施腐熟的优质有机肥 5 000 千克。基肥可使用人粪尿、猪厩肥和土杂肥等，同时要注意磷肥的配合施用。可将过磷酸钙按每 667 米² 50 千克与有机肥沤制使用。在整地前撒施 60% 的基肥，定植时再按行距开沟施用剩余的 40% 肥料。

②定植后追肥和浇水。辣椒幼苗定植后，浇足定植水，一般每 667 米² 浇水量为 40～60 米³。当门椒长到 3 厘米长时，结合

浇水进行第一次追肥，每 667 米² 可随水浇施腐熟稀粪 2 000 千克或尿素 10 千克及硫酸钾 10 千克。浇水量为每 667 米² 40～60 米³。以后根据生长情况每隔一水随水追一次肥，每 667 米² 施尿素 10 千克或硫酸铵 20 千克，硫酸钾 10 千克。同时施放二氧化碳气肥。采取小水勤浇的方法进行浇水，一般在土表发白，10 厘米以内土壤见干时即应浇水。在辣椒全生育期，追肥 4～5 次，浇水 8～10 次。浇水量每次每 667 米² 为 40～60 米³。

（7）塑料中、小棚春茬辣椒的水肥管理

①定植前施基肥。定植前 10～15 天，每 667 米² 施腐熟厩肥 2 500～3 000 千克或腐熟鸡粪 1 000～1 500 千克，施后深耕耙平，做成平畦。

②始花着果期水肥管理。辣椒幼苗定植后浇定植水，每 667 米² 的浇水量为 20 米³ 左右。辣椒缓苗后浇 1 次缓苗水，每 667 米² 的浇水量为 30～40 米³，然后进行蹲苗。在门椒开花前，结合中耕追肥，每 667 米² 施用尿素 10 千克，或者腐熟的人粪尿 1 000 千克，施肥后浇水。每 667 米² 的浇水量为 40～60 米³，门椒开花时，应该控制浇水，中耕 1～2 次。门椒坐果后，进行 1 次肥，每 667 米² 施用三元复合肥 25～30 千克，随后浇水。每 667 米² 浇水量为 40～60 米³。

③结果期的水肥管理。辣椒采收后追一次肥，每 667 米² 施尿素 10～15 千克，硫酸钾 10～15 千克。以后每隔 20 天左右追 1 次肥，可将化肥和腐熟的人粪尿等有机肥交替使用。天晴无雨时，5～7 天浇 1 次水，保持土壤湿润。

（8）塑料大棚春茬辣椒的水肥管理

①定植前施基肥。辣椒定植前 20～25 天扣棚升温。土壤化透后，每 667 米² 施用腐熟有机肥 3 000～5 000 千克，施后整平地面。采用大小行小高垄栽培，定植前开深 15 厘米的沟，每 667 米² 施入腐熟的鸡粪 1 000 千克，或三元复合肥 50 千克。肥料施入沟底，然后耙一下，使土肥混匀。

②开花结果期的水肥管理。辣椒生育期长，产量高，必须保证充足的养分和水分供应。定植时由于地温低，只浇少量的定植水，每 667 米^2 的浇水量为 20 米^3 左右。缓苗后可以浇一次缓苗水，浇水量可以稍大些。以后一直到坐果前不需要浇水，直至进入蹲苗期。缓苗水每 667 米^2 的浇水量为 20～40 米^3。门椒开花前后，要适当控制浇水，防止落花。门椒坐住后进行追肥，每 667 米^2 施三元复合肥 15～30 千克，追肥后浇水。每 667 米^2 的浇水量为 40～60 米^3。在门椒采收后及采收盛期，及时追肥，每 667 米^2 施三元复合肥 10～15 千克，或施腐熟人粪尿 400～500 千克。盛果期内一般 6～7 天浇 1 次水，以保持地表湿润。

（9）塑料大棚秋茬辣椒的水肥管理

①定植前施基肥。大棚秋茬辣椒在地表覆盖地膜后追肥困难，因此定植前应施足基肥。肥料要以有机肥和磷、钾肥为主，每 667 米^2 施腐熟的农家肥 4000～5 000 千克，三元复合肥 50 千克，在定植前整地做畦时施入。

②定植后水肥管理。辣椒定植时要浇足定植水，每 667 米^2 浇水量为 40～60 米^3。定植后根据土壤墒情，实施小水勤浇，浇水后及时中耕培垄。每次每 667 米^2 的浇水量为 20～40 米^3。生育前期温度高，根系吸收力强，可追 1～2 次肥，进入花期后应减少氮肥，增施磷钾肥，生育后期温度低，根系活力减弱，应多进行叶面追肥，每 7 天喷施 1 次，可用 0.3％磷酸二氢钾和 0.2％复合肥喷施。第一次追肥在门椒长到 3 厘米长，对椒坐住后结合浇水，每 667 米^2 施腐熟人粪尿 1 000 千克，或尿素 10～15 千克，硫酸钾 10 千克。每 667 米^2 浇水量为 40～60 米^3。以后每隔 3～4 次水追肥 1 次。

（10）辣椒氮素失调症状

①氮素缺乏的症状。从全株来看，缺氮表现为植株瘦弱，叶面积小，开花位置上升，出现靠近植株顶端开花的现象。叶片上的表现为瘦小和黄化，黄化现象由下部叶片到上部叶片逐渐

加重。

在土壤干旱、地温低、夜温高、结果过多和根系发育不良的情况下，也表现为类似缺氮症状的生长抑制型植株，在具体诊断时，应把缺氮与其他因素结合起来进行综合分析。因土壤干旱还表现为叶柄弯曲，叶片下垂并向上卷曲，同时伴有缺钙症状。当地温低时，叶柄与茎之间的夹角大，叶尖下垂。在夜温高的情况下，叶片小，叶柄长，叶柄与茎之间的夹角小。

②氮素过剩的症状。当土壤速效态氮素太多时，植株表现为叶片肥大和柔软，叶色浓绿，叶柄长。植株顶部的幼叶出现凹凸状，叶片褶皱，功能叶片表现为中肋突起，形成船底形，下部叶片发生扭曲。土壤水分多，空气湿度大，夜温高和光照不足能使氮素过剩症状加重。在光照不足，夜温高的情况下，氮素过剩症状并不表现为叶片肥大，而只表现出叶柄长和叶片中肋突起的症状。

(11) 辣椒缺磷、钾症状

①缺磷症状。辣椒缺磷症状表现不明显，如在生长初期发现植株生长缓慢，但没有黄化现象，就可以考虑是否土壤速效磷含量低，供磷不足。在生长发育的中后期，缺磷表现为：叶色浓绿，表面不平展，形成短柱状花，结果晚，果实小。

②缺钾病状。辣椒缺钾时，叶片呈暗绿色，叶缘出现部分坏死症状，叶脉间变褐，严重时下部叶片变黄。果实畸形，膨大受阻。

(12) 辣椒缺钙、镁症状

①缺钙症状。缺钙症状是辣椒顶端叶片生长不良，叶尖黄化，部分叶片表现出类似氮素过剩的中肋突起。在果实上表现为脐腐果。高温、干旱和铵态氮太多时，将加重辣椒缺钙症状的发生。

②缺镁病状。辣椒缺镁主要表现在下部老叶上，叶脉间失绿是主要症状。在土壤钾素过剩和铵态氮积累时，容易发生缺镁

症状。

（13）辣椒缺硼和锰失调症状

①缺硼症状。缺硼症状表现在辣椒植株的上部，植株生长发育停止，叶柄和叶脉硬化，容易折断，叶片发生扭曲，花蕾脱落。

②缺锰症状。辣椒缺锰表现为叶脉间失绿，叶面常有杂色斑点，叶缘仍保持绿色。缺锰现象一般出现在砂土地生长的植株上，壤质土和黏质土缺锰症状少见。

③锰过剩症状。辣椒的锰过剩症状主要表现在中下部叶片的叶脉上，叶脉局部变褐，叶脉间出现褐色斑点，叶片提早衰老和脱落。土壤积水和通气不良容易使辣椒发生锰中毒。

（三）设施瓜类蔬菜的养分水分特点及施肥灌溉技术

1. 根据瓜类蔬菜的生长发育特点进行水肥管理　瓜类蔬菜种类较多，均属于葫芦科 1 年生或多年生草本植物。主要包括甜瓜属的黄瓜、甜瓜，南瓜属的中国南瓜、印度南瓜、美洲南瓜（西葫芦），西瓜属的西瓜，冬瓜属的冬瓜和节瓜，葫芦属的瓠瓜，丝瓜属的普通丝瓜和有棱丝瓜，苦瓜属的苦瓜，佛手瓜属的佛手瓜，以及栝楼属的蛇瓜等。其中西瓜和甜瓜食用成熟果实，冬瓜和南瓜的嫩果和成熟果实都可以食用，其他瓜类蔬菜主要食用嫩果。

瓜类蔬菜除黄瓜以外，根系都比较发达，但容易木栓化，受伤后再生能力弱，因此生产上必须采用直播或护根育苗。茎节容易产生不定根，可以吸收水分和养分。

瓜类蔬菜都原产于热带或亚热带，整个生育期要求较高的温度，不耐轻霜，要求较大的昼夜温差。其中西瓜、甜瓜、笋瓜、节瓜和南瓜耐热，并且要求气候干燥而阳光充足。黄瓜、普通甜瓜和其他瓜类，耐热性都较差，能够适应温暖多雨的气候。瓜类蔬菜的生长期，可以分为发芽期、幼苗期、开花期和结瓜期。它们的种子颗粒大，储藏的养分多，发芽期短，幼苗强壮。幼苗期植株生长缓慢，节间较短，需要水分、养分较少。瓜类蔬菜是典型的营养生长和生殖生长同步进行的蔬菜作物，进入开花期后蔓的生长很快，节间伸长，需要水分、养分逐渐增多。进入结瓜期后，蔓生长和结瓜之间的养分争夺比较激烈，是需要水分、养分的关键时期。这时为了满足它们对养分、水分的需要，要采取适当的农业栽培措施，来调节它们之间的平衡关系。

瓜类蔬菜属于营养器官与产品器官同步生长发育的蔬菜。果重型瓜类对养分的需要低于果数型瓜类。黄瓜为果数型瓜类的代表，其耐肥力较弱，但是需肥量高，一般采取"轻、勤"的施肥方法。冬瓜是果重型瓜类的代表，要注重施用基肥。瓜类蔬菜植株体内碳氮比增加时，花芽分化早；氮肥多时，碳氮比降低，花芽分化延迟。所以，瓜类蔬菜育苗时要注意氮肥和磷、钾肥的比例。瓜类蔬菜施肥中值得重视的问题，是施肥对瓜类果实品质的影响。施用钾肥能够显著提高瓜类蔬菜的抗病能力和果实的品质，能使西瓜糖度提高，风味改善。

瓜类蔬菜的花芽分化，是在夜间温度较低和白天光照好的条件下进行的。这时植株体内碳水化合物积累较多，如果再适量施用氮、磷等肥料，使植株体内氮素化合物含量增加，这时植株花器官分化、发育旺盛，容易产生较大的花。氮素养分增加，有利于雌花的产生，而钾素养分的增加有利于雄花的产生。进行二氧化碳施肥，有利于黄瓜的根茎生长和叶片展开，可显著增加雌花的数量，在开花结瓜期，更需要充足的养分和水分。如果氮、磷、钾养分缺乏，植株的营养生长受到抑制，叶面积减少，花的发育也会受到影响，主要表现为子房变小。在开花前缺少养分，植株会黄化枯萎；开花时养分不足，就会落花或者结出不正常的瓜。在高温、氮素过多的条件下，容易造成植株营养生长太旺，从而使结瓜受到不利影响。

西葫芦、南瓜、冬瓜、西瓜、甜瓜和笋瓜等，根系比较强大，有一定程度的耐旱能力。黄瓜根系较弱，一般不耐旱。其他瓜类蔬菜的耐旱能力处于二者之间。

瓜类蔬菜一般适宜栽培于肥沃的砂壤土或黏壤土，不耐酸碱。底土肥沃的沙田和砾田，地表光照辐射强，昼夜温差大，有利于提高西瓜和甜瓜的甜度。瓜类蔬菜喜欢腐熟的有机肥和疏松的土壤，因此深翻重施腐熟的有机肥，使土壤肥沃、疏松，有利于培育根深蔓壮的瓜秧。磷、钾肥对提高瓜类蔬菜的产量和品质，有明显的作用。菜农在栽培西瓜、甜瓜时，经常施用油粕、饼肥等有机肥，由于这些肥料含有丰富的磷、钾元素，因而有利于促进果实早熟，提高瓜的品质。

2. 设施黄瓜养分水分特点及施肥灌溉技术

(1) 设施种植黄瓜的茬口安排

①日光温室冬春茬黄瓜。在 10 月下旬至 11 月上旬播种育苗，11 月下旬至 12 月上旬定植，来年 1 月中旬开始采收，6 月底拉秧清茬。

②日光温室早春茬黄瓜。在 12 月下旬至来年 1 月上旬播种育苗，2 月上中旬定植，2 月下旬开始采收，6 月上旬拉秧清茬。

③日光温室秋冬茬黄瓜。在 8 月中下旬至 9 月上旬播种育苗，9 月中下旬定植，10 月中下旬开始采收，来年 1 月上旬拉秧清茬。

④塑料大棚春提早茬黄瓜。在 1 月上旬至 2 月上旬播种育苗，在 2 月下旬至 3 月下旬定植，3 月下旬至 4 月中旬开始采收，6 月底至 7 月上旬拉秧清茬。在塑料大棚内采用多层覆盖保温措施和加温措施，播种能提前到 1 月份。

⑤塑料大棚秋延后茬黄瓜。在 7 月中下旬播种育苗，8 月上中旬定植，9 月中下旬开始采收，11 月上中旬拉秧清茬。

(2) 根据黄瓜的生长发育特点进行水肥管理　黄瓜别名胡瓜、王瓜、青瓜，为葫芦科甜瓜属 1 年生攀缘性植物。根据黄瓜品种的分布区域及生态学性状，可以分为华北型、华南型、南亚

型、北欧温室型、欧美露地型和小型黄瓜 6 个类型。其中华北型、华南型和北欧温室型黄瓜，目前在我国栽培较多。华北型，俗称"水黄瓜"，分布于我国黄河流域以及朝鲜、日本等国。植株长势中等，喜欢土壤湿润、天空晴朗的气候条件，对日照长短要求不严格。华南型黄瓜，俗称"旱黄瓜"，分布于我国长江以南及日本各地。这类黄瓜茎叶繁茂，茎粗，节间短。叶片肥大，耐湿热，要求短日照。北欧温室型黄瓜，分布于英国和荷兰。植株茎叶繁茂，耐低温弱光，对日照长短要求不严格。

我国黄瓜栽培地区范围广，栽培方法多种多样，可以周年生产，周年供应。

黄瓜为浅根性蔬菜作物，根系分布浅，根量少，大部分根群分布在15～20厘米深的耕作层土壤中。根系呼吸能力强，故栽培土要选择透气性良好的壤土或砂壤土。根系木栓化程度高，再生能力差，伤根后不容易恢复，育苗时必须采取护根措施。茎基部近地面处有形成不定根的能力，不定根的产生及伸入土中，有助于黄瓜从土壤中吸收养分和水分。

黄瓜的发芽期，是从种子萌动到第一片真叶出现（露真），适宜条件下为5～10天。此期末是分苗的最佳时期。幼苗期是从"露真"到植株具有 4～5 片真叶（团棵），为20～30天。幼苗期黄瓜植株的生长发育特点是叶片的形成、根系的发育和花芽的分化。此期水肥管理的重点是，促进根系发育和雌花的分化，防止幼苗徒长。此阶段的中后期是定植的适宜期。抽蔓期，又称初花期，从植株"团棵"到根瓜坐住为止，为15～25天。此期植株生长发育的特点，主要是茎叶的形成，其次是花芽继续分化，花数不断增加，根系进一步发展。这一阶段是由营养生长向生殖生长的过渡时期，水肥管理上既要促使根的活力增强，又要扩大叶面积，确保花芽的数量和质量，并使瓜坐稳，防止植株延长和化瓜。结瓜期是从根瓜坐住到拉秧。结果期的长短因栽培形式和环境条件的不同而不同。露地夏秋黄瓜的结果期只有 40 天左右，日光温室冬春茬黄瓜的结果期长达120~150天。黄瓜植株结果期生长发育的特点，是营养生长与生殖生长同时进行，即茎叶的生长和开花结果同时进行。结果期的长短是产量高低的关键所在，因此要加强水肥管理，尽量延长结果期。

黄瓜是典型的喜温蔬菜作物。它在生长发育的适宜温度为18~32℃。黄瓜在果菜类蔬菜中属于比较耐弱光的蔬菜。黄瓜需水量大，适宜的土壤湿度为土壤最大持水量的80%，适宜的空气相对湿度为70%~90%。它也可以忍受95%~100%的空气相对湿度，但是湿度较大时容易诱发病害。黄瓜喜湿又怕涝，设施栽培时，土壤温度低、湿度大时极易发生寒根、沤根和猝倒病。黄瓜在不同的生育阶段，对水分的要求不同。幼苗期水分不宜过多，否则容易发生徒长。但是也不宜过分控制水分，否则容易形成老化苗。初花期要控制水分，防止植株地上部徒长，以促进根系发育，为结瓜期打下良好基础。结果期营养生长和生殖生长同步进行，对水分需求多，必须供应充足的水分才能获得高产。设施栽培黄瓜适宜选择有机质含量高、疏松透气的壤土地，适宜的土壤pH为5.5~7.2。黄瓜既喜肥，但又不耐肥。由于植株生长发育迅速，短期内生产大量果实，因此需肥量大。但是黄瓜根系吸收养分的范围小，能力差，忍受土壤溶液的浓度较小，所以施肥应该以有机肥为主。只有在大量施用有机肥的基础上，提高土壤的缓冲能力，才能施用较多的速效化肥。

设施栽培黄瓜的生长期为120~150天。培育壮苗是黄瓜获得优质高产的基础。壮苗的标准是：幼苗长有4~5片真叶，叶片厚，叶色深绿，节间短，茎粗壮，根系发达。育苗期的长短，根据品种和栽培方法而不同。苗龄短的为30~35天，长的为55~60天。雌花在蔓上着生的节位，早熟品种在第一至第三片叶，晚熟品种在第十片叶附近。黄瓜定植后，植株很快生长发育，营养生长和生殖生长同步进行。黄瓜植株开花后8~18天，瓜条可以达到商品成熟。采收根瓜后，进入瓜条的采收盛期。这时对黄瓜植株要加强水肥管理，及时整枝绑蔓和摘心，保持植株养分和水分的平衡供应，以促进营养器官的生长发育和开花结果。

(3) 黄瓜的需水肥特点　黄瓜可分为春黄瓜、夏黄瓜和秋黄瓜，根据其生育期长短的不同，其需水量也有所差异。黄瓜生育期 70～90 天，每 667 米² 需水量为 370～545 米³，平均每天的需水量为 5.2～6 米³。

黄瓜幼苗期对氮、磷、钾、钙、镁的吸收情况不同。随着苗龄的增加，植株鲜重与干重也增加，钾、氮、钙的绝对吸收量较高，其次为镁和磷。在苗期结束时，各元素占苗中干物质的含量为氮 4.44%，磷 1.05%，钾 4.1%，钙 5.1%，镁 1.3%。苗期无机营养的比例对黄瓜的性别分化有显著的影响，氮素用量多时，雌花分化多。

从黄瓜定植到收获完毕，单株的平均养分吸收量是：氮 5～7 克，磷 1～1.5 克，钾 6～8 克，钙 3～4 克，镁 1～1.2 克。其吸收比例为 1:0.2:1.2:0.6:0.2。各部位养分含量，氮、磷、钾在收获初期较高，随着生育期的延长，含量下降。而钙和镁则是随着生育期的延长而增加。

肥料的吸收与栽培方式有关，生育期长的设施春早熟黄瓜比生育期短的秋延后栽培黄瓜吸收养分量高。另外，秋延后栽培黄瓜，前期产量高，养分吸收主要在前期，因而施足基肥是栽培成功的关键。早春黄瓜采用塑料薄膜覆盖地面后，土壤中的有机质加快分解，速效养分增加，而且土壤理化性质得到改善。黄瓜各生育期对氮、磷、钾的吸收比例为：苗期为 4.5:1:5.5，盛瓜初期为 2.5:1:3.7，瓜期为 2.5:1:2.5。每生产 1 000 千克黄瓜需纯氮 2.6 千克，磷 1.5 千克，钾 3.5 千克，吸收比例为 1:0.59:1.36。

(4) 黄瓜施苗肥和基肥

①苗期施肥。这是培育壮苗的关键措施。营养土是幼苗生长

的基础，要求质地疏松，透气性好，养分充足，pH 适中，不含草根和杂质。营养土的配制比例为：腐熟马粪 30％，陈炉灰 20％，腐熟大粪面 10％和未种过瓜类的菜园土 40％。也可用菜田土 40％，河泥 20％，腐熟厩肥 30％，草木灰 10％，加入 2％～3％的过磷酸钙，充分拌匀即成。用上述苗床培养的黄瓜幼苗一般不缺肥。如发现缺肥现象，可喷施营养液，营养液的配方是：硫酸铵 0.04％，过磷酸钙 0.03％，氯化钾 0.04％，硫酸镁 0.05％。或者在 1 000 千克水中加入硝酸钾 810 克，硝酸钙 950 克，硫酸铵 500 克，磷酸二氢钾 350 克，三氯化铁 20 克。用这样的营养液喷施在叶片上即可。

②施基肥。黄瓜对氮、磷、钾等养分需要量大，消耗营养物质的速度也快。特别是在春季种植时，施用充分腐熟的有机肥，有利于缓苗和发秧。基肥的施用量应根据土壤肥力和产量而定。温室、大棚栽培黄瓜，施肥量比露地栽培高，一般每 667 米^2 施有机肥 5 000～10 000 千克，磷酸二铵 30～50 千克。施肥量的多少，也依季节而定。冬季地温低，光照弱，肥料分解慢，施肥量可大些；春季也可以适当减少 10％～20％。

（5）定植后的黄瓜追肥 黄瓜定植后，生长加快，而且植株营养体的生长和果实发育及收获同时进行，需肥量大。加之黄瓜根系浅，吸肥力弱，只有不断地追施肥料，才能满足果实的正常发育和营养体的健壮生长。在黄瓜采收根瓜前，植株的根系已基本构成，大量的幼嫩子房也已形成，有些果实已经开始发育，很快要进入盛瓜期，这时应开始追肥。每 667 米^2 产黄瓜 5 000 千克以上，从定植到采收结束，共需追肥 8～10 次。追肥应掌握少量多次的原则。一般于定植缓苗后进行第一次追肥。

①催苗肥。缓苗后以促根控秧为主，尽量控制植株徒长，促进根系发育。施肥量不能太大。可根据幼苗生长情况适当追一次肥。一般每 667 米^2 施尿素 5 千克。在距植株 5 厘米处开沟，施入肥料后覆土浇水。催苗肥施入后，植株生长逐渐加快，叶面积

逐渐增大。此期为黄瓜的蹲苗期，不可过多追肥浇水，以免植株徒长而抑制坐瓜，主要以中耕为主。土壤中养分和水分充足，又经多次中耕，使土壤疏松透气，可有力促进根系发育，对防止植株后期早衰及植株死亡，有明显的作用。

②结瓜肥。黄瓜的追施量，可以根据菜田土壤肥力和计划产量来确定。

在高肥力菜田上的追肥量：每 667 米^2 产量为 1 万～1.5 万千克，其总追肥量为：尿素 100～120 千克，硫酸钾 40～50 千克。追肥：11 月份至翌年 2 月份，每 21～25 天冲施肥 1 次，每次每 667 米^2 追施尿素 5～10 千克，硫酸钾 3～4 千克。3～5 月份，每 15～20 天冲施肥一次，每次每 667 米^2 追施尿素 7～10 千克，硫酸钾 4～5 千克。每次每 667 米^2 浇水量为 40～60 米^3。

在中肥力菜田上的追肥量：每 667 米^2 产量为 5 000～8 000千克，总追肥量为：尿素 70～90 千克，硫酸钾 30～40 千克。具体的追肥时间及肥量为：11 月份至翌年 2 月份，每 21～30 天冲施肥 1 次，每次每 667 米^2 追施尿素 3～5 千克，硫酸钾 2～3 千克。3～5 月份，每 10～15 天冲施肥 1 次，每次每 667 米^2 追施尿素 5～10 千克，硫酸钾 3～4 千克。每次每 667 米^2 浇水 40～60 米^3。

在低肥力菜田上的追肥量：每 667 米^2 的产量为 4 000～5 000千克，总追肥量为：尿素 50～70 千克，硫酸钾 20～30 千克。追肥的时间及用量为 11 月份至翌年 2 月份，每 21～30 天冲施肥 1 次，每次每 667 米^2 追施尿素 3～5 千克，硫酸钾 1～2 千克。3～5 月份，每 10～15 天冲施肥 1 次，每次每 667 米^2 追肥尿素 5～7 千克，硫酸钾 2～3 千克。每次每 667 米^2 浇水 30～50 米^3。

结瓜盛期以后的追肥量：在适量追肥的同时，也可用 1% 的尿素液加 0.3%～0.5% 的磷酸二氢钾液，进行叶面追肥 2～3次，促瓜促秧，延长黄瓜的采收期。在温室、大棚内增施二氧化碳，对黄瓜有明显的增产效果，二氧化碳浓度以 1 000～1 500 毫克/千克较好。晴天每天清晨日出后半小时开始施用，直到需要通风时停止，停施后半小时开始通风。

（6）不合理施肥对黄瓜造成的危害　正常的黄瓜瓜形直，先端稍细。当植株缺肥而未能及时追肥时，就会形成化瓜或劣等瓜。弯曲瓜的形成，是由于支架或绑蔓不及时而形成的机械弯曲；养分和水分不足也可以形成弯曲瓜。当植株生长弱，干物质生产少时，易产生尖嘴瓜和大肚瓜。由于授粉不完全，受精瓜养分分配不均时，受精部分形成大肚，未受精部分变成尖嘴。一般来说，尖嘴瓜主要是干燥、盐类浓度障碍等造成，植株养分和水分吸收受阻所致。在不同的施氮水平条件下，少氮弯曲瓜与大肚瓜的发生率高，氮与钾施用量相等时，弯曲瓜发生率高；氮肥施用量多时，弯曲瓜减少。缺钾出现大肚瓜，多氮，缺钾，缺钙，缺硼，易产生蜂腰瓜；营养不足，植株长势弱，或肥料供应充足而植株长势过旺时，易产生溜肩瓜；在冬春季低温条件下栽培时，植株对钙的吸收受阻，特别是在幼苗期吸收钙受阻，也易发生。氮肥过多，浇水过量，营养生长过弱或过旺，易造成化瓜。定植后，蹲苗时间短，过早浇水追肥，使幼苗生长过旺，产生僵瓜；或追肥浇水过多，使植株茎叶生长过旺，反而抑制了瓜条的生长。

养分缺乏与过剩的危害，在低温，连作，或施用牛粪、鸡粪量大而使钾和钙在土壤中积累过多时，会造成镁的吸收受阻。叶片中镁的含量减少，钾和钙的含量增多，会使植株出现叶枯症，先从下部和中部叶脉间失绿，然后全部叶脉间失绿黄化。

（7）黄瓜追肥需注意的问题

①开始就要追肥。蹲苗结束后，在第一次浇水时就应追肥。

②要随水追肥。最好把追施的有机肥或化肥溶解在水中，随水追施。进入结瓜盛期后，可在大行距内开沟追肥，然后浇水，在大行距和小行距之间，应交替追施。一般先浇 1 次肥水，再浇

1 次清水，清水肥水应交替进行。

③要施用腐熟的有机肥。常用的有机肥，有人粪尿、饼肥和麻酱渣等，均要经过腐熟后才能追施。因此可在设施内埋放一个大缸，把饼肥等用水泡在缸内，待浸泡物起泡翻白沫，发酵沤制好后再用。每 667 米² 每次的追肥量，人粪尿为 500～1 000 千克，饼为 100 千克，麻酱渣为 50～75 千克。

④追施化肥要适量。常用的化肥有硝酸铵、尿素、硫酸铵、磷酸二铵、复合肥和硫酸钾等。每 667 米² 每次的追肥量，结瓜初期为 10～20 千克，结瓜盛期为 20～30 千克。追肥时要注意的问题，如采瓜期长，追肥次数多，每次的追肥量要小一些，如采瓜期短，追肥次数少，每次的追肥量可大一些。如追施的化肥含氮量高，每次的追肥量可小一些，如追施的化肥含氮量低，每次的追肥量可大一些。不宜长期追施同一种氮素化肥，不同氮素化肥品种应交替追施。

⑤要看季节追肥。在气温较低的季节，如冬春季栽培的初期和夏秋季栽培的后期，可追施腐熟的有机肥和硝酸铵等，在气温较高的季节，如冬春季栽培的中后期和夏秋季的初期，可追施尿素、磷酸二铵等化肥。

(8) 黄瓜叶面追肥需要注意的问题

①叶面肥的种类及使用浓度。

喷施糖液：可选用葡萄糖、白糖、红糖等，以葡萄糖为最好，能补充黄瓜植株体内糖类的不足。0.5～1 份糖类对水 100 份（0.5%～1%），每 667 米² 每次喷施糖液 50～70 千克。

喷施尿素液：可用尿素补充黄瓜植株体内的氮素的不足。0.1～0.5 份尿素对水 100 份（0.1%～0.5%），每 667 米² 喷施尿素液 70 千克。

喷施磷酸二氢钾液：可喷用磷酸二氢钾补充黄瓜植株体内磷、钾素的不足。喷时取磷酸二氢钾 0.2～0.5 份对水 100 份（0.2%～0.5%），每 667 米² 喷施磷酸二氢钾液 50 千克。

喷施米醋液：可用米醋 0.3 份，对水 100 份（0.3％）喷施，既能提高光合效率，又能中和高温条件下产生的氨，使产量提高 10％。在准备喷施的农药稀释液中，加入 1％的醋，能提高防治效果。

各类单一微肥：可弥补黄瓜植株体内某种元素的不足，一般每 667 米² 每次喷微肥液 50 千克。

②叶面肥施用要求。第一，严格按使用浓度配制，不可盲目加大使用浓度，不然会造成烧叶。由于叶面肥使用浓度较低，最好用河水、雨水等稀释配制。第二，在叶面肥使用浓度范围内，幼苗期宜用低浓度，成株期宜用高浓度。第三，露地可选晴天无风时，在 16 小时以后喷施；设施内可在晴天上午喷施。喷时全株要喷施均匀，叶片正反面都要喷到。第四，一般 10 天左右喷一次，在结瓜盛期可 7 天左右喷一次。第五，叶面追肥只是一种辅助性措施，不能单纯依靠叶面追肥。要想满足黄瓜植株的养分要求，还要培育出强大的根系。调控出适宜的温湿条件和光照条件，并施足有机肥和化肥。

③叶面肥喷施时期。幼苗期幼苗根系弱小，可通过叶面追肥来补充幼苗体内养分的不足。结瓜期既要保证茎叶的正常生长，又要多次采收瓜条，单靠根系难以满足黄瓜植株的养分需求，可通过叶面追肥来补充。地温较低的季节，黄瓜根系吸收能力弱，可通过叶面追肥来改善养分条件。当黄瓜植株遭受病害、虫害、日晒、冰雹、弱光等灾害时，可通过叶面追肥迅速为植株补充养分，提高黄瓜植株的抗逆性。

④常用的叶面肥混用配方如下：

尿素 0.2 份，磷酸二氢钾 0.2 份，对水 100 份，可在苗期使用。

糖类 0.5～1 份，尿素 0.2～0.5 份，对水 100 份，宜在植株生长衰弱、光照不足时，或受灾后、发病初期、结瓜期、幼苗期使用。

糖类 0.5 份,醋 0.5 份,对水 100 份,具有抗寒抗病作用。

尿素 0.8 份,中性洗衣粉 0.2 份,对水 100 份,可兼治成株期蚜虫、白粉虱等。

(9) 黄瓜氮素失调症状

①缺氮症状。主要表现在叶片上,叶片薄而小,黄化均匀,不表现斑点状。黄化先由下部老叶开始,逐渐向上发展,幼叶生长缓慢。叶片先从叶脉间黄化,叶脉凸起,然后发展到全叶黄化;花小,化果严重,果实短小,色淡或呈灰绿色并且多刺,畸形瓜增多。茎蔓变细,呈淡绿色,全株矮小,长势弱,易化瓜和出现尖嘴瓜。缺氮严重时,整个植株黄化,不能坐瓜。

②氮过剩症状。氮素过剩症状在设施蔬菜栽培中经常出现,其特征是叶片肥大且浓绿,中下部叶片卷曲,叶柄稍微下垂,叶脉间凹凸不平,植株徒长,易染病害。受害严重的叶片及叶柄萎蔫,植株在数日内枯萎死亡。

(10) 黄瓜缺磷症状 黄瓜缺磷植株生长受阻,发生矮化,茎叶变细,叶片变小而硬化,叶色深绿,无光泽,叶片平展并微向上挺,老叶有明显的暗紫红色斑块,有时斑点变为褐色,下部叶片易脱落。严重缺磷时,子叶或老叶出现大片水浸状斑块,并向幼叶蔓延,斑块逐渐变褐干枯,下位叶凋萎、脱落。全株萎缩,瓜条小,暗绿色,生长发育慢。在土壤氮素含量过高的情况下,缺磷症状除表现叶片小,浓绿和矮化外,叶片还表现为皱曲。在氮磷同时缺乏时,植株生长缓慢,叶片小,化瓜严重,但是叶片不浓绿。

(11) 黄瓜缺钾症状 黄瓜缺钾后生长缓慢,植株矮小,叶片变小,节间短缩,主脉下陷,叶片青铜色而边缘为黄绿色,叶片卷曲,严重时叶缘呈烧焦状干枯。在黄瓜生长初期缺钾,叶缘出现轻微黄化,随后叶脉间黄化,叶片外卷曲,叶缘干枯,严重时叶片坏死,老叶枯死部分与健全部分的界限明显。后期叶脉间失绿向叶片中部发展,随后即枯死。失绿症状先从植株下部老叶上出现，逐渐向上部新叶发展。果实中部和顶部膨大伸长受阻，比正常瓜短而细，形成粗尾瓜、尖嘴瓜或大肚瓜。

在铵态氮施用量太多和速效磷含量低的情况下，如土壤缺钾，将加重缺钾症状，叶片浓绿，凹凸不平，叶缘失绿。在土壤钾素供应不足的设施菜田土壤上，常伴有缺钙现象的发生。黄瓜缺钾和缺钙的复合缺素症状，除叶缘失绿外，叶脉间也可表现出失绿症状，生长点也发生萎缩。

（12）黄瓜缺钙、镁症状

①缺钙症状。偏施氮肥和钾肥，土壤盐渍化，土壤缺水，或因多年种菜，土壤中钙含量减少，都可造成黄瓜缺钙。缺钙植株幼叶的叶缘和叶脉间出现透明白色斑点，上部叶片叶脉间失绿黄化，多数叶片叶脉间失绿，植株矮小，节间缩短，尤其是顶端节间更短。幼叶长不大，叶缘黄化并向上或向下卷曲，从叶缘向内逐渐枯萎。顶芽坏死，叶柄变脆易断，不易结瓜，严重者，根部枯死，植株顶部干枯死亡，或出现土壤盐渍化的症状，如"镶金边"叶和降落伞状叶。缺钙是叶缘先出现缺钙症状，产生黄化边，然后向内侧不断发展。叶缘黄化，整张叶子向四周下垂，呈降落伞状。

②缺镁症状。土壤缺水，地湿偏低，有机肥施用不足，偏施氮、钾肥，或土壤中缺镁，都可造成黄瓜植株缺镁。其症状，首先是老叶叶脉间失绿黄化，失绿部分逐渐向叶缘发展，叶脉间都黄化，但主叶脉仍为绿色，叶缘尚残留一些绿色；严重时，叶脉间全部褪色发白，与叶脉的绿色呈明显对比。有时失绿表现在叶脉间出现大的凹陷斑，最后斑点坏死，叶子萎缩，严重者全株枯死。

（13）黄瓜缺硼症状

①缺硼症状。土壤偏碱，砂质土壤，土壤缺水，施钾肥太多，或多年老菜田施用有机肥不足，土壤缺硼，都易造成植株缺硼。黄瓜缺硼植株脆弱，中下部叶片轻度失绿并出现水浸斑，嫩

枝顶部叶片畸形，不能充分伸展，幼瓜有时死亡。正在膨大的瓜条畸形；带有纵向的白色条纹，或瓜条开裂，有黄白色分泌物产生，瓜质粗，瓜皮木质化。生长点附近的节间明显缩短，严重缺硼时，生长点及腋生侧枝顶端坏死，较嫩的叶片向上卷曲，叶缘部分变褐，最后死亡。死亡组织呈灰色，植株生长缓慢或停止生长。黄瓜缺硼与缺钙的主要区别是：缺钙，叶脉间黄化；而缺硼，叶脉间不黄化。

②硼过剩症状。首先表现在下部叶片的叶尖发黄，并逐渐发展到整个叶缘，使叶片呈镶黄边状。在种子发芽出苗时，第一片真叶顶端变褐，向内卷曲，逐渐全叶黄化。这种症状是在配制营养土时，硼肥施用过量的表现。

(14) 黄瓜缺铁、缺锌、缺铜症状

①缺铁症状。土壤偏碱，过量使用磷肥，土壤缺水或偏湿，或土温偏低，都可造成黄瓜缺铁。铁在植株体内的移动性较差，黄瓜缺铁时，植株生长正常，叶缘不发生病变，一般下部叶片也不表现病症，病症主要集中在上部叶片，上部的新叶全叶黄化，严重的变成黄白色。缺铁植株叶片叶脉为绿色，叶肉变为黄色，逐渐呈柠檬黄色至白色，叶缘坏死，完全失绿，以上部叶及生长点附近叶片发病重。幼芽停止生长，瓜条发黄。在诊断时，要注意观察是叶片全部黄化，还是局部黄化。如出现斑点状黄化或叶缘黄化，则可能是其他生理病害。在以土壤为基质的蔬菜栽培上，缺铁现象较少见。

②缺锌症状。土壤中含磷较多，土壤 pH 偏高，植株吸收磷太多，或光照太强，都会造成黄瓜缺锌。锌在植株体内是较易移动的养分，因此，缺锌多出现在中、下部叶，表现为从中部叶开始黄化，随着叶脉间逐渐失绿，叶缘由黄化转变为褐色，因叶缘枯死，故叶片向外侧稍微弯曲；而上部叶一般不发生黄化。生长点附近节间缩短，嫩叶生长不正常，芽呈丛生状。缺锌与缺钾症状类似，二者的主要区别是，缺钾是叶缘先黄化，并逐渐向内发

展；而缺锌则是全叶黄化，并由叶的中部逐渐向叶缘发展。

③缺铜症状。在土质黏重或富含有机质的土壤上种植黄瓜，易使黄瓜缺铜。缺铜黄瓜植株节间缩短，幼叶变小，老叶的叶脉间出现失绿，并向幼叶发展；后期呈绿色到褐色变化，并出现坏死，叶片枯萎。

（15）黄瓜缺锰症状

①缺锰症状。土壤偏碱或地下水位较浅，会造成黄瓜缺锰。缺锰植株顶部及幼叶间失绿，出现浅黄色斑纹，初期末梢仍保持绿色，出现明显网纹状；后期除主脉外，叶片都成黄白色，叶脉间出现下陷的坏死斑，老叶白化最重，首先枯死，幼芽常呈黄色，新叶细小，生长受阻。

②锰过剩症状。向土壤中大量施用石灰，土壤太湿，施肥过量，或大量施用含锰农药，或在通气不畅的黏质土壤上，可造成锰过剩症状。首先表现出叶的网状脉变褐，接着是支脉变褐，然后是主脉变褐。这种症状先从下部叶片开始，逐渐向上部叶发展。植株生长受到抑制。茸毛变成黑色，叶柄稍显黑褐色。

（16）塑料中、小棚春茬黄瓜的水肥管理

①定植前施基肥。定植前 10～15 天，结合整地，每 667 米² 施腐熟厩肥 5 000～6 000 千克，或腐熟的鸡粪 2 000～2 500 千克，耕翻耙平后做成 60 厘米宽的小高畦。然后每 667 米² 再施饼肥 150～200 千克，或三元复合肥 40～50 千克。

②定植后水肥管理。黄瓜定植后浇一次定植水，每 667 米² 浇水量为 20 米³ 左右。黄瓜缓苗后浇 1 次缓苗水，每 667 米² 的浇水量为 30～40 米³。根瓜坐住后进行第一次追肥，可在畦的两侧开沟，每 667 米² 施腐熟鸡粪 800～1 000 千克，或腐熟粉碎的饼肥 150～200 千克，或三元复合肥 25～30 千克。施肥后及时浇水。每 667 米² 浇水量为 40～60 米³。进入结瓜盛期，增加追肥、浇水次数。一般情况下，每 5～7 天浇水 1 次，每 10～15 天追肥 1 次；进入炎夏，每 3～4 天浇水 1 次，追肥最好是速效氮素化

肥和腐熟人粪、尿，或饼肥水，交替施用。浇水要在傍晚进行，以利降低夜温。开始大量浇水时，可以既浇畦又浇沟。在黄瓜全生育期，可以追肥 3～4 次，浇水 6～8 次。

(17) 塑料大棚春茬黄瓜的水肥管理

①定植前基肥。在黄瓜定植前整地时施足基肥，一般每 667 米^2 施腐熟堆肥 4 000～6 000 千克，过磷酸钙 50～100 千克，草木灰 50 千克，施后深翻，平整土地，按种植行开沟，沟施腐熟厩肥 300～400 千克。

②定植后水肥管理。黄瓜定植后浇 1 次定植水，每 667 米^2 浇水量为 20 米^3。黄瓜缓苗后浇 1 次缓苗水，每 667 米^2 浇水量为 30～40 米^3。根瓜坐住后进行第一次追肥，每 667 米^2 开沟施入腐熟、细碎饼肥 100 千克和草木灰 100 千克，封沟后浇水每 667 米^2 的浇水量为 40～60 米^3。以后每隔 10～15 天追一次肥，每 667 米^2 施入硫酸铵 10～15 千克或腐熟的人粪尿 250～500 千克。每 667 米^2 浇水量为 40～60 米^3，结瓜前期需水较少，一般 5～7 天浇水 1 次，进入结瓜盛期，植株需水量增加，一般 3～5 天浇水 1 次。在黄瓜正个生育期，追肥 4～5 次，浇水 8～10 次。

(18) 日光温室冬春茬黄瓜的水肥管理

①定植前施基肥。结合深翻整地，每 667 米^2 撒施腐熟优质有机肥 10 000 千克，过磷酸钙 50～75 千克，硫酸钾 15 千克，尿素 10 千克。

②定植后水肥管理。黄瓜定植后要浇定植水，每 667 米^2 浇水量为 40～60 米^3。定植后 3～5 天，如果发现水分不足，则应在膜下沟中浇 1 次缓苗水，水量要充足，并且要在晴天上午进行，每 667 米^2 浇水量为 40～60 米^3。黄瓜生育前期以控为主，尽量少浇水，少追肥，不发生干旱不浇水，以促进根系的生长，控制茎叶徒长。生长中后期，一般结瓜初期浇 1 次水，每 667 米^2 浇水量为 40～60 米^3。可进行 1～2 次叶面追肥，喷施 0.2% 的磷酸二氢钾或 0.3% 的尿素溶液，每次每 667 米^2 喷施 50 千

克。冬春茬黄瓜的追肥浇水，主要在结瓜期进行。当黄瓜大部分植株根瓜长到 15 厘米左右长时，进行第一次追肥。应采用膜下沟灌或滴灌，以提高地温，降低空气湿度。每 667 米^2 冲施尿素 10 千克，磷酸二铵 15 千克，硫酸钾 10 千克。每 667 米^2 的浇水量为 40～60 米^3。以后每 10～15 天浇 1 次水，隔一水冲施一次氮、磷、钾速效化肥，每 667 米^2 冲施尿素 10 千克，磷酸二铵 10 千克，硫酸钾 10 千克。进入结瓜中期，一般 7～10 天浇 1 次水，15～20 天追 1 次肥。每次每 667 米^2 米冲施尿素 10 千克，硫酸钾 10 千克。每次每 667 米^2 的浇量为 40～60 米^3。结瓜后期，一般每 5～10 天浇 1 次水，可少量冲施发酵的人粪尿或饼肥水；也可每 667 米^2 冲施尿素 5 千克。

（19）日光温室秋冬茬黄瓜的水肥管理

①定植前施基肥。前茬蔬菜收获后，及时施肥整地，一般每 667 米^2 撒施腐熟的优质厩肥 5 000～6 000 千克，过磷酸钙 50 千克，草木灰 50 千克。

②定植后水肥管理。黄瓜定植后，要浇足定植水，每 667 米^2 的浇水量为 40～60 米^3。在表土见干时浇一次缓苗，每 667 米^2 的浇水量为 40～60 米^3。在吊蔓前进行一次追肥，每 667 米^2 追施尿素 10 千克，追肥后浇水每 667 米^2 浇水量为 40～60 米^3。结瓜前期，光照强，温度高，放风量大，土壤水分蒸发快，要勤浇水，每隔 5～6 天浇水 1 次，以土壤见干见湿为准。每次浇水量不宜过大，一般每 667 米^2 的浇水量为 20～40 米^3。浇水要在早晨进行。结瓜盛期，水肥要充足，一般追肥 2～3 次，每次每 667 米^2 施尿素 10～15 千克，硫酸钾 10 千克，或腐熟人粪尿 500～750 千克，随水冲施。浇水 4～6 次，每次每 667 米^2 的浇水量为 40～60 米^3。浇水间隔为 7 天左右。结瓜后期，一般 10 天左右浇水 1 次，基本不追肥。随这外界气温的下降，可以减少浇水次数。严冬季节不再浇水。根据黄瓜植株生长情况，为防止叶片早衰，可以进行叶面追肥。

3. 设施西葫芦养分水分特点及施肥灌溉技术

(1) 设施西葫芦栽培茬口安排　见表 3 - 4。

表 3 - 4　北方地区设施西葫芦栽培基本茬口

茬　　口	播种期（月/旬）	定植期（月/旬）	产品供应期（月/旬）
塑料大棚春早茬	2/下至 3/上	3/中下	4/中下至 6/下
塑料大棚秋延后	7/上中	7/下至 8/上	9/上至 11/上
日光温室早春茬	12/下至翌年 1/上	2/上中	3/中至 6/下
日光温室秋冬茬	8/中下至 9/上	9/中下	10/中下至翌年 1/上
日光温室冬春茬	10/上中	11/上中	12/中下至翌年 5/下

注：栽培季节的确定以北纬 32°～43°地区为依据。

(2) 西葫芦的生育特点　西葫芦，别名美洲南瓜、搅瓜，为葫芦科南瓜属 1 年生草本植物，原产于北美洲南部，在欧美栽培最为普遍，19 世纪中叶引入我国。栽培西葫芦以食用嫩瓜为主。西葫芦营养丰富，在我国南北方地区都有栽培，开始只作为庭院栽培和露地栽培，随着设施蔬菜生产的发展，现在西葫芦已经能够周年生产，已经成为日光温室冬春季栽培的主要蔬菜之一。

西葫芦根系强大，直播时主根入土深达 2 米以上；育苗移栽时，主根入土深达 1 米以上，横向分布直径可达 90～100 厘米，大部分根群分布在 30 厘米深的土层内。容易发生侧根，吸水吸肥能力较强，耐干旱，耐瘠薄。根系再生能力弱，伤根后不容易恢复，因此，生产上要护根育苗。

西葫芦的整个生育期可划分为发芽期、幼苗期、抽蔓期和结果期 4 个时期。各期的划分界限和生育特征与黄瓜相似。

西葫芦属于喜温蔬菜，但对温度的适应性较强，在瓜类蔬菜中是比较耐寒的一种。生长发育适宜温度为日温 18～25℃，夜温 12～15℃，温度低于 10℃或高于 32℃时对生长发育不利，植株容易感染病害。西葫芦在不同生育期对温度的要求不同。种子

发芽适宜温度为 $25\sim30℃$，开花坐果期适宜温度为 $22\sim25℃$，果实生长发育期适宜温度为 $18\sim25℃$。设施早春栽培，必须在地温稳定在 $12℃$ 以上才能定植，但是地温短时间低于 $12℃$ 不至于受害。

西葫芦对光照的要求比黄瓜对光照的要求严格。光照充足，植株生长发育良好，果实发育快并且品质好。苗期给以适当的短日照处理，能降低雌花节位，增加雌花数量。进入结果期更需要强光，光照弱再遇到高温条件，容易引起化瓜。

西葫芦根系比较发达，有较强的吸水能力，抗旱性较强。但是，其叶片肥大，蒸腾作用强烈，耗水量大，因此需要较高的土壤湿度。但是，它要求的空气湿度却较低，空气湿度过大，授粉不良，坐瓜困难，容易发生病害。西葫芦对土壤适应性强，在各种土壤上都能够正常生长发育，但是仍然以土层深厚，有机质含量高的壤土或砂壤土栽培容易获得高产。适宜的土壤酸碱度为 pH5.5～6.8。在肥力不高的土壤上能正常生长发育，而在肥沃的土壤上种植，则容易徒长，以致出现落花落果的现象。

西葫芦从子叶展开，第一片真叶微露，到第五至第六片真叶展开，为幼苗期，需要 $12\sim15$ 天。从出苗到雌花开放，需要 $40\sim50$ 天；从雌花开放到坐瓜，需要 $3\sim7$ 天；从坐瓜到果实成熟，需要 $30\sim45$ 天。

(3) 西葫芦的需肥特点　西葫芦由于根系强大，吸肥吸水能力强，比较抗旱耐肥。对养分的吸收以钾最多，氮次之，再次为钙和镁，磷最少。每生产 1 000 千克西葫芦果实需吸收纯氮 $3.92\sim5.47$ 千克，磷 $2.13\sim2.22$ 千克，钾 $4.09\sim7.29$ 千克，吸收的比例为 1∶0.46∶1.21。生产一茬西葫芦，大约需从土壤中吸收氮 $18.8\sim32.9$ 千克，五氧化二磷 $8.72\sim15.26$ 千克，氧化钾 $22.76\sim39.83$ 千克。生产中重施基肥，并以有机肥和氮、磷、钾肥配合施用，有利于营养生长和生殖生长的平衡，易获高产。

西葫芦在不同生育期，对养分的需求有所不同。出苗后到开花坐瓜以前，供给的氮素，促进植株生长，为果实生长奠定基础。在生育前期，对氮、磷、钾、钙、镁的吸收量小，植株生长缓慢。在生育中期，随着营养生长和生殖生长的同步进行，对氮、磷、钾的吸收量显著增加，这时增施氮、磷、钾肥，有利于促进果实的生长，提高植株连续结瓜的能力。在生育后期，西葫芦生长量和吸收量还在继续增加。因此，在西葫芦栽培中，施用大量腐熟有机肥，在中后期及时追肥，对优质高产十分重要。

（4）西葫芦施苗肥和基肥

①配制营养土。培育西葫芦秧苗，可用腐熟的有机肥和未种过瓜类蔬菜的菜田土配制苗床营养土，也可用营养钵或纸袋装营养土，排放在育苗床内育苗。用营养钵育苗，可适当延长苗龄，能缩短定植后至采收的生长期，提早上市，增加经济效益。

营养土是育苗的专用土壤，应能保证在整个育苗期间有充足的养分供应，保持土壤疏松而不易散坨。营养土的配制方法是：取菜田土 4 份，腐熟马粪或牛粪或草炭土 3 份，猪圈粪 3 份，并且在每立方米土中加入尿素 1 千克，过磷酸钙 1 千克，硫酸钾 0.5 千克，或氮、磷、钾复合肥 2 千克。土肥混匀时，喷清水和喷洒 50% 多菌灵 500 倍液，进行加湿消毒过筛后堆沤 2～3 天，即可分装备播。

②施足基肥。进行西葫芦冬春茬栽培，为防止冬季低温追肥不及时而发生脱肥，应施足基肥。整地前浇透水，当土壤适耕时，每 667 米^2 撒施腐熟有机肥 4 000～7 000 千克，磷酸二铵 30～50 千克，深翻 30 厘米。施肥后闭棚升温烤地 5～7 天后再定植，也可用硫磺或百菌清烟剂熏蒸灭菌。

（5）西葫芦追肥

①催苗肥。日光温室冬春茬栽培西葫芦，定植后的缓苗期，也是新根生长阶段，根系生长快，茎叶生长不明显。因此，西葫芦定植后，应保持较高的地温，促进根系生长，防止低温冷害造成沤根和烂根。缓苗后要及时浇水。结合浇水，可随水每 667

米^2 冲施尿素 10 千克，浇水量为 30～50 米^3，然后控水蹲苗。

②结瓜肥。进入结瓜期，也是冬季气温较低，不利于瓜秧生长的时期。此期营养生长和生殖生长同时进行，协调好二者的关系，平衡施肥是关键。应根据土壤肥力和产量状况进行追肥。

在高肥力菜田上的追肥量：每 667 米^2 产量为 5 000～7 000千克时，总追肥量为：尿素 80～90 千克，硫酸钾 50 千克。每20 天左右冲施一次，每次每 667 米^2 追施尿素 15～20 千克，硫酸钾 10～12 千克。每次每 667 米^2 浇水量为 30～50 米^3。

在中肥力菜田上的追肥量：每 667 米^2 产量为 5 000 千克时，总追肥量为：尿素 70 千克，硫酸钾 40 千克。每 20 天左右冲施1 次，每次每 667 米^2 追施尿素 12～15 千克，硫酸钾 8～10 千克。每次每 667 米^2 浇水量为 30～40 米^3。

在低肥力菜田上的追肥量：每 667 米^2 产量为 4 000 千克时，总追肥量为：尿素 60 千克，硫酸钾 30 千克。20 天左右冲施 1次，每次每 667 米^2 追施尿素 10～12 千克，硫酸钾 6～8 千克。每次每 667 米^2 浇水量为 20～30 立方米。追肥时，先将肥料溶于水然后随水灌于地膜下的暗沟中。浇水后封严地膜，加强放风排湿。

盛瓜期叶面喷肥：西葫芦进入盛瓜期，除进行土壤追肥外，还可进行叶面施肥，以补充根系吸收养分的不足。可喷施 0.1%的尿素加 0.2%磷酸二氢钾溶液。每次浇水施肥后注意放风排湿和防病，并及时采瓜，以防瓜大消耗养分而造成坠秧和化瓜。结瓜后期，植株衰老，应适当减少肥料用量。

从第一个根瓜坐住后开始，在光照不足，气温低，光合作用弱，植株长势差的情况下，除适时适量对叶面喷施尿素、磷酸二氢钾或微量元素肥料外，还应重施用二氧化碳气肥。一般选晴天，在上午日出后（或揭帘后）半小时左右，温度升至 15℃时，开始施用二氧化碳气肥，施用浓度为 1 000～1 300 毫克/千克，3～5天施 1 次，每次 2 小时，可提高坐果率，延长结瓜期。

(6) 塑料中、小棚早春茬西葫芦的水肥管理

①定植前施基肥。定植前 10～15 天施肥、整地，一般每
667 米² 施腐熟厩肥 3 000～4 000 千克，或腐熟鸡粪 1 500～
2 000 千克。施肥后深耕，耙细。做畦。

②缓苗至初花期水肥管理。西葫芦幼苗定植后，浇 1 次定植
水，每 667 米² 浇水量为 20 米³ 左右。定植缓苗后，如果定植时
浇水量不大，植株表现缺水时，可以在晴天上午浇 1 次水，每
667 米² 浇水量为 20 米³ 左右。植株雌花现蕾时，可以在距离植
株 10 厘米处开浅沟施肥，每 667 米² 施用腐熟细碎大粪干或鸡
粪 500～1 000 千克，或者三元复合肥 20～30 千克。施肥后浇
水，每 667 米² 浇水量为 20～30 米³。

③开花结瓜期水肥管理。进入结瓜期后，一般每采摘 1～2
次浇水 1 次，每次每 667 米² 浇水量为 20～30 米³。每隔 1 次水
追 1 次肥，每次每 667 米² 施用尿素 10～15 千克、硫酸钾 10～
15 千克，或者冲施腐熟人粪尿 500～1 000 千克。

(7) 塑料大棚早春茬西葫芦的水肥管理

①定植前施基肥。定植前 7～10 天，每 667 米² 撒施腐熟粉
碎的优质厩肥 4 000～5 000 千克，磷酸二铵 20～30 千克，或过
磷酸钙 50～70 千克，碳酸氢铵 20～30 千克。施肥后深翻，耙
平，然后做成 1.5 米宽的平畦。

②缓苗至初花期水肥管理。西葫芦幼苗定植后浇定植水每
667 米² 的浇水量为 20 米³ 左右。缓苗后，选晴天上午，中耕
2～3次，然后追施 1 次催苗肥，每 667 米² 施用多元复合肥 10～
15 千克，开沟施肥后浇水。每 667 米² 浇水量为 20～30 米³。根
瓜开始膨大（长 6～10 厘米）时，追施催瓜肥，浇催瓜水，每
667 米² 沟施腐熟细碎的大粪干或鸡粪 400～500 千克，然后浇
水。每 667 米² 浇水量为 30～40 米³。

③结瓜期水肥管理。一般每采摘 1 次嫩瓜浇 1 次水，每次浇
水都要冲施肥料，每次每 667 米² 冲施三元复合肥 10～15 千克，

或者腐熟人粪尿 400～500 千克。每次每 667 米² 浇水量为 30～40 米³。生育后期可以在傍晚浇水，并配合进行叶面追肥，喷施 0.2%磷酸二氢钾溶液。

（8）日光温室冬春茬西葫芦的水肥管理

①定植前基肥。一般可结合深翻土壤，每 667 米² 撒施腐熟的优质有机肥 5 000 千克，腐熟鸡粪 1 000 千克，过磷酸钙 50 千克或磷酸二铵 20 千克，硫酸钾 30 千克。土肥混匀后耙平耧细。

②定植后水肥管理。西葫芦幼苗定植后浇 1 次定植水，每 667 米² 浇水量为 30～40 米³。定植时如浇水充足，则根瓜坐住前一般不追肥浇水。当第一个瓜坐住并开始膨大时，进行追肥浇水，每 667 米² 施尿素 10～15 千克、硫酸钾 10～15 千克，浇水量为每 667 米² 30～40 米³。根瓜采摘后，第二个瓜开始膨大时，进行第二次追肥浇水，追肥量、浇水量同第一次。结瓜中后期，一般每采摘 1 次嫩瓜浇 1 次水，施 1 次肥。每次每 667 米² 浇水量为 25～35 米³，施用尿素 8～10 千克、硫酸钾 10 千克。温度较高时，可以在大行间浇水，也可以大、小行交替浇水。生长后期，还可以随水冲施腐熟人粪尿，每 667 米² 施用 500 千克。

4. 设施西瓜的养分水分特点及施肥灌溉技术

（1）设施西瓜的栽培季节和茬口安排 北方地区设施西瓜早熟栽培的基本茬口见表 3-5。

表 3-5 北方地区设施西瓜早熟栽培的基本茬口

茬　口	播种期（月/旬）	定植期（月/旬）	产品供应期（月/旬）
日光温室早春茬	1/上中	2/中至 3/上	4/下
塑料大棚春早熟	2/下至 3/下	3/下	5/下至 7/上中
双膜覆盖（地膜、小拱棚）	3/上至 4/上	4/下至 5/上	6/中至 7/中

注：栽培季节的确定以北纬 32°～43°地区为根据。

(2) 根据西瓜的生长发育特点进行水肥管理　西瓜为葫芦科西瓜属 1 年生蔓性草本植物。原产非洲，我国各地普遍栽培。过去我国北方地区多作露地栽培产品供应期仅限于夏季。近年来，随着设施蔬菜栽培技术的不断完善和人民生活水平的提高，利用保护地设施进行西瓜反季节栽培，取得了较高的经济效益。

西瓜为深根性作物，在砂质土壤中直播的西瓜，主根可深达 1 米以上，侧根的水平分布半径达 1.5 米，主要根群分布在地表下 30 厘米深的土层内。根系强大，吸收能力强，较耐旱，但是不耐涝，即使短时间涝害，根系活动也会受到影响。和其他瓜类作物相同的地方是根系再生能力差，受伤后不容易恢复，生产上要进行护根育苗。茎蔓容易产生不定根，有吸收水分、养分和固定瓜秧的作用。

西瓜从种子萌动到子叶展开，第一片真叶显露（露真），为发芽期，在适宜条件下需要 8～12 天。幼苗期从"露真"到植株具有 5～6 片叶（团棵）为止，在适宜条件下需要 25～30 天。伸蔓期从"团棵"到结瓜部位的雌花开放，在适宜条件下需要 15～18天。这一时期植株迅速生长，茎蔓由直立转为匍匐生长，雌化、雄化不断分化，现蕾，开放。对水肥的需求逐渐增加。开化结果期从瓜留节位雌花开放到果实成熟，在适宜条件下需要 30～40 天。单个果实的发育时期又可细分为以下 3 个阶段：①坐果期。从留瓜节位雌花开放到幼瓜"褪毛"（果实鸡蛋大小，果面茸毛渐稀），需 4～5 天。此期是进行授粉受精的关键时刻。②膨果期。从"褪毛"到"定个"（果实大小不再增加）。此期果实迅速生长并且已经基本长成。瓜的体积和重量已经达到收获时的 90% 以上。这一时期是整个西瓜生长发育过程中吸肥、吸水量最大的时期，也是决定生产量的关键时期，要加强水肥管理。③变瓢期。从"定个"到果实成熟，在适宜条件下需要 7～10天。此期果实内部进行各种物质的转化，蔗糖和果糖合成加强，果实甜度不断提高。

西瓜为喜温作物，生长发育适宜温度为 20～30℃。不同生育期对温度的要求各不相同，发芽期为 25～30℃，幼苗期为 22～25℃，伸蔓期为 25～28℃，结果期为 30～35℃。设施栽培，短时间内夜温降至 8℃，昼温升到 38℃时，植株仍然能够正常生长。开花坐果期，温度不得低于 18℃。否则，会延迟开花，花粉发芽率低，受精不良，容易产生畸形瓜。果实膨大期和成熟期以 30℃最为适宜。果实坐住以后，保持较大的昼夜温差，才能增加果实的含糖量，提高品质。根系生长的最适温度为28～32℃。

西瓜对光照要求严格，整个生育期都要求充足的光照。光照充足，植株生长健壮，茎蔓较粗，节间较短，叶片肥厚，叶色浓绿，抗病力增强。连阴多雨，光照不足，则植株容易徒长，茎蔓细弱，叶大而薄。定植后缓苗慢，容易感病；坐果期光照不足，很难完成授粉受精作用，容易化瓜。果实成熟期光照不足，会使采收期延后，含糖量降低，品质下降。

西瓜较耐干旱。不同生育期对水分的要求不同，幼苗期生长量小，对水分需要较少。伸蔓期需要充足的水分，以长成较大的植株，为结果打好基础。果实膨大期需要水分最多。进入成熟期，水分多则含糖量低，品质下降。西瓜开花期间，空气相对湿度以 50%～60%为适宜，湿度过大影响授粉受精。整个生育期空气湿度过大，都容易诱发病害。因此，设施栽培西瓜，调控土壤水分，控制空气湿度是成败的关键。

西瓜对土壤要求不严格，但以砂壤土最为适宜。对土壤酸碱度适应范围较广，适宜的土壤 pH 为 5～7，能忍耐轻度盐碱。在营养生长期，吸收氮素养分多，钾次之。在坐果期和果实生长发育期，吸收钾最多，氮次之，增施磷、钾肥可以提高西瓜的抗逆性和改善品质。

(3) 西瓜的需肥特点　西瓜生长期较长，需肥量较大。在整个生育期内，吸钾最多，氮次之，磷最少。不同的生育期，氮、磷、钾吸收量有很大的差异。发芽期吸收量最少，仅占总吸收量的 0.01%。幼苗期吸收量为总吸收量的 0.54%。抽蔓期生长量增加，生长速度加快，吸收量占总吸收量的 14.6%。在结瓜期，生长量最大，吸收的氮、磷、钾量占总吸收量的 84.85%。在结果期，钾的吸收量增加，而氮的吸收量相对减少。每生产 1 000 千克西瓜，需吸收纯氮 2.52 千克，磷 0.81~0.92 千克，钾 2.86~3.38 千克，吸收比例为 1：0.34：1.24。西瓜对硼、锌、锰、钼等微量元素的反应较敏感，对钙、镁、铁、铜也有一定的要求。

在各营养元素中，钾既能明显提高产量，又能改善品质。随着钾用量的增加，植株抗病毒病、枯萎病和炭疽病的能力明显提高。钾对叶片的氮代谢有较好的协调作用。西瓜为忌氯作物，因此，尽量不要施氯化钾、氯化铵等含氯离子的肥料，以免降低西瓜品质。

（4）在西瓜苗期施肥 优质壮苗是西瓜早熟高产的基础，最好采用纸袋、塑料袋和营养钵等容器进行育苗，采用容器育苗可保护西瓜的根系，并有利于其发根。

①营养土的配制。取未种植过瓜类作物的大田土壤 6 份，腐熟圈肥 3 份，腐熟骡马粪 1 份，混匀过筛后，在育苗前用百菌清和敌百虫对土壤进行杀菌灭虫处理。然后填入苗床或装入营养钵。配制营养土所用的土壤应在冬前准备好，每隔一定时间将表层风化土壤刮到一边，使下一层再被风化，用于配制营养土的土壤应该全部风化一遍。配制营养土的有机肥应充分腐熟，不能用瓜皮及瓜蔓堆沤的土杂肥，每立方米营养土可加入尿素 0.5 千克，过磷酸钙 1.5 千克，硫酸钾 0.5 千克，将以上土肥混匀过筛备用。各种化肥用量不能随意提高。

②壮苗标准。苗龄 30 天左右（嫁接育苗 40~45 天），具有 3~4 片真叶，子叶和真叶大而肥厚，叶柄短粗，叶片上茸毛多

并有蜡粉。叶色浓绿，下胚轴粗壮，高度不超过 5 厘米。根系发达量大，白嫩根多。

（5）西瓜施基肥　用日光温室、大棚栽培西瓜，应该施足基肥，以防后期脱肥影响产量。基肥以腐熟优质有机肥为主，如厩肥、鸡粪、堆肥、饼肥、油渣等。并配施氮、磷、钾素化肥。

进行大棚西瓜早熟栽培，应在定植前 10～15 天扣棚，以提高地温。冬闲地应在秋季深翻 20～35 厘米，耙 2～3 遍，然后挖定植沟（也称丰产沟），即在西瓜栽植行挖一条深沟，填入熟土和基肥，以备作畦定植。在沟内集中施入基肥，并用高锰酸钾、多菌灵等对土壤、立柱、棚体消毒，用辛硫磷杀虫剂进行土壤杀虫。土壤肥力低的棚室，每 667 米^2 施优质腐熟有机肥（以鸡粪较好）4 000～6 000 千克；中等肥力以上的棚室，每 667 米^2 施腐熟优质有机肥 2 000～4 000 千克，并加饼肥 100 千克。同时，每 667 米^2 施过磷酸钙 40～60 千克，硫酸钾 15～25 千克，或氮磷钾三元复合肥 30～40 千克。还可配施硫酸锌和硼砂，每 667 米^2 用量为 1.5 千克。将肥料和回填土混匀后回填到丰产沟内。因沟内基肥用量大，若混合不均匀，则容易伤根烧苗。

（6）西瓜追肥　在施足基肥的基础上，根据西瓜植株长势决定追肥用量和次数。西瓜定植后水肥管理的原则是：结瓜前控、结瓜后促，促控结合，以达到瓜蔓不徒长、不早衰、早结瓜、结大瓜的目的。

①施催苗肥。定植后可以追施催苗肥。结合浇缓苗水，在西瓜植株附近开一浅沟，每株追施尿素 8～10 克。施肥后浇水，每 667 米^2 浇水量为 20 米^3 左右。

②施催蔓肥。西瓜伸蔓后，追肥可以促进茎蔓生，为开花结瓜打下物质基础。这次追肥以氮、钾肥为主，但是要控制氮肥的用量，以免引起瓜蔓徒长，影响坐瓜。每 667 米^2 追施腐熟饼肥

75～100 千克，或大粪干 500～700 千克。如果用化肥时，每 667 米^2 追施尿素 10～15 千克、硫酸钾 5～7 千克。在两棵植株间开一小沟，施肥后将土肥混匀，拍实即可。对于早熟品种和弱苗，可以提前追肥，以利于瓜蔓生长。施肥后浇 1 次水，每 667 米^2 浇水量为 20 米^3 左右。

③施结瓜肥。结瓜期是西瓜需肥、需水的高峰期，也是追肥、浇水的关键时期。要求氮、磷、钾齐全，并且增加追肥量。尤其是钾肥要充足，以提高西瓜的品质。在西瓜长至直径 3～5 厘米大小时，在植株外侧 30～40 厘米处开沟追肥，也可以随水冲施。每 667 米^2 施用磷酸二铵 15～20 千克、硫酸钾 10～15 千克。也可以结合浇水，冲施入粪尿 500 千克。追肥后浇水，每 667 米^2 浇水量为 20 米^3 左右。当西瓜坐住后 15 天左右，果实长至直径为 15 厘米左右时，每 667 米^2 施用尿素 5～7 千克、过磷酸钙 3～4 千克、硫酸钾 4～5 千克，或者三元复合肥 10～15 千克，可随水冲施。每 667 米^2 浇水量为 20 米^3 左右。

西瓜膨大期对磷、钾需求较多，除土壤追肥外，还可叶面喷施氮、磷、钾肥。也可结合喷药进行，在药液中加入 0.2%～0.3% 的尿素和磷酸二氢钾（两者各半），每 10 天左右喷一次，每次每 667 米^2 喷施 50 千克。

除追施大量元素肥料外，还应配施微量元素肥料。硫酸锌除做基肥外，还可作种肥和追肥，用 0.1% 硫酸锌溶液浸种，或每千克西瓜种子用 1 克硫酸锌，也可将其加入到种衣剂中，或用 0.01%～0.05% 硫酸锌溶液喷施。硼砂用 0.1% 溶液浸种，或 0.01%～0.05% 的溶液喷施。硫酸铜作基肥每 667 米^2 用量为 0.1～0.3 千克，浸种浓度为 0.1%，喷施浓度为 0.05%。钼酸铵作基肥，每 667 米^2 用量为 50～100 克。

用稀土元素喷施西瓜，既能提高西瓜产量，又能改善西瓜品质。在西瓜伸蔓期和花期，用常乐益植素（硝酸稀土）0.3%～

0.5%的浓度喷施，一般伸蔓期每 667 米^2 用液量为 20～30 千克，盛花期用量以 40～50 千克为宜。

冬季选择晴天上午揭草帘后 0.5～1 小时，施用二氧化碳气肥，浓度为 800～1 300 毫克/千克，可提高西瓜的光合强度，增加坐果率，提高产量。

（7）不合理施肥对西瓜会造成的危害

①产生畸形瓜。西瓜花芽分化时，花的发育受到障碍，受精的种子偏在果实的某一面，导致瓜瓤生长速度不平衡，最后形成畸形瓜。此外，花芽分化时，进入子房的钙量不足时，坐瓜后也会发生畸形。在温室或大棚中栽培西瓜，会因低温、干燥、多肥、缺钙等原因，而产生扁圆瓜。防止方法是深耕土壤，增施有机肥，促进根系发育，使土壤中的钙能很好地被吸收。同时还要注意适量追肥及保温。

②发生叶枯病。在果实膨大后期，坐瓜节位处的叶片上，叶缘发生黑褐色的枯焦，严重时叶脉间出现褐变组织，叶缘向内侧卷曲，老化枯萎。以此叶为中心，向上部或下部叶片蔓延。此病主要是缺镁造成的。果实迅速膨大时，大量的镁向成熟果实中运转，当镁从根系吸收受阻时，就从果实附近的叶片中调运，造成叶片中镁的缺乏。正常植株叶片中镁的含量为 0.41%～0.54%，而叶枯病病株中的含量仅为 0.19%～0.26%。砂质土中镁含量低，钙与钾的含量高，或非常干旱时，都易发生叶枯病。

（8）日光温室早春茬西瓜的水肥管理

①定植前的水肥管理。一般整地时每 667 米^2 施用腐熟厩肥 4 000～5 000 千克、过磷酸钙 50 千克、硫酸钾 15～20 千克、腐熟饼肥 100 千克。有机肥的 50%在耕翻时铺施，其余的肥料则撒施到宽 30 厘米、深 50 厘米的沟内。施完肥后填沟浇足底水，保证西瓜定植后水分充足，以后减少浇水，避免空气湿度过大。每 667 米^2 浇水量为 30～50 米^3。

②定植后的水肥管理。日光温室西瓜前期浇水量不宜太大。缓苗后保持地表见干见湿，控制浇水，提高地温，促进根系生长发育。伸蔓期，在西瓜吊蔓前浇两次水，可促进发根伸蔓。每次每 667 米² 浇水量为 20 米³ 左右。同时，在瓜垄两侧开浅沟，每 667 米² 施用三元复合肥 20 千克、硫酸钾 5～10 千克，然后浇水。开花坐瓜期不浇水，以防止植株徒长，促进坐瓜。幼瓜坐住后，长至鸡蛋大小时，可结合浇水每 667 米² 冲施三元复合肥 20 千克、硫酸钾 10 千克。每 667 米² 浇水量为 20 米³ 左右。膨瓜期内 3～4 天浇 1 次小水，以促进幼瓜膨大。每次每 667 米² 浇水量为 10 米³ 左右。西瓜定个后，每隔 5～7 天浇 1 次小水，每 667 米² 浇水量为 10 米³ 左右。采摘前 7 天左右停止浇水，以促进西瓜转熟和品质提高。为了防止蔓叶早衰，可以用 0.3％磷酸二氢钾喷施 1～2 次，还可以在二茬瓜坐住，头茬瓜采收后，每 667 米² 再追施三元复合肥 15 千克，施肥后浇水，每 667 米² 浇水量为 20 米³ 左右。

5. 设施甜瓜养分水分特点及施肥灌溉技术

(1) 甜瓜的栽培季节和茬口安排　厚皮甜瓜在我国西部地区露地栽培较多，而薄皮甜瓜在我国东北地区和东部地区露地栽培广泛。主要栽培季节为春、夏两季。一般露地终霜后定植，夏季收获。近年来，利用保护地设施进行厚皮甜瓜东移栽培取得成功，扩大了种植地区，延长了产品供应期，填补了东部地区厚皮甜瓜生产的空白。此外，东部地区利用温室、大棚、小拱棚和地膜等保护设施，进行薄皮甜瓜的早熟栽培，也取得了较高的经济效益。

(2) 甜瓜的类型　根据生态学特性，可以把甜瓜分为厚皮甜瓜和薄皮甜瓜两大生态型。

①厚皮甜瓜。起源于非洲、中亚（包括我国新疆）等大陆性气候地区，生长发育要求温暖干燥，昼夜温差大，日照充足等条件。因此，多在我国西北地区的新疆、甘肃等省、自治区种植，

在华北、东北及南方地区都不能露地栽培。厚皮甜瓜生育期长，植株长势强，抗逆性差，果实大，瓜皮厚，瓜肉也厚，产量较高。一般单瓜重 1～3 千克，最大的可达 10 千克以上。果实肉质绵软，香气浓郁，可溶性固形物含量达 10％～15％，有些品种可达 20％以上。果皮较韧，耐贮运。根据果皮有无网纹，厚皮甜瓜又可以分为网纹品种和光皮品种。

②薄皮甜瓜。起源于印度和我国西南地区，又称香瓜。喜温暖湿润气候，较耐湿抗病，适应性强，在我国，除了无霜期短，海拔 3 000 米以上的高寒地区外，南北各地区广泛栽培。东北、华北地区是薄皮甜瓜的主要产区。薄皮甜瓜植株长势较弱，叶色较深。抗逆性强。果实较小，一般单瓜重 0.3～1.0 千克。果实形状、果皮颜色因品种而异，可溶性固形物含量为 8％～12％，果肉脆而多汁，或面而少汁。瓜皮较薄，可连皮带瓤食用。不耐贮运，适宜就地生产，就近供应。

(3) 根据甜瓜的生长发育特点进行水肥管理　甜瓜，为葫芦科甜瓜属 1 年生蔓性植物。厚皮甜瓜根系比薄皮甜瓜根系强大，主根入土可达 1.5 米，侧根扩展半径可达 2 米，根的吸收能力强，能充分利用土壤深层的水分，因此较耐干旱和贫瘠。薄皮甜瓜主根较浅，入土深 50～60 厘米，主要根群呈水平生长。甜瓜的根系好气性强，要求土质疏松、通气良好的土壤条件，故大部分根群多分布于 30 厘米深的耕作层中。甜瓜根系木栓化程度高，再生能力弱，损伤后不容易恢复，因此在栽培中应采用护根育苗。

厚皮甜瓜的整个生育期为 110～120 天，薄皮甜瓜的整个生育期为 80～100 天。整个生育期可以分为发芽期、幼苗期、伸蔓期和结果期 4 个时期。其划分界限和各期生长发育特性与西瓜相似。

甜瓜是喜温作物，种子萌发适温为 30～35℃，低于 15℃不发芽。幼苗生长适宜温度为白天 25～30℃，夜间 18～20℃。较低的夜温有利于花芽分化，降低雌花的节位。茎叶生长的适宜温度为白天 25～30℃，夜间 16～18℃，当气温下降到 13℃时生长停滞，10℃时完全停止生长，7.4℃时发生冷害。开花期的最适温度为 25℃。果实发育期间的适宜温度为白天 28～30℃，夜间15～18℃，保持 10℃以上的昼夜温差，有利于果实的发育和糖分的积累。适宜的地温为 22～25℃。甜瓜对高温的适应性强，尤其是厚皮甜瓜，在 35℃条件下生育正常，40℃时仍然保持较高的光合作用。但是对低温较为敏感，在昼温 18℃、夜温 13℃以下时，植株生长发育缓慢。厚皮甜瓜的耐热性比薄皮甜瓜强，而薄皮甜瓜的耐寒性比厚皮甜瓜强。薄皮甜瓜生长的适温范围较宽，而厚皮甜瓜的生长适温范围较窄。

甜瓜为喜强光作物，生育期间要求充足的光照，在弱光下生长发育不良。植株正常生长通常要求 10～12 小时的日照时数，坐果期光照不足，会影响干物质积累和果实生长发育，使果实含糖量下降，品质变差。尤其是厚皮甜瓜对光照强度要求严格，而薄皮甜瓜则对光照强度的适应范围较广。

甜瓜根系浅，叶片蒸腾量大，故需水量较大。但是甜瓜的根系不耐涝，淹水后根系受损，容易发生植株死亡。因此，应选择地势高燥的田块种植甜瓜，并加强排灌管理。甜瓜要求空气干燥，适宜的空气相对湿度为 50%～60%。空气潮湿则长势弱，影响坐果，容易发生病害。厚皮甜瓜对空气湿度要求严格，薄皮甜瓜耐湿性较强。设施栽培甜瓜，空气湿度大是甜瓜生长发育的主要限制因子。

甜瓜对土壤条件的适应性较广，各种土质都可以栽培，最适宜甜瓜根系生长的土壤，为土层深厚、排水良好、肥厚疏松的壤土或砂壤土。甜瓜耐盐碱性强，在 pH7～8 之间能正常生长发育。在轻度盐碱性土壤上栽培甜瓜，可增加果实的含糖量，改进品质。甜瓜需肥量较大。每生产 1 000 千克产品需吸收纯氮（N）2.5～3.5 千克、磷（P_2O_5）1.3～1.7 千克、钾（K_2O）4.4～

6.8千克，其养分吸收比例为1：0.5：2.7。

（4）日光温室冬春茬厚皮甜瓜的水肥管理

①定植前施基肥。定植前15天清除温室内前茬作物的病残体和杂草，对温室空间和土壤进行彻底消毒，减少病源和虫源。将土壤深翻2遍，结合整地，每667米^{2}施用腐熟厩肥5 000千克或腐熟鸡粪3 000千克、过磷酸钙50千克或三元复合肥50千克或磷酸二铵20千克、硫酸钾20千克，用作基肥。结合施基肥，每667米^{2}施入镁肥3～5千克、硼锌等微肥2～3千克，可改善甜瓜品质，防止缺素症发生。

②定植后的水肥管理。甜瓜定植时浇定植水，每667米^{2}浇水量为20～40米^3。甜瓜缓苗时如发现土壤水分不足，可浇1次缓苗水，水量不宜过大。每667米^{2}浇水量为20米^{3}左右。缓苗后根系的吸肥、吸水能力增强，因此植株开始生长发育时应浇1次伸蔓水，每667米^{2}随水施入磷酸二铵10千克、尿素5千克及硫酸钾5千克，促进植株迅速生长发育。开花坐瓜期应避免浇水，使雌花充实饱满。膨瓜期是水肥管理的关键时期，可以每10天浇1次小水，整个结瓜期共浇水2～4次。结合浇膨瓜水，每667米^{2}随水冲施磷酸二铵30千克、硫酸钾15千克、硫酸镁5千克，浇水量为每次每667米^{2}20米^{3}左右。果实接近成熟时（采摘前10天），要控制水分，保持适当的干燥，以利于糖分的积累。此时如果土壤水分过高，则糖分降低，成熟期延后，果实容易开裂。生产过程中，每15～20天喷1次叶面肥。值得注意的是，甜瓜是忌氯作物。因此，禁止使用氯化钾、氯化铵等含氯离子的化肥。双层留瓜时，在上层瓜定瓜后再追施1次肥，每667米^{2}施硫酸钾15～20千克。

（5）塑料大棚春早熟薄皮甜瓜的水肥管理

①定植前的水肥管理。为提高地温，可以在定植前1个月扣棚烤地，有条件的最好扣越冬棚。棚内土壤化冻后，进行深翻整地，施基肥。如果土壤墒情不好，可以在此时浇1次提墒水，水

浇足即可，不可以大水漫灌。否则，地温会很长时间上不来，不利于定植后缓苗。一般每 667 米² 浇水量为 30～40 米³。在前 1 年深翻的基础上，再深翻 30 厘米，结合整地，每 667 米² 施用腐熟优质农家肥 5 000 千克，肥料的 2/3 在翻地前撒施，使土壤和肥料充分混匀，其余 1/3 进行沟施，同时每 667 米² 增施三元复合肥 15 千克、硫酸钾 10 千克。

②定植后的水肥管理。甜瓜缓苗后，浇足缓苗水。一般每 667 米² 浇水量为 20 米³ 左右。基肥充足，土壤墒情适宜时，直到坐瓜前可不必追肥浇水。适当蹲苗，可促进瓜秧根系下扎。瓜坐稳后，结合浇膨瓜水，追施 1 次膨瓜肥。每 667 米² 冲施磷酸二铵 15 千克、硫酸钾 10 千克。每 667 米² 浇水量为 20 米³ 左右。果实膨大期，一般浇水 2～3 次，每次都要浇足。每次每 667 米² 浇水量为 20 米³。甜瓜定个后，停止浇水，促进果实成熟。如果采收期不集中，头茬瓜采收后，二茬瓜坐瓜时，再结合浇水冲施 1 次化肥。每 667 米² 施肥量、浇水量同前一次。甜瓜是喜钾作物，每次追肥时都要增加钾肥用量。

（四）设施甘蓝类蔬菜的养分水分特点及施肥灌溉技术

1. 设施甘蓝养分水分特点及施肥灌溉技术

（1）设施甘蓝的栽培季节和茬口安排　结球甘蓝适应性强，在北方地区除严冬季节进行设施栽培外，还可以进行露地栽培；在华南地区除炎热夏季以外，其他季节都可以进行露地栽培；而在长江流域地区一年四季都可以进行露地栽培。近年来，日光温室春茬甘蓝由于其品质鲜嫩，因而在露地春甘蓝上市前深受广大消费者欢迎，栽培经济效益较高。

（2）甘蓝的生长发育特点　甘蓝又称包心菜、莲花白、苗子白等。主根不发达，但须根多，易发生不定根，生长势强。营养生长期分为发芽期（需 20 天左右），幼苗期（从第一片真叶到6～8片真叶，需 30～40 天），莲座期（由 6～8 片真叶到长出 24 片真叶，需 20～40 天）和结球期（结球到收获，需 25～50 天）。

甘蓝喜温暖，抗严霜，耐高温。结球期适温为 $15℃～20℃$，空气相对湿度为 $80\%～90\%$，土壤湿度为 $70\%～80\%$。属长日照作物，对光照强度的适应范围较广。甘蓝要求土壤肥沃，喜肥并耐肥。耐盐碱性强，在含盐量为 $0.75\%～1.2\%$ 的情况下，能正常结球，对土壤酸碱度以微酸性到中性最适宜。

结球甘蓝的生育期与大白菜相似。在结球前要供应充足的氮肥有利于结球，磷肥和钾肥对于结球的紧实度有很大影响。甘蓝特别喜欢钙，需钙最较高。当土壤中缺钙时，或者由于其他环境条件造成生理性缺钙时，都容易出现缺钙症状，发生心叶"干边"，从而影响其品质和产量。结球甘蓝也属于湿润型蔬菜，要求土壤和空气湿度都较高，因此应加强水分管理。甘蓝定植前要浇足底墒水；定植后缓苗时，要浇一次水；苗期浇小水，进入莲座期要适当浇水，然后蹲苗；进入结球期要适当增加浇水最，以利于结球。

(3) 甘蓝的需水肥特点　甘蓝育苗期需水量不多，定植后需水量逐渐增加，至结球期需水量达到最高值。甘蓝的生育期为 90～100 天，每 667 米^2 需水量为 360～370 米^3，平均每天需水量为 3.5～4.0 米^3。

甘蓝在适宜的栽培条件下，从播种定植到开始结球，生长量逐渐增加，氮、磷的吸收量也逐渐提高，约占总吸收量的 $15\%～20\%$；但钾的吸收量较少，为 $6\%～10\%$。开始结球后，养分的吸收量迅速增加，氮、磷的吸收量占总吸收量的 $80\%～85\%$，而钾的吸收量最多，要占钾素总吸收量的 90% 左右，此期对叶中有 20% 的养分被转移到叶球。

甘蓝生长前半期，对氮的吸收较多，至莲座期达到高峰。叶球形成对钾、钙、磷的吸收较多。甘蓝吸收钾、氮、钙较多，磷较少。因此，在增施氮肥的基础上，应配施钾、钙、磷肥，使其结球紧实，净菜率高。每生产 1 000 千克甘蓝需纯氮 2.0～4.52 千克，磷（P_2O_5）0.72～1.09 千克，钾（K_2O）2.2～4.5 千克，其吸收比例为 1：0.28：1.03。在设施甘蓝栽培中，春甘蓝是由低温向高温季节过渡，幼苗期长，生长慢。早春移栽定植后温度升高快，结球速度快。秋延后栽培甘蓝，气温变化与春甘蓝正好相反。因此，在施肥上应有所差别。

（4）甘蓝苗期施肥 甘蓝育苗在春、夏、秋、冬均能进行。各季节温度、光照等环境条件不同，日历苗龄差异很大，短者 35～40 天，长者达 120 天以上。时间越长，吸收的养分越多。一般幼苗期吸收养分为成株的 1/6～1/5。为提早收获，春甘蓝可在设施内育苗，以延长苗龄时间。床土的配制：有机堆肥 2/3，未种过十字花科蔬菜的肥沃菜田土 1/3，或者腐熟马粪 1/3，腐熟草炭 1/3，肥沃菜田土 1/3，夏甘蓝育苗床土的配制一般是：有机堆肥 30%～40%，肥沃菜田土 60%～70%。上述 3 种配法，每米³ 床土各加硫酸铵 250 克，过磷酸钙 500 克，硫酸钾 250 克，混合均匀。

苗期缺肥可进行叶面施肥，缺什么养分补什么养分。缺氮时，下部叶片变黄，叶色变浅，缺磷时，子叶变为暗绿色，叶片小，背面出现红紫色，缺钾时，叶缘处出现青铜色，缺钙时，生长点附近叶缘变为褐色或枯萎。

（5）甘蓝施基肥 甘蓝根系浅，吸肥量大。要求土壤肥沃，应施足基肥。早熟品种生育期短，吸收养分的来源以基肥供应为主；生育期长的品种，除基肥外，还要增加追肥。在基肥使用上应和无机肥料混合后施用。根据菜田土壤肥力和肥料的质量，确定基肥的施入量。一般每 667 米² 施腐熟的有机厩肥或堆肥 4 000～5 000千克，并将过磷酸钙 40～50 千克与之混合堆沤，腐熟后施用。在做畦时撒施 60%，到定植幼苗时，再沟施或穴施 40%。或将基肥全部撒施，深翻 20～25 厘米。密闭大棚 7～10 天，进行高温消毒。在定植前 3 天，将大棚前后通风，按长

6～7米、宽1.2～1.5米，南北向做畦。施足基肥做好畦后，要浇1次定植水，这次浇水一定要浇透，每667米^{2}浇水60～80米^3。

（6）甘蓝追肥　设施春早熟栽培甘蓝，定植缓苗后追施少量氮肥，每667米^{2}追施尿素5千克。甘蓝缓苗后如果缺水，可以浇1次缓苗水，但水量不宜太大，每667米^{2}浇水量为20～40米^3。进入莲座期后进行第二次追肥，每667米^{2}追施尿素10～15千克，硫酸钾10～15千克。开始生长进入莲座期时结合浇水，每667米^{2}浇水量为30～50米^3。结球初期，进行第三次追肥，每667米^{2}追施尿素和硫酸钾各10～15千克。浇水每次每667米^{2}用水量为30～50米^3。结球中期，进行第四次追肥，每667米^{2}追施尿素和硫酸钾各10千克。浇水每次每667米^{2}用水量为30～50米^3。追施莲座肥后，棚室内温度较高，要防止氮肥过多，造成植株受害和氮素的损失。

设施秋延迟栽培甘蓝，追肥可分3次进行。第一次为缓苗肥，可在定植后7～10天进行，追肥量要少，以速效氮肥为主。每667米^{2}施硫酸铵20千克。每667米^{2}浇水量为20～40米^3。第二次追肥为莲座肥，每667米^{2}追施硫酸铵30千克，硫酸钾20千克。浇水每次每667米^{2}用水量为30～50米^3。第三次在结球中期追施，每667米^{2}追施硫酸铵25千克，硫酸钾20千克。浇水每次每667米^{2}用水量为30～50米^3。

（7）施肥对甘蓝的品质的影响　施肥对甘蓝的品质有很大的影响，施氮钾肥时，植株体内糖含量提高；施氮磷钾肥时，植株体内蛋白质含量增加，施磷钾肥时，植株体内维生素C含量提高，氮磷钾肥齐全时，糖、蛋白质和维生素C含量较高，而且产量也较高。适当控制氮肥用量，增施有机肥和磷钾肥，有利于保持甘蓝的品质，延长贮藏期。

气候或土壤过于干旱，土壤中含盐量过大，水质不良，易造成甘蓝生长性缺钙，出现球叶干边，进而变黑腐烂，对结球的品质有不良影响。幼苗期缺硼时，会使叶片变细长并向内侧卷曲，造成结球叶顶部发育不良，使叶球产生空隙。因此，在甘蓝栽培中应重视追施钙肥和硼肥。

（8）塑料小拱棚早春甘蓝的水肥管理

①定植前施基肥。甘蓝喜土层深厚、肥沃、疏松的土壤。春早熟栽培最好利用冬闲地，冬前每 667 米² 施腐熟厩肥 5 000 千克，深耕，经冬季冻晒，熟化土壤。定植前再进行浅耕，耙平，做畦。10 厘米深处地温稳定在 6℃ 以上时开穴定植。穴内浇水，水量不宜太大。每 667 米² 浇水量为 20 米³。

②定植后的水肥管理。在定植后 15 天左右，进行第一次追肥，每 667 米² 施尿素 10～15 千克。施肥后浇水，每 667 米² 浇水量为 20 米³。追肥后，可适当加大通风量。第一次追肥、浇水后，莲座叶开始旺盛生长，叶面积迅速扩大。这时可适当控制浇水，进行中耕，促使植株长得壮而不太旺。当莲座叶基本封垄，球叶开始抱合时，进行第二次追肥，促进叶球生长。一般每 667 米² 施尿素 15 千克，硫酸钾 10 千克或草木灰 100 千克，追肥后浇水。每 667 米² 为 30～50 米³。

（9）日光温室早春茬甘蓝的水肥管理

①定植前的水肥管理。定植前每 667 米² 撒施腐熟优质厩肥 5 000 千克、过磷酸钙 50 千克，深翻耙平，再按定植行距沟施速效化肥，每 667 米² 施入复合肥 25 千克，在施肥沟上做成高 15 厘米的垄或小高畦，垄距 40 厘米，畦宽 80～100 厘米，做好后覆盖地膜。10 厘米深处地温稳定在 6℃ 以上时开穴定植。穴内浇水，水量不宜太大。每 667 米² 浇水量为 20 米³。

②定植后的水肥管理。甘蓝缓苗后如果缺水，可以浇 1 次缓苗水，水量不宜太大，每 667 米² 浇水量为 20 米³。外叶开始生长进入莲座期时，结合浇水，每 667 米² 追施尿素 10 千克，每 667 米² 浇水量为 20～30 米³。然后通过控制浇水进行蹲苗，叶片开始抱合时，结束蹲苗，进入结球期，5～7 天浇 1 次水。直

到收获前共浇水 5～6 次，追肥 2～3 次。第一次追肥在包心前，第二次和第三次在叶球生长期，每次每 667 米^2 追施硫酸铵 10 千克、硫酸钾 10 千克，同时用 0.2% 磷酸二氢钾溶液喷施叶面 1～2 次。浇水时，每次每 667 米^2 为 20～40 米^3。结球后期，控制浇水次数和水量。

在甘蓝生育前期，采用膜下暗灌，将化肥溶化后随水流冲入沟中。后期放风量大，浇水可以明暗沟交替进行，收获前 30 天，停止追施速效氮肥。

（10）甘蓝氮素失调、缺磷、缺钾症状

①缺氮症状。缺氮植株瘦小，整枝叶也淡绿，老叶不会变得很黄，而是呈淡黄绿色。

②氮过剩症状。当铵态氮过剩的时候，叶色浓绿，叶脉间出现凹凸现象，叶柄的内侧出现褐色斑点，叶尖卷曲。甘蓝反应不敏感。土壤中积累的氮素形态可影响甘蓝结球状况，在硝态氮过剩条件下生长的植株，易长出中肋平滑的扁平球。相反，在铵态氮积累的条件下，易长出中肋突出的球形叶球。

③缺磷症状。缺磷时植株生长发育受到阻碍，叶片小且呈开张状。下部叶片老化，叶片发黄。甘蓝在低温下外叶上形成花青素，使叶片易变成红褐色。这也是一种缺磷症状。土壤水分多时，这种症状尤其明显，这与低温使磷的吸收受阻有关系。

④缺钾症状。缺钾时叶缘黄化，黄化从叶尖部位发生，逐渐向内部叶脉间发展。

（11）甘蓝缺钙、缺镁症状

①缺钙症状。钙是随着水分而被吸收的，向蒸发旺盛的那一部分分配。因此缺钙时首先是生长点部位出现黄化，或者叶缘出现干烧状。甘蓝的缺钙症状不明显，甘蓝在结球期如缺钙，新叶的叶缘开始变黄，同时叶尖向内卷，缺钙严重时叶片枯死。

②缺镁症状。缺镁典型的叶脉间失绿是比较少见的，大部分

是产生黄色斑点和出现黄色部分。一般在外叶的叶脉间出现淡绿色或黄色。

(12) 甘蓝缺硼、铁、锰症状

①缺硼症状。硼和钙以相同的方式被吸收运转。缺硼时生长点黄化，叶片僵硬，特别严重时生长点枯死，在嫩叶的叶柄上产生龟裂，裂口大的愈伤组织开裂成茶褐色裂口，在茎上也会产生龟裂。

硼在酸性土壤中呈可溶性状态，易被吸收。在碱性土壤中呈不可溶状态，很难被吸收，因此在碱性土壤上易发生缺硼症状。另外，在铵态氮和钾素施用过多，以及土壤缺水干旱情况下，影响根系对硼的吸收。低温、多湿、根系发育不良，吸收也会受到阻碍。结球蔬菜对钙和硼的需求量大，应增施有机肥和微量元素。

②缺铁症状。甘蓝缺铁，叶绿素形成受阻，叶片黄化，生长点上长出黄化叶。

③缺锰症状。甘蓝缺锰的症状出现在生长点部位，可看到嫩叶黄化、叶形异常等症状。

2. 设施花椰菜养分水分特点及施肥灌溉技术

(1) 花椰菜的栽培季节和茬口安排 花椰菜喜冷凉气候，必须通过阶段发育才能获得产品器官花球；在高温条件下生长不良。因此，花椰菜适宜在春秋两季栽培。在华南地区，于7～11月份排开播种；在长江流域地区，在6～12月份播种；在北方地区设施栽培中，多在冬季育苗，早春定植，初夏收获。青花菜的耐寒、耐热性较花椰菜强，夏季也能形成花球，但是质量较差。如果采用保温和遮阳设施，能够满足青花菜生长发育所需要的环境条件，就可以排开播种，周年生产。

(2) 花椰菜的生长发育特点 花椰菜又叫菜花，产品器官为肥嫩的花枝和花蕾构成的白色花球。花椰菜根系分布较浅，主要根群密集在30厘米以内的土层中，因而对肥水要求较高。不同品种形成花球时间不一样。早熟品种从定植到采收需 40～70 天，因此叶片数小，一般为 13～18 片，叶片积累营养时间短，花球小；中熟品种从定植到采收需 80～90 天，有叶片 20～23 片，同化面积大，积累营养较多，花球也较大；晚熟品种植株高大，从定植到采收需 100～120 天以上，有叶片 25～30 片，形成的花球大。

花椰菜属半耐寒蔬菜，怕炎热又不耐霜冻，营养生长的适宜温度为 8～24℃。种子发芽的适温为 20～25℃，从种子萌动到子叶展开、真叶露出，需 7 天左右。从真叶露出到第一叶序五个叶片展开为幼苗期，适温为 15～25℃，需 20～30 天。花球形成期适温为 14～18℃。花椰菜必须通过春化才能分化花芽，形成花球。不同品种通过春化的温度不同，极早熟品种为 22～23℃，早熟种为 17～18℃，通过春化需 15～20 天；中熟种春化温度为 12℃，通过春化需 20～25 天；晚熟种的春化温度在 5℃以下，通过春化需 30 天。通过春化的植株，不分日照长短，都可形成花球。花椰菜是喜光蔬菜，属长日照作物，但对日照长短的要求不像甘蓝严格。

花椰菜耐旱耐涝能力差，喜湿润条件，适宜的土壤湿度为 70%～80%，空气相对湿度为 80%～90%。对土壤的适应性较强，但宜选择肥沃疏松，富含有机质，保肥保水性能好的砂壤土。土壤酸碱度的适宜范围为 pH5.5～6.6。

在花椰菜的生长发育过程中，发芽期、幼苗期和莲座期同甘蓝相似。莲座期结束时，植株中心叶片开始旋拧，同时在茎的顶端出现花球，进入花球生长期。这时营养开始向花球累积，花球迅速膨大。

(3) 花椰菜的需水肥特点 花椰菜和结球甘蓝一样，在苗期需水量不多，定植后需水量逐渐增加，到花球期需水量达到最高值。花椰菜生育期为 70～85 天，每 667 米^2 需水量为 320～325 米^3，平均每天需水量为 3.8～4.6 米^3。

花椰菜属于需高氮蔬菜类型，也是需肥量较多的蔬菜之一，养分不足很难获得高产。花椰菜在不同生长期，对养分的需求不同。花芽分化期吸收氮素较多，花球膨大期吸收磷、钾养分较多。在未出现花蕾前，吸收养分较少。定植后 20 天左右，随着花蕾的出现和膨大，植株对养分的吸收迅速增加，一直到花球膨大盛期。花球比茎叶生长量大，因此花球膨大期要保证氮、磷、钾肥的供应。早熟品种生长期短，生长快，基肥要以速效肥为主，以氮磷钾复合肥较适宜。中、晚熟品种，基肥要增施腐熟好的有机肥和磷钾肥。每生产 1 000 千克商品花球，需吸收氮 4.73~10.87 千克，磷（P_2O_5）2.09~4.2 千克，钾（K_2O）4.91~12.1 千克，其吸收比例为 1：0.40：1.09。若每 667 米^2 生产 1 500~2 500 千克花球，需从土壤中吸收氮 11.7~19.5 千克，磷（P_2O_5）4.71~7.85 千克，钾（K_2O）12.75~21.25 千克。

（4）花椰菜施肥

①施苗肥。苗床土的配方，各地不一样，一般是选用 3 年以上没种植过十字花科蔬菜的菜田土，不用同科蔬菜残体沤制的厩肥、堆肥配制床土。床土矿物质养分必须充分、齐全，含氮量要高；配好后的床土保水性和通透性良好。配制的方法是：肥沃的菜田土 4~5 份，腐熟厩肥或堆肥 5~6 份，每立方米床土加硫酸铵 250 克和过磷酸钙 500 克。

②施基肥。栽培地应选择壤土或黏壤土，并施足基肥。早熟品种生长期短，对土壤养分的吸收比中、晚熟品种少，但生长迅速，对养分需求迫切。因此早熟品种的基肥应以速效性氮肥为主，每 667 米^2 施入粪尿 1 500 千克，或猪、牛厩肥 1 500~2 000 千克。中晚熟品种生长期长，基肥应以厩肥和磷、钾肥配合施用，一般每 667 米^2 施猪、牛厩肥 2 500~3 000 千克，或人粪尿 1 500~2 000 千克，再施入过磷酸钙 15~20 千克，草木灰 50 千克。也可用粪干、饼肥等有机肥，每 667 米^2 施用 500~

1 000千克，再施用过磷酸钙 20 千克，草木灰 50 千克。施足基肥做好畦后，要浇 1 次定植水，定植水一定要浇透，一般每 667 米^2 浇水 50～70 米^3。

③追肥。追肥应以速效氮肥为主，配合磷钾肥，可以促进花球的膨大，尤其在花球开始形成时，应增加施肥量。一般从定植到收获需追肥 2～3 次。

缓苗肥：定植后 5～7 天，缓苗过后，每 667 米^2 追施硫酸铵 20～30 千克，或尿素 10～15 千克，浇水 30～50 米^3。

莲座肥：定植后 15 天左右，莲座叶开始旺盛生长，结合浇水，每 667 米^2 追施硫酸铵 30 千克或尿素 15 千克，浇水 30～50 米^3。

攻球肥：花球直径达 2～3 厘米时，进行第三次追肥，结合浇水，每 667 米^2 追施氮磷钾复合肥 20～25 千克，浇水 30～50 米^3。在土壤肥力低或保肥性能差的菜田上，可在花球形成中期，叶面喷施一次三元复合肥或 0.5％尿素加 0.4％的磷酸二氢钾肥液，以防早衰，提高花球产量和品质。

（5）不合理施肥对花椰菜造成的危害　在高温条件下，只施氮肥容易形成多叶花蕾，缺氮、磷幼苗叶片小而伸展不良，茎细，花球小；缺钾易患黑心病，缺镁时，叶片变黄；缺硼时常引起花茎中心开裂，花球变为锈褐色，味苦；缺钼叶呈鞭状卷曲，生长迟缓。在酸性土壤上，由于缺钙妨碍硼的吸收，叶柄会发生龟裂或出现小叶。一般肥料不足时，叶片发育不良，小而细长，直立，肥料过多时，叶色浓，叶片下垂。低温和土壤肥力不足，会导致早现蕾，花球小，产量低，品质差。

（6）塑料小棚早春茬花椰菜的水肥管理

①定植前施肥。一般每 667 米^2 施腐熟厩肥 2 500～3 500 千克。定植前做畦后，按每 667 米^2 施腐熟大粪干 1 000 千克，往畦内撒施，浅耕。

②定植后的水肥管理。花椰菜定植后浇水，每 667 米^2 浇水

$30\sim40$ 米^3。定植后经 $5\sim6$ 天缓苗后，浇 1 次缓苗水，每 667
米^2 浇水量为 30 米^3 左右。中耕 2 次后，每 667 米^2 施尿素 $10\sim$
15 千克，并浇水。每 667 米^2 浇水量为 30 米^3 左右。定植后 15
天左右，每 667 米^2 施腐熟鸡粪 $500\sim800$ 千克，或随水冲施尿
素 15 千克，浇水量为 30 米^3 左右。追肥后，连续浇 2 次水，每
次每 667 米^2 浇水量为 30 米^3 左右。花球直径达 $2\sim3$ 厘米时，
进行第三次追肥，每 667 米^2 施三元复合肥 $20\sim25$ 千克，然后
浇水。每 667 米^2 浇水量为 $30\sim40$ 米^3。

（7）日光温室早春茬花椰菜的水肥管理

①施基肥和整地。耕地时，每 667 米^2 撒施腐熟优质农家肥
5 000 千克、过磷酸钙 50 千克、复合肥 25 千克、硼砂和钼酸铵
各 50 克，混入基肥发酵后施入。将土壤翻耕耙平后，做成宽为
80 厘米的小高畦，畦高 15 厘米，沟宽 30 厘米左右，覆盖地膜。
然后按行距 50 厘米，株距 40 厘米进行定植。

②定植后的水肥管理。花椰菜定植后浇水，浇水量每 667
米^2 为 $30\sim40$ 米^3。浇水后，保温保湿，促进缓苗。$5\sim6$ 天缓苗
后浇缓苗水，每 667 米^2 浇水量为 $30\sim40$ 米^3。可结合浇水追施
少量硫酸铵，每 667 米^2 施用量为 $10\sim15$ 千克。然后连续中耕
松土 2 次。半月后莲座叶形成时，结合浇水追施第二次肥，每
667 米^2 施用腐熟豆饼 50 千克或尿素 10 千克，浇水量为每 667
米^2 $30\sim40$ 米^3。$3\sim5$ 天后再浇 1 次水，然后开始蹲苗。每 667
米^2 浇水量为 $20\sim30$ 米^3。待莲座叶开始出现蜡粉，花球直径长
至 $2\sim3$ 厘米时，结束蹲苗，结合浇水每 667 米^2 追施复合肥
$20\sim25$ 千克，浇水量为每 667 米^2 $30\sim40$ 米^3。此后，花球迅速膨
大，每 $5\sim7$ 天浇 1 次，每次每 667 米^2 浇水量为 $30\sim40$ 米^3。花
球形成后，每 $15\sim20$ 天用 0.05% 钼酸铵或 0.2% 硼酸溶液，进
行 1 次叶面追肥，以提高花球品质。

（8）花椰菜花球异常现象发生的原因及其防治措施

①不结球现象。表现为花椰菜只长茎叶，不结花球，造成大

幅度减产以至绝收。导致这种现象发生的原因是：ⓐ晚熟品种播种过早，由于气温高，花椰菜幼苗未经低温刺激，不能通过春化阶段，因而长期生长茎叶而不结花球。ⓑ适宜春播的品种较耐寒，冬性较强，通过春化阶段要求的温度低。如果将它用于秋播，则难以通过春化阶段，而使植株不结花球。ⓒ植株在营养生长时期氮肥供应过多，造成茎叶徒长，也不能形成花球。生产中应根据不同栽培季节，选择适宜的品种，适时播种，满足植株通过春化阶段所需要的低温条件，合理施肥，使植株正常生长发育。

②"散球"现象。表现为花球没长多大，花枝便提早伸长和散开，致使花球疏松，有的花球顶部呈现紫绿色绒花状，过一段时间，抽出的花枝上可以见到明显的花蕾，整个花球呈现鸡爪状，产品质量严重降低，几乎失去食用价值，造成散球的原因：ⓐ选用的品种不适合，过早通过春化阶段，所以还没长够一定营养面积就出现"散球"。ⓑ苗期受干旱或较长时间的低温影响，幼苗生长受到抑制，容易形成"散球"。ⓒ定植过早或定植过晚，叶片生长期遇低温而生长不足，或花球长期处于高温中，而使花枝迅速伸长导致"散球"。ⓓ肥水不足，叶片生长瘦小，花球也小，容易出现"散球"。预防"散球"的主要措施有：选用适宜的品种；培育壮苗；适期定植，定植后及时松土，促进缓苗和茎叶生长，使花球形成前有较大的营养面积。

③花球老化现。表现为花球表面变黄、老化。花球老化的原因主要是：ⓐ栽培过程中缺少水肥，使叶丛生长较弱，花球也不大，即使不散球也形成小老球。ⓑ花球生长期受强光直射。ⓒ花球已经成熟而未及时采收，容易变黄老化。防止花球老化的措施，主要是加强水肥管理，满足花椰菜对水分和养分的需求，光照过强时，用叶片遮盖花球。花球成熟后，要适时采收。

（五）设施叶菜类蔬菜的养分水分特点及施肥灌溉技术

1. 设施芹菜水分养分特点及施肥灌溉技术

（1）芹菜的栽培季节和茬口安排 芹菜在我国南北地区，都可以周年生产，周年供应。根据栽培季节的不同，露地栽培可分为春芹菜、夏芹菜和秋芹菜 3 个茬口。设施栽培可利用小拱棚、塑料大棚和日光温室，进行春提早、秋延后和越冬茬栽培。尤其是大棚、日光温室秋冬茬芹菜，可供应元旦、春节市场，经济效益最佳。

（2）根据芹菜的生长发育特点进行水肥管理 芹菜原产于地中海沿岸，属于伞形科的 2 年生蔬菜。根据叶柄的颜色，可以分为青芹、白芹和黄芹三大类型。青芹，叶柄为绿色，纤维多，香味浓。白芹，叶柄为白色或淡绿色，质嫩味淡。黄芹，叶柄扁平，黄绿色，心叶黄色，组织柔嫩。青芹和白芹在我国南北方地区都有栽培，黄芹主要在南方少数城市栽培。

芹菜为直根系。根系主要分布在土壤浅层，根系输导组织发达，有利于从地上部向根系输送氧气。茎缩短，叶柄肥大，植株直立，株高达到 30～75 厘米即可以收获。芹菜喜欢岭凉的气候，害怕炎热，生育期的适宜温度为 15～20℃。

芹菜从播种出苗到定植，一般需要 50～60 天，从定植到收获需要 60～100 天。芹菜从种子萌动到第一片真叶出现需要 10～15天。主要靠种子贮藏的养分生长。芹菜种子小，种皮革质，发芽困难。因此，发芽期需要保证适宜的温度、水分和气体等条件。芹菜从第一片真叶出现到 4～5 片真叶展开时，本芹需要40～50天，西芹则需要 50～70 天。这个时期应该保持土壤湿润，及时除草。芹菜从 4～5 片真叶展开到心叶展出需 25～30天。是叶片分化、旺盛生长及叶片质量增加的时期。同时，根部生长发育旺盛。此期间应该保持土壤湿润，满足养分供应。芹菜从心叶大部分展出到收获，适宜条件下需要 25～30 天，冬春季约需要 50 天。此期间叶面积进一步扩大，叶柄迅速伸长。叶柄和主根内贮藏了大量的营养物质，是产量形成的关键时期。因此，在水肥管理上也是关键时期，应满足芹菜对水分和养分的需求。

芹菜喜欢湿润的空气和土壤条件。土壤含水量以田间持水量的 70%～80% 为宜。土壤水分充足时，芹菜品质好，产量高。芹菜根系吸收养分能力比较弱，要求土壤有机质含量较高，无机养分含量丰富，适宜于在保水保肥力强的壤土或黏壤土上栽培。芹菜根系比较耐酸，pH 在 4.8 时仍然可以生长发育。对土壤中的水分和养分要求较严格，耐旱性比较差。生长初期需要磷量较多，后期需要钾量较多。但是在整个生长发育过程中，需氮量始终占主要地位。对硼和钙等元素比较敏感。土壤缺硼时，植株容易发生心腐病，叶柄容易产生裂纹或毛刺，严重时叶柄横裂或劈裂，并且表皮粗糙。

(3) 芹菜的需水肥特点　芹菜是绿叶菜类，属于湿润型蔬菜，对土壤和空气湿度要求都较高。根据芹菜生育期的长短，芹菜每 667 米^2 需水量为 164～220 米^3，日平均需水量为 3.1～4.9 米^3。

芹菜在整个生育期中，对养分的吸收量与生长量的增加是一致的。秋播芹菜需肥量的高蜂是其营养生长的第 68～100 天。在这个时期，芹菜对氮、磷、钾、钙、镁的吸收量占总吸收量的 84% 以上，其中钙和钾高达 98.1% 和 90.7%。芹菜是蔬菜作物中要求土壤肥力较高的种类之一。虽然芹菜的吸肥量并不高，每生产 1 000 千克芹菜，需纯氮 1.83～3.56 千克，磷 0.68～1.65 千克，钾 3.88～5.87 千克，钙 1.5 千克，镁 0.8 千克。其吸收比例为 1∶0.43∶1.80∶0.56∶0.30。但实际的施肥量，特别是氮和磷的施用量，要比实际吸肥量高出 2～3 倍。因为芹菜吸肥能力差，要在较高的土壤浓度条件下，才能大量吸收养分。施肥量过少，芹菜不仅不能正常生长，而且品质也差。

不同的养分对芹菜生育的影响不同。氮主要影响地上部的发育，即叶柄的长度和叶数的多少。磷主要影响品质，磷肥过多时，叶柄细而长，纤维素多。充足的钾有利于叶柄的膨大，对提高产量和品质有利。

(4) 芹菜施苗肥和基肥

①施苗肥。栽培芹菜一般都是先育苗，然后定植。给育苗畦施肥时，可先起出畦面表土，再施入苗肥，每个苗畦（13.5 米²）施入鸡粪 2.5 千克，掩埋 12～15 厘米深，整平后浇水，水渗下后播种。也可采用配制营养土的方法，选择肥沃细碎菜田土 6 份，配入充分腐熟的马粪 3 份，厩粪和大粪干 1 份。将其充分混匀，并按每平方米苗床加入 0.5 千克的标准加入过磷酸钙。用细网筛子将石块等杂物筛除后，将营养土铺在苗床上，厚度为 12 厘米左右。出苗后 30 天左右，追施一次速效氮肥，用肥量为硝酸铵 125 克。

②施基肥。棚室栽培，在定植前一个月要进行高温消毒或用其他杀菌杀虫剂进行消毒处理，防治线虫。可根据菜田土壤肥力和芹菜产量确定基肥用量。若 667 米² 产量为 4 000～8 000 千克，则需施充分腐熟的优质有机肥 4 000～8 000 千克，过磷酸钙 30～50 千克，硼肥 1～2 千克，与有机肥混匀后撒施，然后耕地耙平做畦。

(5) 芹菜追肥 由于芹菜根系浅，而且栽培密度大，除在定植前施足基肥外，追肥应勤施少施。栽完苗后立即浇 1 水，每 667 米² 浇水 40～60 米³。一般缓苗期间不追肥，缓苗后植株生长缓慢，为了促进新根和叶片的生长，可追施一次提苗肥，每 667 米² 可追施尿素 5～7.5 千克，或硫酸铵 10～15 千克。浇水量为每 667 米² 20～40 米³。追肥也可根据菜田土壤肥力和产量确定。

①高肥力菜田上的追肥量。若 667 米² 产量为 7 000～8 000

千克，则其总追肥为：尿素 60～70 千克，氯化钾 30 千克。当芹菜进入叶丛生长初期进行第二次追肥，每 667 米² 追施尿素 15～20 千克，氯化钾 6～8 千克，结合浇水，以水冲施。浇水量为每 667 米² 30～40 米³。以后每隔 20 天左右追一次肥，每次每 667 米² 追施尿素 15～20 千克，氯化钾 6～8 千克。每次浇水量为每 667 米² 30～40 米³。

②中肥力菜田上的均肥量。若 667 米² 产量为 5 500～6 500 千克，则其总追肥量为：尿素 50～55 千克，氯化钾 25 千克。追肥时期、追肥方法、追肥间隔时间同上。每次每 667 米² 追施尿素 10～15 千克，氯化钾 4～6 千克，随水冲施。浇水量为 30～40 米³。

③低肥力菜田上的追肥量。若 667 米² 产量为 4 000～5 000 千克，则其总追肥为：尿素 45～50 千克，氯化钾 20 千克。追肥时期、追肥方法、追肥间隔时间同上。每次每 667 米² 追施尿素 8～12 千克，氯化钾 3～5 千克，浇水量为 30～40 米³。

芹菜定植后的 30～60 天，是产品器官形成期，也是养分吸收的高峰期。在追肥的基础上，配合叶面追肥 2～3 次。每次可喷 0.5％的尿素、磷酸二铵或磷酸二氢钾，或氮磷钾三元复合肥。若芹菜缺钙、硼时，还应及时喷施 0.3％的氯化钙和 0.1％的硼砂溶液。

（6）不合理施肥对芹菜造成的危害

烧心　芹菜烧心的症状是开始心叶叶脉间变褐，叶缘细胞逐渐坏死，呈褐色。多在 11～12 片真叶时开始发生。芹菜发生烧心是缺钙而导致的生理性病害。缺钙后，心叶坏死，造成烧心。芹菜喜冷凉湿润的环境条件，在高温、干旱、施肥过多的情况下容易发生烧心。高温促进芹菜生长发育，加速植株对氮、钾、镁等元素的吸收，当过量吸收氮，钾、镁元素时，就会减少钙的吸收量，造成缺钙。预防烧心的方法是：

避免高温干旱，在芹菜长到 10 片真叶时，要注意控制适宜的温度，栽培设施的温度超过20℃时，要尽快放风降温。土壤应保持湿润状态，发干要及时浇水。追施化肥要适量，要根据菜田土壤肥力和芹菜的产量，确定追肥的用量。进行叶面施肥，发生烧心病症状后，可进行叶面施肥，用0.3%～0.5%的氯化钙溶液喷施叶片，每隔7天喷1次，连喷2～3次。

茎裂　缺硼时芹菜叶柄异常肥，短缩，并向内侧弯曲。弯曲部分内侧组织变为褐色，逐渐龟裂，叶柄扭曲以致劈裂开，先由幼叶边缘向内逐渐变褐，最后心叶坏死。严重影响产量和品质。发生缺硼症状的原因，一是由于土壤中缺硼所致；二是土壤中其他营养元素含量过高，影响了芹菜对硼的正常吸收。另外，在高温干旱的情况下也容易发生缺硼。防止芹菜缺硼的措施，一是增施有机肥，提高土壤供硼能力；二是施用硼肥。如果土壤缺硼，每667米² 施硼砂1千克左右。当已发现缺硼症状时，可用0.1%～0.3%的硼砂溶液，对芹菜植株进行喷施。

(7) 塑料小拱棚秋冬茬芹菜的水肥管理

①定植前施基肥。每667米² 施腐熟的厩肥5 000千克和三元复合肥25千克做基肥，深翻后耙平畦面。

②定植后的水肥管理。芹菜定植4～5天后浇缓苗水，每667米² 浇水30～40米³。地表干后进行中耕松土。缓苗后进行7～10天的蹲苗，停止浇水，中耕除草。在芹菜植株粗壮，叶片浓绿，产生大量新根后再浇水，每7天左右浇1次水，保持地表见干见湿。浇水量为每667米²30～40米³。

结合浇水，适当追肥。蹲苗结束后，追1～2次化肥或稀粪作提苗肥，每667米² 施硫酸铵15千克。植株30厘米高时，水肥齐攻，每隔4～5天浇1次水，每次每667米² 为30米³ 左右。重追肥2次，每667米² 施硫酸铵20～25千克，隔10天后，再以同样量追1次肥。扣膜前要浇1次大水，再追1次肥，每667米² 施硫酸铵25～30千克，浇水40米³。扣膜后一般不浇水，如干旱可在中午前后浇水。后期叶片黄化转淡时，可用 0.1％尿素喷施。在收获前 7～8 天浇最后 1 次水。每 667 米^{2}20～30 米^3。

（8）塑料小拱棚春茬芹菜的水肥管理

①定植前施基肥。因春早熟芹菜定植较早，所以要早施基肥，最好在冬前每 667 米^2 施腐熟厩肥 5 000 千克和三元复合肥 25 千克做基肥，深翻后耙平畦面。

②定植后的水肥管理。小拱棚春茬芹菜定植时要浇透水，每 667 米^{2}30～40 米^3。定植后浇 1 次缓苗水，促进缓苗。每 667 米^{2}20～30 米^3。当芹菜植株高达 30～35 厘米时，要水肥齐攻，每 667 米^2 施硫酸铵 30～40 千克，或尿素 15～20 千克，施肥后浇水。每 667 米^{2}30 米^3。以后每隔 3～4 天浇 1 次水，每 667 米^{2}20～30 米^3，保持畦面湿润，直到收获。

（9）塑料大棚春茬芹菜的水肥管理

①定植前施基肥。在定植前 10～20 天扣棚，烤地增温。然后深翻土地，并结合翻地每 667 米^2 施腐熟厩肥 5 000 千克，可再撒施尿素 30 千克。将肥土混匀，整平耙细，做畦备用。

②定植后的水肥管理。定植后浇 1～2 次水，每次要少浇，每 667 米^2 浇水 20～30 米^3。浇后松土，促进芹菜生根缓苗。心叶开始生长后，植株大量吸收水肥，要加大水肥供应，一攻到底，每 5～7 天浇一水，隔一水追一次肥。每 667 米^2 每次施硫酸铵 15～20 千克，浇水量为 30～40 米^3，也可将化肥和人粪肥交替施用。采收前不再追施速效氮肥。

（10）塑料大棚秋茬芹菜的水肥管理

①定植前施基肥。结合翻地，每 667 米^2 施优质腐熟厩肥 5 000 千克，耙平耧细，做畦备用。

②定植后的水肥管理。定植时浇足水。每 667 米^2 浇水量 30～40 米^3。2～3 天后再浇 1 次缓苗水。每 667 米^2 浇水量 20～30 米^3。蹲苗结束后，水肥齐攻，结合浇水，交替追施速效氮肥

和腐熟人粪尿。每次每 667 米² 浇水量 30 米³ 左右。当株高达到 30 厘米时，每 667 米² 随水冲施硫酸铵 15～25 千克或人粪尿 1 500千克。可随浇冻水时再追一次速效氮肥。施肥量和浇水量同前面一样。

(11) 日光温室秋冬茬芹菜的水肥管理

①定植前施基肥。每 667 米² 施腐熟有机肥 5 000 千克，过磷酸钙 50 千克或磷酸二铵 15 千克，碳酸氢铵 15～20 千克。耕翻 30～40 厘米深，使土肥充分混匀，耙细整平，做平畦。

②定植后的水肥管理。芹菜定植时浇足水，每 667 米² 浇水量 30～40 米³。在幼苗缓苗后，除浇水外，还要随水施氮、钾肥，每 667 米² 施硫酸铵 15 千克，硫酸钾 5 千克。浇水量 30 米³。当植株长到 30 厘米高时，随水施硫酸铵 30 千克，硫酸钾 15 千克。每 667 米² 浇水量 30 米³。在芹菜生长期间，可进行叶面追肥，喷施赤霉素和尿素的混合液，赤霉素的浓度为 30～50 毫克/千克，尿素的浓度为 300～500 毫克/千克，在苗高 15～20 厘米时喷施 1 次，10～15 天以后，再喷施 1 次。每次每 667 米² 喷施混合液 50～70 千克。

(12) 日光温室春茬芹菜的水肥管理

①定植前施基肥。一般每 667 米² 施腐熟优质有机肥 5 000 千克，磷酸二铵 30 千克，硫酸钾 25 千克做基肥。做平畦，平畦后撒施磷、钾等化肥，翻耙一通，使土肥混合均匀。

②定植后的水肥管理。除定植时浇一次水外，一般不浇缓苗水。定植时每 667 米² 浇水量 30 米³ 左右。缓苗后，心叶开始生长时，进行中耕松土。畦面不干不浇水，保持畦面见干见湿。当芹菜进入旺盛生长期，植株长有 5～6 片叶时，要加强水肥管理。在浇水的同时，可每 667 米² 施硫酸铵 30 千克，硫酸钾 15 千克。浇水量为每 667 米² 浇水量 30 米³ 左右。10～15 天后再追 1 次肥，施肥量和前一次相同，或每 667 米² 随水浇人粪尿 1 500 千克左右。

（13）芹菜缺钾、缺钙、缺镁的症状

①缺钾症状。芹菜缺钾时，下部叶片黄化，叶脉间出现褐色小斑点。缺钾严重时，症状向上发展。芹菜出现细长的叶柄，并且有筋粗，这也是缺钾症状的表现。

②缺钙症状。芹菜缺钙表现为生长点发育受阻，幼嫩组织变黑（心腐病），中心幼叶枯死，同时附近新叶的顶部叶脉间出现白色和褐色斑点，斑点扩大以后叶缘出现枯死状。芹菜缺钙是由于土壤酸化等因素引起的，在设施内常发生缺钙症状。

③缺镁症状。芹菜缺镁症状表现为沿着叶脉两侧出现黄化，并从下部叶片开始逐渐向上部叶片发展。设施菜田土壤出现铵态氮积累时，造成对镁的吸收障碍，出现缺镁症状。在施用钾肥太多时也会造成缺镁。

（14）芹菜缺硼、缺铁的症状

①缺硼症状。植株对硼的吸收受到阻碍时，易产生茎裂。茎裂大部常发生在外叶上，主要是叶内侧的一部分表皮开裂。另外，心叶发育时如缺硼，其内侧组织变成褐色，并发生龟裂。

②缺铁症状。芹菜缺铁表现在幼叶上，先是叶脉间黄化，严重时叶色变白。无土栽培的芹菜易发生缺铁症状。而在以土壤为基质的设施栽培条件下，缺铁症状比较少见，有时因土壤中锰过剩而引起缺铁症状的出现。

2. 设施油菜的养分水分特点及施肥灌溉技术

（1）油菜的生长发育特点　油菜是浅根系作物，须根发达，分布在耕作层，再生能力强，适于育苗移栽。油菜营养生长期分为发芽、幼苗和莲座3个时期。在各个生长期，生育特点和对外界环境要求不同。

油菜播种后2～4天出苗，出苗后15天左右，叶原基分化的叶数逐渐增加，根群也在不断增多，叶面积较小，对温度要求比较低，特别是出苗时温度宜控制在15～17℃，防止高温徒长。

需水肥量比较少，但要保持一定的土壤温度。一般不追肥。光照要求比较强，促进光合作用，增加营养物质积累。15～30 天时，叶数迅速增加，根量也明显增加。温度要求在 15～20℃，需要的肥量比较大，要适时适量进行追肥浇水。

油菜生长 30 天左右，长出 12～13 片叶时，是根系吸收水分和养分的旺盛时期，分化后的新叶迅速生长，叶重增加快，光合作用积累的物质多，而叶展开的角度逐渐由大变小。要增加水肥供应，保证油菜旺盛生长的需要。要保持土壤湿度，但浇水量不宜过大，以免造成油菜腐烂。

油菜生长到 55 天左右，地上部和地下部处于平衡生长状态，内叶充实，叶柄肥厚，生长处在旺盛时期。此时应加强通风透光，特别是设施栽培要避免湿度过大，光照弱或植株间相互遮光，导致叶色变黄、叶片干物质含量积累少等不良现象。一旦出现这些现象，即要抓紧收获，或隔行收获。

油菜叶面积比较大，蒸腾作用强，但是根系浅，吸水能力弱。因此，要保持土壤湿润。油菜在不同生育期对水分的需求不一样。发芽期要保持土壤湿润，保证种子发芽及幼苗出土对水分的需求。这时土壤水分含量太多，土壤中缺少氧气，种子发芽窒息，幼苗容易烂根，土壤含水量低，种子不发芽或者吊干死苗。幼苗期叶面积比较小，根系浅，吸收水分能力弱，土壤含水量以见干见湿为好。油菜旺盛生长期，叶面积较大，蒸腾量也大，光合作用强，需水量也大，3～4 天就要浇 1 次水，冬、春季在设施内生产油菜，要适当控制水分，保持一定的土壤湿度。土壤湿度太大时，根尖部容易变成褐色，外叶变黄。

(2) 油菜的需肥特点 油菜对土壤的适应性比较强，但喜欢疏松肥沃、有机质含量高、保水保肥性强的土壤。油菜对氮、磷、钾的吸收量，氮大于钾，钾大于磷。每生产 1 000 千克油菜，需吸收纯氮 2.76 千克，磷（P_2O_5）0.33 千克，钾（K_2O）

2.06 千克。其吸收比例为 1∶0.12∶0.75，微量元素硼的不足，会引起缺硼症。植株个体吸收养分较少，但每 667 米² 株数达到数万株，数量不小，因此，单位面积群体植株吸收养分较多。油菜对养分的需求量与植株的生长量是同步进行的。生长初期，植株生长量小，对养分的吸收量也少，植株进入旺盛生长期，对养分的吸收量也增大。此时期的营养吸收特别是氮素的吸收，关系到油菜的产量和品质。如果氮素不足，就会使叶片变小、发黄，食用率低。因此，在设施栽培中，要增施基肥，改良土壤环境条件，以利于根系吸收。要及时追施氮、钾肥。移植缓苗后，要追施少量氮肥，进入旺盛生长期后，速效氮、钾肥追施量要较多。磷肥用于基肥。

（3）油菜施苗肥、基肥和追肥

①施苗肥。设施育苗床，选用肥沃的菜田土和腐熟好的有机肥（每 667 米² 用量为 4 000～5 000 千克），混合均匀后过筛作床土，浇足水后及时播种。

②施基肥。设施种植油菜一般每 667 米² 施用腐熟有机肥 3 000～4 000 千克、过磷酸钙 20～30 千克作基肥。基肥不可施得太深。有机肥和磷肥在耕翻地时施入，然后耙平做畦。

③追肥。油菜生长期较短，它的一生中追肥 1～2 次即可。定植后 7～10 天，追施缓苗肥，每 667 米² 追施尿素 5～10 千克，或者硫酸铵 10～20 千克。进入油菜旺盛生长期，进行第二次追肥，每 667 米² 追施尿素 10～15 千克或硫酸铵 20～30 千克、氯化钾 10 千克。如果土壤缺硼，应该及时喷施 0.2%～0.3% 硼砂溶液，防止油菜发生缺硼症状。

（4）塑料拱棚秋茬油菜的水肥管理

①定植前施基肥。整地前清除前茬残株和杂草，每 667 米² 撒施腐熟有机肥 3 000～4 000 千克。耕深 15 厘米左右，使土肥混合均匀，然后耙平做平畦。

②定植后水肥管理。定植后外界温度还比较高，秋天土壤

水分蒸发快，要连续浇水 2~3 次，每次每 667 米² 浇水量为 20~30 米³。浇水后中耕松土，促发新根。生长中后期在覆膜的情况下，土壤水分蒸发慢，根据土壤墒情和植株长势情况，一般每隔 10 天左右浇一次水。每次每 667 米² 浇水量为 30 米³ 左右。

缓苗以后，植株进入生长旺盛时期，结合浇水追施 1~2 次肥。第一次每 667 米² 追施硫酸铵 15~25 千克，第二次追肥在收获前 15~20 天，随水追施一次腐熟的人粪尿，每 667 米² 用量为 500~1 000 千克。追肥后要放风，防止肥害。

(5) 日光温室冬春茬油菜的水肥管理

①苗床施肥。选择土壤有机质含量高的壤土或砂壤土育苗，每 10 米² 苗床普施腐熟过筛的优质有机肥 25~30 千克，磷酸二氢钾 0.5 千克，耕翻 20 厘米左右，整平，使土肥混匀。

②定植前施基肥。每 667 米² 施腐熟有机肥 3 000~4 000 千克。如不揭膜直接栽苗，前茬就应多施有机肥，多做平畦。

③定植后的水肥管理。定植后 10~15 天浇缓苗水。每 667 米² 浇水量为 30 米³ 左右。缓苗后，在植株进入生长中期时浇一次水，每次每 667 米² 浇水量为 30 米³ 左右。收获前 7 天左右再浇一次水，每次每 667 米² 浇水量为 30 米³ 左右。要求保持土壤见干见湿。空气相对湿度为 60%~80%。如基肥充足，只要在生长中期每 667 米² 施硫酸铵 10~25 千克或尿素 5~10 千克即可。

3. 设施菠菜的水分养分特点及施肥灌溉技术

(1) 菠菜的栽培季节和茬口安排 菠菜在我国南北方各地区普遍栽培。其主要特点是适应性广，生长发育期短，是加茬抢茬的快菜；产品不论大小，都可以食用；既有耐寒的品种，又有耐热的品种。因此，基本上可以做到排开播种，周年生长，周年供应。如露地栽培，主要有越冬菠菜、埋头菠菜、春菠菜、夏菠菜和秋菠菜等。设施栽培，主要有风障栽培、阳畦栽培、小拱棚栽培、大棚栽培和温室栽培等。同时还适宜于间种、混种和套种等栽培。

（2）菠菜的生长发育特点

①发芽期。菠菜发芽缓慢，发芽和出土的适宜温度为 15～20℃，土壤湿度为 90%～95%，播种后 4～5 天出土。种子萌发和初生根形成，到子叶出土，靠吸收种子内贮藏的养分生长。从种子萌发到两片真叶展开为发芽期，这一阶段菠菜生长缓慢。

②幼苗期。两片真叶展开后，进入幼苗期。植株生长点不断分化叶原基，叶数、叶面积逐渐增加，通过光合作用制造光合产物。由于叶面积较小，光合产物数量少，全部用于根、茎、叶，因此生长比较缓慢。幼苗期对温度的适应性较强。

③单株产量形成期。这个时期是形成产量的重要阶段。出苗后 10～15 天，植株形成比较发达的根系。适宜的温度为 20～25℃，空气湿度为 80%～90%，土壤湿度为 70%～80%，叶片迅速生长。

（3）菠菜对水分土壤养分的要求

①对水分的要求。菠菜根系比较发达，叶面积大，组织柔嫩，蒸腾作用旺盛，生长发育过程需要大量的水分。菠菜喜湿润，在土壤相对湿度为 70%～80%、空气相对湿度为 80%～90% 的条件下，营养生长旺盛，叶片肥大，品质好，产量高。特别是在 4～6 片叶进入生长发育的高峰时期，需水量更大。菠菜生长发育时期水分不足，营养生长速度减缓，叶片小，叶色发黄，底层叶肉组织老化快，纤维素多，品质差，容易发生病害。高温、干旱和长日照的条件，可以促进菠菜器官快速发育，提早抽薹和开花。但水分太多，土壤透气性差，土壤容易板结，不利于根系活动，使植株生长发育不良。越冬菠菜浇返青水早，并且浇水量大时，会影响返青。春菠菜、秋菠菜生长发育期较短，一般为 45～55 天，每 667 米^2 需水量为 164～220 米^3，平均每天需

水 3.1~4.9 米³。

②对土壤的要求。菠菜对土壤的要求不严格，适应性较广，但以保水、保肥能力较强，富含有机质的砂壤土为好。砂质壤土早春土壤温度上升快，有利于种子发芽出土，越冬返青早，可以提早收获。黏质壤土富含矿物质养分，吸附能力强，保肥性能好，产量比较高。壤土蓄水多，土壤比较湿润，受气温变化的影响慢，昼夜温差小，地温变化幅度小，适宜于越冬菠菜的栽培。寒冷的地区，越冬苗不容易受害。保苗率高。但是，在同样的条件下比砂壤土栽培的越冬菠菜晚返青5~7天。因此，早春浇返青水的时间，一般要比砂壤土晚，这样有利于提高地温，促进菠菜返青。菠菜耐酸碱的能力比较弱，适宜的土壤 pH 为 5.5~7。土壤 pH 小于 5.5 或者大于 8 时，蔬菜生长发育不良。

③对养分的要求。菠菜为绿叶菜类蔬菜，其鲜嫩的绿叶、叶柄、嫩茎可供人们食用。菠菜作为产品上市时正处于营养生长阶段，栽培上采取促进同化器官的叶片充分发育，就可获得较高的产量。菠菜生长期较短，基肥和追肥均要求施用速效性肥料，特别是氮肥要充分供应。缺氮会抑制叶的分化，减少叶数，叶色发黄，降低叶的光合能力，使其生长缓慢，植株矮小。一般每生产 1 000 千克菠菜需吸收纯氮 2.48~5.63 千克，磷（P_2O_5）0.86~2.3千克，钾（K_2O）4.54~5.29 千克。其吸收比例为 1∶0.4∶1.22。设施菠菜生产上以越冬菠菜栽培面积较大，这是解决早春淡季缺菜的主要蔬菜品种。以每 667 米² 产 2 500~3 000千克菠菜计算，则需氮 0~12 千克，磷 4~4.8 千克，钾 12.25~14.7 千克。

(4) 菠菜施基肥和追肥

①施基肥。越冬菠菜整地要细，施肥量要多。如果整地不细，施肥量小，则幼苗生长细弱，耐寒力低，越冬死苗率高，返青后营养生长缓慢，易抽薹开花。前茬收获后，撒施腐熟好的有

机肥 5 000 千克，过磷酸钙 25～30 千克，深翻 20～25 厘米，再
刨一遍，使土肥混合均匀，土壤疏松，有利于幼苗出土和根系
活动。

②追肥。菠菜冬前生长期为 50～60 天，以培育壮苗为中心，
增强抗寒力，使其安全越冬。出苗后，加强管理，长出 2～3 片
真叶时，对于密度过大的幼苗，进行一次疏苗，苗距保持为 3～
4 厘米。保持一定的营养面积，有利于幼苗生长。疏苗以后，结
合浇水，追施一次肥料，每 667 米^2 追施硫酸铵 10～15 千克，
或尿素 5～7 千克。

早春生长期为 30～40 天，第二年春天返青，在返青前消
除田间枯叶和杂物等，有利于提高地温，促进早返青。越冬返
青后，土壤解冻，地温回升，菠菜心叶开始生长。随着气温逐
渐升高，叶片生长加快，这是追肥的关键时期。应在 3 月中下
旬及 4 月上旬分两次进行追肥，每次每 667 米^2 追施硫酸铵
25～30 千克，或尿素 10～15 千克。春菠菜或秋菠菜生长期仅
有 60 天左右，基肥基本同越冬菠菜，追肥在菠菜旺盛生长期进
行，结合浇水，每 667 米^2 追施硫酸铵 20 千克左右，或尿素 10
千克。

所有的绿叶菜类蔬菜，均有适应性强，生长期短，可短期间
套种，采收灵活的特点。如在中等肥力菜田上种植，多数以原土
壤肥力及利用上茬所施肥料残效为供肥基础，本茬仅追 1～2 次
速效氮肥即可，每次每 667 米^2 追施硫酸铵 25～30 千克，或尿
素 10～15 千克。

(5) 春菠菜的水肥管理　春季栽培菠菜，应选用耐高温，对
长日照反应不敏感，抽薹晚的圆叶类品种。

①整地施肥。春菠菜播种早，土壤化冻 7～10 厘米深即可以
播种。因此，整地施肥都在前一年上冻之前进行。选择茄果类、
瓜类、豆类蔬菜茬口，每 667 米^2 施用腐熟农家肥 4 000～5 000
千克，撒施地表，深翻 20～25 厘米，然后耙平做畦。以高畦较

好，有利于早春提高地温。一般畦宽 1～1.2 米，长 10～15 米，高 7～8 厘米，以南北向畦为较好。

②田间浇水施肥。一般苗出土长到 2～3 片真叶时不浇水，有利于提高土壤温度和促进根系活动。菠菜 4～5 片真叶时，进入旺盛生长期，每 667 米² 随水追施硫酸铵 15～20 千克，以后根据土壤墒情，适量浇水，保持土壤湿润。一般追肥 1～2 天，浇水 2～3 次。每次每 667 米² 浇水 40 米³ 左右。

(6) 秋菠菜的水肥管理 秋菠菜播种正处在高温多雨季节，幼苗期受高温影响，生长缓慢，进入旺盛生长期后，气候比较凉爽，生长发育速度加快。因此，应该选用耐热，叶簇直立或半直立，适宜密植，生长速度快，叶片肥厚，叶质柔嫩，抽薹晚、产量高，品质好，无刺圆叶型的品种。

①整地施肥。栽培秋菠菜的地块，整地时要每 667 米² 施用腐熟农家肥 4 000～5 000 千克、过磷酸钙 25～30 千克，深翻 25～30 厘米，然后耙平做畦，做成高畦或平畦。

②田间水肥管理。菠菜幼苗期正处在高温多雨季节，要小水勤浇，雨后要排水防涝。2～3 片真叶时，进行 1 次叶面追肥，在下午 4 时以后喷施 0.3% 尿素溶液。4～5 片时，进入旺盛生长期，需水需肥量大，要根据土壤墒情，及时浇水。一般在收获前浇水 3～4 次，随水追施速效氮肥 1～2 次，每次每 667 米² 追施硫酸铵 20～25 千克，或尿素 10 千克，以促进菠菜叶片迅速生长发育。菠菜幼苗期每次每 667 米² 浇水 20 米² 左右；进入菠菜旺盛生长期，每次每 667 米² 浇水 40～50 米³。要注意防治菠菜霜霉病和炭疽病。

(7) 越冬菠菜的水肥管理 在菠菜生产上，以越冬菠菜栽培面积较大，是解决早春淡季缺菜的主要蔬菜品种。越冬菠菜栽培要选用抗寒性强的品种。一般耐寒性强的品种具有以下特征：种子有刺，叶片多为近三角形，裂刻比较深，叶柄较长，叶面光滑，深绿色，根系比较发达。此外，经过越冬繁育的种子具有品种的抗寒性，而当年播种繁育的种子容易退化，不耐寒，籽粒较大，充实饱满，比重大，耐寒性差。

①整地施肥。前茬蔬菜收获后，撒施腐熟农家肥 5 000 千克、过磷酸钙 25～30 千克，深翻 20～25 厘米，再刨一遍，使土壤与粪肥混合均匀。北方地区冬季气候严寒，适宜平畦栽培，畦宽 1～1.2 米，长 10～15 米，两个畦之间留 10～12 厘米宽的小沟，以便于浇水。每隔 8～10 米留出风障沟的位置。播前如果土壤干旱，应该先浇足底水。一般每 667 米² 浇水 50 米³ 左右。

②播种期的确定。华北、西北平原地区一般在 9 月中下旬播种，东北地区可提前至 9 月初播种，保证菠菜在越冬前有 40～60 天的生长期，以使菠菜在冰冻来临前长出 4～6 片真叶为适宜。播种过早，温度高，生长量大，生长快，植株体内含糖量减少，不耐寒，会造成越冬死苗、缺苗。另外，植株生长过大，生长点暴露在外面，越冬时生长点容易被冻坏、冻死。如果播种过晚，幼苗小，根系发展范围窄，扎得浅，不耐寒。

③出苗后的水肥管理。越冬菠菜生长期长达 150～210 天，有停止生长发育的过程。因此，在栽培管理上可以分为 3 个阶段，即冬前、越冬和早春 3 个阶段。

ⓐ越冬前的管理：冬前生长期为 50～60 天，以培育壮苗为目的，增强抗寒能力，使其安全过冬。出苗前可浅锄或浇 1 次"蒙头水"。每 667 米² 浇水 20～30 米³。菠菜出苗后，加强管理，长出 2～3 片真叶时，对于密度较大的幼苗，进行 1 次疏苗，使苗距保持在 3～4 厘米。幼苗 3～4 片叶前要注意保持土壤湿润，可浇 1～2 次水，结合浇水追 1 次肥，随水每 667 米² 施用硫酸铵 10～15 千克，浇水 30～40 米³。到土壤结冻前，基本不浇水。此时应该适当控水，使根系向下伸展，有利于抗寒越冬。

在土壤即将封冻时，要建好风障。土壤即将结冻，即土表昼化夜冻时，一般在立冬至冬至之间，浇 1 次冻水，水量要适当大些，以保证水分渗入土壤中。在浇冻水的同时，随水追施腐熟的大粪稀，用量为每 667 米^2 1 000～1 500 千克，浇水量为每 667 米^2 30～50 米^3。浇过冻水的土壤，其上下层都有充足的水分，遇冷土壤结冰后，由于冰的导热力小而使地温不容易散失，外界冷空气不容易直接侵入土中，可保护幼苗免受冻害，而且根系在冻土的包围下不容易失水。另一方面，浇冻水后的菠菜早春返青时不受干旱，可以延迟浇返青水，防止地温降低。在严寒地区越冬，如果能够对菠菜加以覆盖，则有利于防寒保温，能使菠菜提早返青。砂壤土浇冻水后土壤容易龟裂，可以在浇水后盖一层细土，防裂保墒。

ⓑ越冬停止生长期管理：越冬停止生长期为 70～110 天。此期要经过严寒的季节，主要是搞好安全越冬。在 10～15 米远处设一道风障，有利于菠菜越冬后早返青，早收获。要注意防止畜禽等为害。遇到大风雪，风障上有积雪时，要在菠菜返青前及时将其清除，防止幼苗被闷死或者大雪融化后积水。

ⓒ早春生长期的管理：早春土壤化冻前，如果遇到降雪，要及时清除，以防雪水融化下渗，引起降温和氧气不足而沤根。土壤逐渐化透时，要及时清除覆盖物和田间的枯叶与杂草等，耙松表土，有利于增温保墒通气，促进菠菜早返青。从越冬后植株恢复生长发育，至开始收获，需要 30～40 天。返青后，当菠菜叶片发绿，心叶开始生长时，选择晴天上午浇返青水。返青水宜小不宜大，最好浇水后有一段稳定的晴天。返青后外界温度升高，叶片生长加快。但是温度的升高及日照的加长，也有利于抽薹。因此，浇水之后，要水肥齐攻，促进营养生长。浇返青水的同时，每 667 米^2 追施硫酸铵 15～20 千克，浇水 30～40 米^3。在菠菜收获前，一般追肥 2 次，浇水 3～4 次。要保持土壤表土湿润，肥水交替灌溉。

4. 设施韭菜的养分水分特点及施肥灌溉技术

(1) 韭菜的生长发育特点 韭菜是多年生宿根作物，弦状须根，分布在浅土层，着生于葫芦状基盘上。其根系除具有吸收功能外，还有贮藏养分的功能。在生育期间进行新老根系的交替，并表现新根逐年上移的特点（叫"跳根"）。韭菜的茎分为营养茎和花茎。短缩的营养茎为盘状，周围长着弦状须根，寿命为2年。因此，每年必须促进新根的继续增生，才能保证植株的旺盛生长。韭菜根分布在土壤耕层20～30厘米的范围内，且吸收能力强，属喜肥蔬菜。生产上常采用增施有机肥和客土等方法，满足其根系上移（跳根）的需要。能够发生新根的茎盘，保持在地表以下4～5厘米的深度。

韭菜耐寒，叶部生长适温为12～24℃，能够忍−4～−5℃的低温，当气温降到−30℃以下时，地下茎仍不致被冻死。光照强度以中等为宜，光照弱时，韭菜纤维少，品质好。对土壤的适应性较强，砂土、壤土和黏土均可栽培。土壤肥沃，有机质含量高时，易获得高产。土壤酸碱度以pH6～7为宜。对盐碱的忍耐性比其他蔬菜强，但土壤含盐量也不宜超过0.2%。

（2）韭菜的需肥特点　韭菜可一年种植多年收获。它对养分的需求，不但要有利于当年叶片的生长和分蘖，增加当年的产量，而且还要增加下一年的产量，延迟衰老。幼苗期生长量小，根系吸收能力弱，因此吸肥量也少。但是，要施足基肥，为根系发育和地上部生长创造良好的环境。进入营养生长盛期后，叶片迅速生长，同时不断长出新根，此时需肥量迅速增加，应加强肥水管理。

株龄不同，需肥量有一定的差别。一年生韭菜，植株尚未充分发育，需肥量较少。两年以上的韭菜，每年在花薹抽生以前为主要收获季节，每经过一段时期的生长，就要收割一茬韭菜。这样韭菜的生长量和需肥量便呈现波浪式增加。2～4年生韭菜，分蘖力强，产量也高，需肥量相应增加。5年生以上的韭菜，由于多年多次收获，土壤肥力和植株长势都已下降，需增施有机肥，提高地力，防止早衰。

每生产 1 000 千克韭菜，需吸收氮 2.8～5.5 千克，磷 0.85～2.1千克，钾 3.13～7 千克。吸收比例为 1∶0.36∶1.22。氮对韭菜的生长影响最大，氮肥充足，叶厚鲜嫩，但单施大量氮肥时，植株柔嫩，易倒伏。与磷、钾肥配合施用，可以提高植株的抗倒伏性，促进糖分合成与运输，增加产量，提高品质。

韭菜耐肥力较强，施肥对产量影响显著。由于韭菜是多次收获的作物，每次收割之后，新芽生长需吸收大量的无机养分。在养根期间，为了促进地下部养分的积累，为来年丰产打好基础，必须进行追肥。

(3) 韭菜施基肥和苗肥

①施基肥。韭菜直播宜选择排水良好，土壤肥沃，质地疏松，pH 在 5.5～6.5 的菜田，避免与葱蒜类蔬菜连作。在上冻前或来年春天化冻达 20 厘米深时整地。每 667 米² 施腐熟优质有机肥 5 000～7 000 千克，过磷酸钙 50 千克，深耕细耙，使土肥混匀，起垄或作畦，播种并覆盖地膜。

②苗期施肥。苗高 10～15 厘米时，结合浇水，追施一次促苗肥，每667 米² 追施硫酸铵 15 千克，或尿素 5 千克。以后控水中耕除草，蹲苗壮根，以防止倒伏烂苗。

(4) 韭菜追肥 立秋后，天气逐渐凉爽，是韭菜生长的适宜季节。为促进叶片旺盛生长，给鳞茎膨大和根系生长奠定物质基础，需加强肥水管理。结合浇水，每 667 米² 追施硫酸铵 25 千克，或尿素 10 千克，硫酸钾 10 千克。20 天后，可再追施一次肥，用量同第一次。

夏秋之际，韭菜生长过分旺盛时，容易倒伏，引起病害。这时，可在叶鞘上 8～10 厘米进行高割，结合松土培垄，控制浇水。地表即将封冻时要浇冻水，并结合浇水，每 667 米² 追施硫酸铵 15 千克，硫酸钾 6 千克。

(5) 不合理施肥对韭菜的危害 在设施韭菜生产过程中，

常出现干尖、根腐、枯叶和死株等病状。相同的症状可能是不同的原因引起的，正确地诊断原因，是防治病害的先决条件。

①酸害。韭菜生长的适宜酸碱度接近中性。在酸性土壤上种植韭菜易出现酸害，这种情况在地膜覆盖时比较突出。酸害的症状是，扣膜后第一刀韭菜生长发育正常，但下一刀韭菜生长发育不良，叶片生长缓慢而细弱，外部叶枯黄。由于长期大量施入酸性或生理酸性肥料，使土壤酸化，从而引起该症状发生。防止酸害的方法是施石灰和草木灰，同时大量施有机肥，并尽量把石灰与土壤拌匀。地膜覆盖后施石灰困难，可在追肥时用硝酸钙作为液体肥料灌根。

②气害。氨气毒害的症状，是引起叶尖枯萎，逐渐变为褐色。亚硝酸气体危害后叶尖变白枯死。这是由于棚室内施入大量碳酸氢铵等易挥发性肥料或施入尿素、硫酸铵、未腐熟的有机肥料而引起氨和亚硝酸的积累。防止的方法是不在棚室内施用易挥发的氮肥，施肥量要适当，要结合浇水进行追肥。

③营养元素缺乏及过剩的危害。缺乏养分时，体势弱，生长缓慢，分蘖少，叶色淡，叶片瘦小，叶面积小，干物质积累少，产量明显降低。缺钙时中心叶黄化，部分叶尖枯死。缺镁时，外叶黄化枯死。缺硼时中心叶黄化，产生生理障碍。硼过量时，叶尖开始枯死。锰过量时，嫩叶轻微发黄，外部叶片黄化枯死。大量施入未腐熟的畜禽粪和有机肥时，因腐烂、高温、缺氧或发生病虫害等，引起烂根死株。

(6) 塑料中、小棚韭菜的水肥管理

①培养植株前施基肥。每 667 米^2 施腐熟有机肥 4 000～5 000千克，过磷酸钙 20～25 千克，施后耕翻细耙，整平做畦。

②覆盖膜后的水肥管理。

施肥松土：土壤解冻后，在畦内施入腐熟打碎的厩肥，用铁耙轻刨，使畦土和粪肥混匀，土壤疏松，以利吸收光照，提高地温，促进韭菜出土。

浇水追肥：扣膜前浇灌过冻水，扣膜后一般暂不浇水。头刀韭菜收割前 3～5 天宜轻浇一水。韭菜株高 6～8 厘米时，可浇水、追肥一次，每 667 米² 追施硫酸铵 15～25 千克，及时中耕保墒。以后每刀韭菜都按上述要求进行管理。

（7）塑料大棚韭菜的水肥管理

①施肥垫地。棚内土壤解冻后，清除枯叶干草，每 667 米² 施腐熟厩肥 1 000～1 500 千克，过磷酸钙 20～30 千克，混合均匀后撒入畦内，铺垫厚 1 厘米左右的细土，用铁耙反复耙搂，使粪土混匀，土壤疏松。

②水肥管理。韭菜长到 7～10 厘米时，可浇水追肥一次，每 667 米² 随水施硫酸铵 15～25 千克，适时中耕松土。收割前 3～5 天可轻浇一水，及时通风换气。收割韭菜后，要趁土壤墒情好，用铁耙轻刨或来回耙畦面，使畦土疏松，保墒增温，促使韭菜苗早出土。以后每刀韭菜都按上述方法管理。

在最后一刀韭菜收割后，下茬韭菜株高 8～10 厘米时，结合浇水追施腐熟的人粪尿，每 667 米² 施量为 1 000～1 500 千克。进入雨季，保持土壤见干见湿即可。

5. 设施莴苣的养分水分特点及施肥灌溉技术

（1）莴苣的栽培季节和茬口安排　叶用莴苣可以周年生产，周年供应。在南方温暖地区，可露地越冬。在北方地区，冬季可以在日光温室里栽培莴苣，每月播种一茬，定植一茬。

（2）根据莴苣的生长发育特点进行水肥管理　莴苣是菊科莴苣属 1 年生或 2 年生草本植物，原产于地中海沿岸，喜冷凉湿润气候，在我国南北方各地区普遍栽培。莴苣分叶用和茎用 2 种。叶用莴苣以叶片为主要食用部分，因以生食为主，故又称生菜。根据叶片形状又可以分为皱叶莴苣、结球莴苣和直立莴苣 3 个变种。茎用莴苣肉质茎肥大如笋，又称莴笋，为主要食用器官。生育期为 150～200 天。我国南方地区栽培较多。

莴苣属于浅根性直根系蔬菜，根系浅而密集，须根发达，主要根系分布在 20～30 厘米深的土层中。由于莴苣的根系浅，因此生产上表现为不耐旱，种植过程中要加强水分管理。莴苣喜欢冷凉。发芽的适宜温度为 15～20℃，需 3～4 天发芽。生长的适宜温度白天为 15～20℃，夜间为 12～15℃。但不同生育期对温度的要求不一样，幼苗期需 16～20℃，莲座期需 12～22℃；幼苗可以忍受短时期−5℃的低温。

莴苣喜潮湿忌干燥。叶片大，蒸腾作用旺盛，消耗水分量大，需要供应较多的水分。莴苣在不同生育期对水分有不同的需求。种子发芽出土时，需要保持苗床土壤湿润，以利于种子发芽出土。幼苗期土壤应见干见湿，适当控制水分。土壤水分太多，幼苗容易徒长，土壤缺乏水分，幼苗容易老化，发棵期要适当控制水分，进行蹲苗，使莲座叶发育充实，促进根系生长。结球期要供应充足的水分，缺水容易造成结球松散或者不结球，同时造成植株体内的莴苣素增加，苦味加重。结球后期浇水不能太多，以免发生裂球，导致软腐病和菌核病的发生。

莴苣的根系吸收能力较弱，对氧气的需求量高。将它栽培在黏土或者砂土上，其根部生长发育不良。因此，应该选择有机质含量高、通透性较好的壤土或者砂壤土种植莴苣，这样根系生长速度快，有利于养分、水分的吸收。莴苣喜欢微酸性土壤，适宜的土壤 pH 为 6 左右，当土壤 pH 大于 7 或者小于 5 时，都不利于莴苣的生长发育。

结球莴苣生长期短，食用部分是叶片，因此对氮的需求量较大，整个生育期要求有充足的氮供应，同时要配合施用磷、钾肥。为促进叶球生长，以氮素的供应最为主要。结球期应该充分供应钾素。莴苣在生长初期，生长量和需肥量都较少。随着生长量的增加，对氮、磷、钾的需求量逐渐增加，特别是结球期需肥量迅速增加。莴苣在整个生育期对钾需求量最高，氮次之，磷最少。每生产 1 000 千克莴苣，需要吸收纯氮（N）2.5 千克、磷

（P₂O₅）1.2千克、钾（K₂O）4.5千克，其氮、磷、钾吸收比例为2.08∶1∶3.75。氮是影响莴苣生长发育最大的养分，任何时期缺氮都会抑制叶片的分化，使叶片数量减少。莴苣幼苗期缺氮，会抑制叶片的分化，在莲座期和结球期，缺氮对其产量影响最大。结球1个月内，吸收的氮占全生育期总吸收氮量的84%。幼苗期缺磷，不但莴苣叶片数量少，而且植株矮小，产量降低。任何时期缺钾对叶片的分化影响不大。但对叶重的影响较大。缺钾影响莴苣结球，叶球松散，叶片轻，品质下降，产量减少。特别是结球莴苣在结球期缺钾，会使叶球明显减产。莴苣还需要钙、镁、硼等中量和微量元素，缺钙经常造成莴苣心叶边缘干枯，俗称干烧心，导致叶球腐烂。缺镁引起叶片失绿。中量和微量元素可以通过叶面追肥来补充，要在莴苣莲座期补施；后期再喷施效果较差。

(3) 莴苣对水分、土壤和养分的要求

①水分要求。叶用莴苣叶片多，叶面积较大，蒸腾量也大，消耗水分较多，需要较多的水分。莴苣生育期65天左右，每667米² 需水量为215米³ 左右，平均每天需水量为3.3米³。叶用莴苣在不同生育期对水分有不同的需求。种子发芽出土时需要保持苗床土壤湿润，以利于种子发芽出土。幼苗期土壤应该见干见湿，适当控制水分。土壤水分过多，幼苗容易徒长；土壤水分缺乏，幼苗容易老化。发棵期要适当进行蹲苗，促使根系生长。结球期要供应充足的水分；缺水容易造成结球松散或者不结球，同时造成植株体内莴苣素增多，苦味加重。结球后期浇水不能太多，防止发生裂球导致软腐病和菌核病的发生。

②土壤要求。莴苣的根系吸收能力较弱，对氧气的需求量高。将它栽培在砂土或者黏土上，根系生长发育不良。因此，应该选择有机质含量较高、通透性较好的壤土或者砂壤土栽培莴苣。莴苣喜欢微酸性土壤，适宜的土壤pH为6左右，当pH大于7或者小于5时，都不利于莴苣的生长发育。

③养分要求。叶用莴苣生长期短，食用部分是叶片，因此对氮的需求量较大，整个生育期要求有充足的氮裹供应，同时要配合施用磷、钾肥。每生产 1 000 千克叶用莴苣，需纯氮（N）2.5千克、磷（P_2O_5）12 千克、钾（K_2O）4.5 千克。其氮、磷、钾的吸收比例为 2.08：1：3.75。叶用莴苣幼苗期缺氮，会抑制叶片的分化，使叶片数量减少；幼苗期缺磷不但叶用莴苣叶片数量少，而且植株矮小，产量降低。缺钾影响叶用莴苣结球，叶球松散，叶片轻，品质下降，产量减少。莴苣还需要钙、镁、硼等中量与微量元素，缺钙经常造成叶用莴苣心叶边缘干枯，俗称干烧心，导致叶球腐烂。缺镁导致叶片失绿。中量和微量元素可以通过叶面施肥来补充，要在叶用莴苣莲座期补施。后期喷施效果较差。

（4）莴苣的水肥管理

①育苗期的水肥管理。一般育苗每 667 米^2 用种量为 25～30克，苗床面积与定植面积之比约为 1：20。由于栽培季节不同，所以有露地育苗和设施育苗两种形式。育苗可以在生产田里就地做畦播种，也可以用营养土块、纸袋或者营养钵育苗。育苗床土用 50% 腐熟马粪和 50% 未栽培过绿叶类蔬菜的园田土，每立方米床土再加尿素 20 克和过磷酸钙 200 克，过筛后混匀，在苗床上平铺 5 厘米厚（成苗床平铺 10 厘米厚）。播种前，对苗床浇足底水，水渗下后撒一层 0.5 厘米厚的细土，随后即可播种。幼苗移栽前浇足底水。

②定植前的水肥管理。叶用莴苣根系不深，主要靠须根吸收水分和养分。定植前应该深翻 25 厘米以上，每 667 米^2 施用腐熟优质农家肥 2 500～3 000 千克、过磷酸钙 40～50 千克、氯化钾 15～20 千克作基肥。充分搂耙均匀后，按 40～50 厘米间距起垄，垄高 12～15 厘米，用地膜覆盖。做平畦时，畦宽 1.2 米，整平畦面，用地膜整畦覆盖，并且将四边压严。

③定植后的水肥管理。莴苣在苗龄 30～35 天，幼苗具有

5～6片真叶时定植。在秋、冬季节，为了提高地温，可提前7天覆膜烤地，当地温稳定在8℃以上时，即可定植。定植时应该带土护根，栽植深度以不埋住心叶为宜。栽后及时浇定植水，每667米^{2}浇水量为40～50米^3。叶用莴苣的水肥管理，在施足基肥的基础上，要掌握促前、控中、攻后的原则，即早期追施氮肥促进生长发育，中期适当控制水肥防止徒长，后期水肥齐攻叶球。定植后7～10天，即缓苗后随水每667米^{2}施用硫酸铵10～15千克，浇水量为30～40米^3；早熟品种在定植后15～20天，中熟品种在定植后20～25天，再随水每667米^{2}施用硫酸铵20～25千克、氯化钾10～15千克，浇水量为每667米^{2}40～50米^3。以后可以根据土壤墒情，再浇水1～2次，每次每667米^{2}浇水量为40米^{3}左右。不可以在畦面撒施碳酸氢镀、尿素等，以防止氨气积累，造成氨害。另外，结球莴苣在心叶内卷初期，还应该叶面喷施0.2%磷酸二氢钾溶液。莴苣又怕水涝。因此畦内不可积水，雨后要及时排水。在夏季热雨过后，必须及时用井水浇田。

叶用莴苣既怕旱，又怕潮湿。因此，浇水要适量。一般浇水宜采用膜下沟灌，使土壤相对湿度保持在60%～65%，达到既保持土壤谩润，又保持地面和空气干爽的目的。这样，有利于防止病害的发生，采收前5天左右，要控制浇水，以防止软腐病和菌核病的发生。

(5) 塑料大棚早春茬莴苣的水肥管理

①施肥整地。定植前深翻土壤25厘米或更深，每667米^{2}施用腐熟优质有机肥2 500～3 000千克、过磷酸钙40～50千克、氯化钾15～20千克作基肥。搂耙均匀后，按40～50厘米的间距起垄，垄高12～15厘米，用地膜覆盖。

②定植后的水肥管理。莴苣的水肥管理在施足基肥的基础上，要掌握促前、控中、攻后的原则。即早期追施氮肥促生长，中期适当控制水肥防徒长，后期水肥攻叶球。定植后7～10天，

即缓苗后随水每 667 米^2 施用硫酸铵 10～15 千克，浇水 30～40 米^3。早熟品种在定植后 15～20 天，中熟品种在定植后 20～25 天，再随水每 667 米^2 追施硫酸铵 20～25 千克、氯化钾 10～15 千克。不可以在畦面撒施碳酸氢铵和尿素等，以防止氨气积累引起氨害。每次每 667 米^2 浇水量为 30～40 米^3。

莴苣既怕旱又怕潮湿，因此浇水要适量。一般浇水适宜采用膜下沟灌，使土壤相对湿度保持在 60%～65%。采收前 5 天左右。需要控制浇水。

（6）塑料大棚秋茬莴苣的水肥管理

①施肥整地。每 667 米^2 施用腐熟优质有机肥 5 000 千克。施肥后耕翻 2 遍，耙细耙平，做畦进行定植。

②定植后的水肥管理。定植时浇定植水，每 667 米^2 浇水量为 30～40 米^3。莴苣缓苗后再浇 1 次水，每 667 米^2 浇水量为 30～40 米^3，然后进行中耕、蹲苗促根。在第一次追肥浇水后，还要中耕 1 次。在莴苣整个生育期，共需追肥 2～3 次，浇水 4～6 次。即缓苗后 15 天左右，结球初期和结球中期，每 667 米^2 追施硫酸铵 15～20 千克，或者尿素 10 千克。每次追肥的同时都要进行浇水。结球初期的浇水量要适当大一些。每次每 667 米^2 浇水量为 40 米^3 左右。

（7）日光温室冬春茬莴苣的水肥管理

①定植前施基肥。在整地做畦前施足基肥，每 667 米^2 施用腐熟的有机肥 3 000～4 000 千克、过磷酸钙 30～40 千克、硫酸铵 20～25 千克、氯化钾 7～10 千克。

②定植后的水肥管理。在莴苣缓苗后 7～10 天，结合浇水，每 667 米^2 施用硫酸铵 10～15 千克。每 667 米^2 浇水量为 40 米^3 左右。早熟品种定植后 20 天左右，晚熟品种定植后 30 天左右，进入结球初期，结合浇水每 667 米^2 施用硫酸铵 15～20 千克、氯化钾 10～15 千克，每 667 米^2 浇水量为 40 米^3 左右。进入结球中期，再进行 1 次追肥，施肥量、浇水量同前面

一次。

定植缓苗后要适当控水，以促进莴苣根系生长发育。不铺地膜定植的，应该及时中耕，中耕深度为2～3厘米，缓苗后7～10天再浇水和中耕。植株进入莲座期不再中耕。铺地膜的，要适当控制浇水，促进莴苣根系生长发育，防止植株徒长。

（六）设施豆类蔬菜的养分水分特点及施肥灌溉技术

1. 根据豆类蔬菜的生长发育特点进行水肥管理　豆类蔬菜为豆科1年生或2年生的草本植物，包括菜豆、豇豆、豌豆、蚕豆、扁豆、刀豆和四棱豆等。豆类蔬菜都为直根系，入土深，具根瘤，能固定空气中的游离氮，合成氮素物质，供给植株养分，并且增加土壤肥力。但根系再生能力弱，适宜直播或者进行护根育苗。要求土壤排水和通气性良好，土壤pH以5.5～6.7为适宜，不耐盐碱。忌连作，宜与非豆科作物实行2～3年轮作。除豌豆、蚕豆属于长日照植物，喜冷凉气候外，其他都属于短日照植物，喜温暖，不耐寒。豆类蔬菜因种类不同，其耐热性也不相同。扁豆、刀豆和四棱豆等，在炎热季节可以旺盛生长，并且大量开花。豌豆和蚕豆耐寒性较强，在南方地区可以冬季播种，春末夏初采摘；北方地区可以春播夏收。菜豆和豇豆介于两者之间，多为春季播种，夏秋收获。豆类蔬菜都要求较高的光照强度，生长发育期内光照充分，能够增加花芽分化数量，提高开花结荚率。

豆类蔬菜直根发达，都有不同形状的根瘤共生，可以从土壤空气中固氮。因此，栽培豆类蔬菜对氮素要求较少，而且可以提高土壤肥力，对下茬蔬菜也有利。豆类蔬菜对土壤养分的要求不严格，但是在根瘤菌还未发挥固氮作用以前的幼苗期，应适量施用氮肥。由于豆类蔬菜在播种后很快就开始花芽分化，因此要注意豆类蔬菜的早期追肥和浇水，并且要氮、磷、钾肥配合施用。这样可以增加其分枝数、结荚数和豆荚的重量。随着植株的生长发育，到开花结荚时，还应该及时、适量地追施氮素肥料和浇水。特别是食用嫩荚和嫩豆粒的品种不能缺乏氮素，不然就会降低产量和品质。相对于其他类蔬菜，它们对磷、钾的需求量多一些。钾素能增强豆类蔬菜的抗病性。磷素缺乏会使种子发育不好，形成空荚和秕粒。

2. 设施菜豆养分水分特点及施肥灌溉技术

(1) 菜豆的栽培季节和茬口安排　我国除了无霜期很短的高寒地区为夏播秋收外，其余南、北方各地区，都可以春、秋两季播种，并且以春播为主。春季露地播种，多在终霜前几天，10厘米土壤温度稳定在10℃时进行。长江流域地区春播适宜在3月中旬至4月上旬进行，华南地区一般在2～3月份播种，华北地区在4月中旬至5月上旬播种，东北地区在4月下旬至5月上旬播种。在海南和云南一些地区，可以冬季露地栽培。目前，很多地区利用塑料大棚和日光温室进行反季节栽培，保证了菜豆的周年生产和供应。

(2) 菜豆的生育特点　菜豆别名四季豆、芸豆、玉豆等，为豆科菜豆属1年生蔬菜。原产于中南美洲，16世纪传入我国，我国南北各地区普遍栽培。我国栽培的菜豆品种，按其生长习性的不同，可以分为蔓生种、半蔓生种和矮生种3类。蔓生种属于无限生长类型，主蔓长达2～3米，侧枝产生较少，陆续开花结荚，结荚期长，产量高，品质好。矮生种为有限生长类型，植株矮生直立，茎节间短，株高40～60厘米。其花期和采收期短，产量低，但是适宜于早熟栽培。

菜豆根系发达，成株主根可深达80厘米以上，侧根分布范围的直径为60～70厘米，主要根群多分布在15～30厘米深的土壤中，在侧根和多级细根中，还生有许多根瘤，能固氮。但根瘤长得慢并且少，在气温和地温低于13℃时，几乎无根瘤产生。根系容易老化，再生能力弱。荚果为圆柱形或扁圆柱形，全直或稍弯曲。嫩荚为绿色、淡绿色、紫红色或紫红花斑色等，成熟时黄白色至黄褐色。在高温、干旱或营养不良条件下种植时，豆荚纤维增加，品质下降。

菜豆的生长发育周期，可以分为发芽期、幼苗期、抽蔓期和开花结荚期4个时期。发芽期，从种子萌动到第一对真叶出现，需要10～14天。幼苗期，从第一对真叶出现到有4～5片真叶展开，需要20～25天。第一对真叶健壮可以促进生育初期根群发展和顶芽生长。幼苗末期开始花芽分化。抽蔓期，从4～5片真叶展开到开花，需要10～15天。这个时期茎叶生长发育迅速，花芽不断分化发育。开花结荚期，从开花到采摘结束。矮生种一般播种后30～40天便进入开花结荚期，历时20～30天；蔓生种一般播种后50～70天进入开花结荚期，历时45～70天。

菜豆喜温暖，怕寒冷。种子发芽的最低温度为8～10℃，发芽的适宜温度为20～25℃。幼苗生长发育适宜温度为18～20℃，10℃以下生长发育受到阻碍。开花结荚的适宜温度为18～25℃，如果低于15℃或者高于30℃，容易产生不稔花粉，造成落花、落荚。菜豆喜光照，弱光下生长发育不良，开花结荚数量减少。多数品种属于中光性，春、秋两季都可以栽培。如果日照时数达到8～10小时，则开花期可以提前，结荚也多。对光照强度要求严格，光照弱，植株徒长。菜豆耐旱力较强，在生长发育期间，土壤适宜湿度为田间最大持水量的60%～70%，空气相对湿度以保持在50%～75%较好。开花结荚期湿度太大或者太小，都会产生落花落荚现象。菜豆适宜在土层深厚、有机质丰富、疏松透气的壤土或沙壤土上种植。如果土壤湿度大，透气性差，则不利于根瘤菌繁殖与寄生。适宜的土壤pH6.2～7.0。如果土壤呈现酸性，会使根瘤菌活动受到抑制。菜豆在生长发育过程中，吸收钾肥和氮肥较多，其次为磷和钙肥。微量元素硼和钼对菜豆生长发育和根瘤菌活动，有很好的促进作用。菜豆对氯离子反应敏感，所以在菜豆生长上不适宜生产上不适宜施用含氯的肥料。

(3) 菜豆的需水肥特点　栽培菜豆，根据生长发育期长短的不同，其需水量也有所不同。菜豆生育期 80～120 天，每 667 米^2 需水量为 333～480 米^3，平均每天的需水量为 4.0～5.1 米^3。

菜豆在营养和施肥上有以下特点：一是由于根系比较发达，有根瘤菌共生。其根瘤菌为好气性细菌，通过施富含有机物的肥料，可提高土壤通透性，为根瘤菌的生长、繁殖创造良好的环境。二是根瘤菌对磷特别敏感。根瘤菌中磷的含量比根中多 1.5 倍，因此，施磷肥可达到以磷增氮的明显增产效果。三是菜豆需钙较多。菜豆虽然有根瘤，本身可以固定氮素，但仍需补充氮肥。菜豆对钾、氮肥需求较多，而对磷肥需求较少。但较少磷会使植株根瘤发育不良，从而使菜豆减产。

菜豆根系对氮、磷、钾、钙等元素的吸收，随植株的生长发育而增加。前期吸收的营养主要用于叶片生长，吸收量是直线上升。生育中期，叶片吸收的养分减少，而豆荚中的氮磷钾却显著增加。由于豆荚生长很快，吸收量也迅速增加，从而导致豆荚迅速膨大。如果三要素供应不足，势必促使部分叶片中的三要素向豆荚转移，叶片的光合能力降低，早衰，植株吸收养分的能力也会降低。在开始花芽分化和进入生育中期时，适量增施氮肥对促进植株的发育，增加花数作用较大，有利于获得优良豆荚。但如果氮素和水分过多，也易引起落花落荚，并且增加劣质荚。

同样数量的氮、磷、钾肥，在不同生长期追施，对菜豆生长发育和结荚都有较大的影响。在花芽分化前追肥，植株的分枝数、结荚数和豆荚的产量都较高。早追肥能促进主枝的基部产生侧枝，有利于结荚。矮生菜豆较低节位产生的侧枝越多，花芽分化发育越良好，因此有利于产量的增加。每生产 1 000 千克菜豆，需要吸收纯氮（N）3～3.7 千克、磷（P_2O_5）2.3 千克、钾（K_2O）5.9～6.8 千克，其养分吸收比例为 1.48：1：2.28。

(4) 菜豆施苗肥和基肥

①苗期的水肥管理。菜豆属深根系作物，由于根组织木栓化程度较重，新根生长速度慢，根系切断后恢复能力弱，不易发新根，因而一般不宜育苗移栽，而以直播为主。但菜豆根系具有发生侧根的能力，如果进行护根育苗，一般较容易培育壮苗。苗龄30天左右，1～2片真叶，未甩蔓时较好。为防伤根，一般直接播于营养土方或纸袋、塑料袋中育苗。

培育菜豆幼苗的营养土，要选用2～3年内未种过豆类的菜田土，以防土传病害的发生。土壤酸碱度以中性或弱酸性为宜。土壤过酸会抑制根瘤菌的活动，可适量施石灰中和，石灰中的钙同时也给菜豆提供了必需的养分。施石灰时要与床土混匀，用量不能太多。营养土中最好不施人粪尿，因为人粪尿腐熟不好，会引起种子腐烂。没有完全腐熟的堆肥和厩肥，也不宜多施。营养土的配制比例为：腐熟马粪30%，陈炉灰20%，腐熟大粪面10%和未种过豆类蔬菜的菜田土40%。也可用菜田土40%，河泥20%，腐熟的厩肥30%，草木灰10%，加入2%～3%的过磷酸钙进行配制，充分拌匀即成。采用营养土方播种时，先将床土弄成干泥状，平铺在棚室的床面上，厚度以8～10厘米为宜，然后切成10厘米×10厘米的营养土方。播种前在土方上先扎一个1厘米深的小孔，以备播种。

②播种或定植前的水肥管理。菜豆是喜肥蔬菜作物，在根瘤菌未发育的苗期，利用基肥中的有效养分来促进植株生长发育，十分必要。一般每667米² 施用腐熟厩肥1 000～2 500千克，或者施用腐熟的堆肥、土杂肥5 000千克，再加入过磷酸钙10千克、草木灰100千克。矮生菜豆的基肥施用量，约为蔓生菜豆的80%。要注意选用完全腐熟的有机肥，不要用过多的氮肥作种肥。然后浇足底水，每667米² 浇水量为40～60米³。

③播种后或定植后的水肥管理。菜豆播种后20～25天，花芽开始分化时，应及时给予追肥。一般每667米² 追施20%～

30%的稀薄人畜粪尿 1 500 千克，并施入过磷酸钙和硫酸钾各 4～5 千克。然后每 667 米^2 浇水 20～40 米^3。及时追肥浇水，可以显著增产。但是，苗期施用过多的氮肥和浇太多的水，会使菜豆植株茎、叶组织幼嫩并徒长，容易诱发病虫害。

随着菜豆的生长发育，对氮、磷、钾的吸收量逐渐增加，在结荚期的需肥量和需水量最大。蔓生种结荚的养分主要是从根部吸收的，有一部分是从茎叶中运转过来的。蔓生菜豆开花结荚期较长。矮生菜豆结荚的养分，由茎叶转运的大于根部吸收的。因此，蔓生种比矮生种需肥量、需水量大，追肥浇水的次数也要多。每次每 667 米^2 追施 50%人畜粪尿 2 500～5 000 千克，并且在开花结荚期重施追肥。一般蔓生菜豆追肥 2～3 次，浇水 4～6 次；矮生菜豆追肥 1～2 次，浇水 2～4 次。开花结荚前，要适当控制水分蹲苗，如果干旱则浇小水。给菜豆浇水的原则是"浇荚不浇花"。当第一花序豆荚开始伸长时，随水追施复合肥，每次每 667 米^2 施用 15～20 千克。一般 10 天左右浇 1 次水，隔 1 次水追施 1 次肥。每次每 667 米^2 浇水量为 50～70 米^3。在菜豆开花结荚初期，已有大量根瘤形成，因此固氮能力较强，这时施用过多的氮肥，反而会使根瘤菌产生惰性，固氮量相对减少。把同样数量的肥料分为 2～3 次施入，比一次施用效果好。

（5）不合理施肥对菜豆的危害　菜豆缺氮，植株生长缓慢而且矮小，叶片小并且发黄。铵态氮肥施用过量时，菜豆易出现氮中毒现象。菜豆喜硝态氮肥，当土壤中硝态氮含量低于速效氮含量的 30%时，虽然植株上有分枝和花蕾，但叶片生长失常。当硝态氮低于 10%时，氨毒害严重。开始时除叶脉呈绿色外，叶肉褪绿，并带有模糊的黄褐色，继而叶缘和叶脉出现淡褐色干枯。叶脉间突起，叶面凹凸不平，叶缘卷起，落叶多。傍晚叶片下垂，上、中下部叶片发生上述现象严重。在开花结荚期，氮肥过量会引起茎叶徒长，致使落花落果严重。缺磷时，植株和根瘤生长不良，开花结荚减少，产量低，并且籽粒也少。缺镁时，初生叶叶脉间黄化失绿，逐渐由下部向上部发展，几天后开始落叶。这时如增施钾肥，会加重菜豆的缺镁症状。

（6）塑料小拱棚早春菜豆的水肥管理

①直播或定植前施基肥。每 667 米^2 施腐熟厩肥 3 000～4 000千克，过磷酸钙 30～40 千克做基肥，施后深耕并耙平。

②直播或定植后的水肥管理。直播出苗后或定植时浇 1 次水，每 667 米^2 浇水量为 30～40 米^3。定植缓苗后再进行 1 次浇水，每 667 米^2 浇水量为 20～30 米^3。菜豆植株团棵时进行第一次追肥，每 667 米^2 施尿素 10～15 千克，并浇水，每 667 米^2 浇水量为 30～40 米^3。在植株开始现蕾时，进行第二次追肥，每 667 米^2 施尿素 10～15 千克，然后浇水。每 667 米^2 浇水量为 30～40 米^3。开花期不浇水，防止落花。植株坐荚后，每 667 米^2 施尿素 10～15 千克，硫酸钾 10～15 千克，随即浇水，每 667 米^2 浇水量为 30～40 米^3。在荚果生长发育期间，再追 1～2 次肥，浇 2～3 次水，施肥量浇水量同前一次。从而促进荚果生长发育。

（7）塑料大棚早春菜豆的水肥管理

①定植前施基肥。一般每 667 米^2 施腐熟有机肥 4 000～5 000千克，磷酸二铵 20～30 千克，或三元复合肥 30 千克。肥料撒匀后深翻，整平后做成平畦。

②定植后的水肥管理。幼苗期适当控制浇水，进行多次中耕划锄，疏松土壤，促进根系和茎叶生长。在抽蔓期，每 667 米^2 施用尿素 10 千克，施后轻浇 1 次水，每 667 米^2 浇水量为 20～30 米^3。当嫩荚坐住后，结合浇结荚水，每 667 米^2 冲施尿素 10～15千克、硫酸钾 10 千克，每 667 米^2 浇水量为 30～40 米^3。以后每采摘 1 次，追施 1 次速效肥，每次每 667 米^2 施用量同前一次。一般 7 天左右采摘 1 次，或将速效化肥与腐熟人粪尿交替

追施。每次追施肥后随即浇水，每次每 667 米² 浇水量为 30～40 米³。

（8）塑料大棚秋菜豆的水肥管理

①播种前施基肥。每 667 米² 均匀撒施腐熟的厩肥 3 000～4 000 千克、过磷酸钙 40～50 千克，然后进行深翻，使土肥混合均匀后，再整平做畦，浇 1 次透水，每 667 米² 浇水量为 40 米³ 左右。

②播种后的水肥管理。塑料大棚菜豆出苗后，要及时中耕保墒。植株抽蔓时进行第一次追肥。追肥时，在植株旁边开沟施肥，每 667 米² 施用硫酸铵 10～15 千克并埋土，然后浇水。每 667 米² 浇水量为 30～40 米³。当幼荚长到 3 厘米长时，进行第二次追肥浇水。每 667 米² 可随水冲施腐熟好的人粪尿 500～700 千克，或者冲施硫酸铵 10～15 千克、硫酸钾 10～15 千克。浇水量为每 667 米² 30～40 米³。以后每采摘 1 次，就追施 1 次肥，然后浇水。每次每 667 米² 的施肥量、浇水量同前一次。

（9）日光温室早春茬菜豆的水肥管理

①整地、施肥和定植。2 月上旬整地，每 667 米² 施入充分腐熟的有机肥 5 000 千克、过磷酸钙 50 千克、草木灰 100 千克或钾 20 千克，用作基肥。肥料的 2/3 撒施，1/3 集中施于垄下。撒施后深翻 30 厘米，耙细整平，然后按大行 60 厘米、小行 50 厘米起垄，垄高 15 厘米，覆地膜。浇定植水，每 667 米² 浇水量为 40 米³ 左右。

②定植后的水肥管理。菜豆苗期根瘤很少，可以在缓苗后每 667 米² 追施尿素 15 千克，以利于根系生长和叶面积扩大。施肥后浇水，每 667 米² 浇水量为 30～40 米³。开花结荚前，要适当控制水分进行蹲苗。如果干旱，浇 1 次小水，每 667 米² 浇水量为 20～30 米³。菜豆的浇水原则是"浇荚不浇花"。当第一花序豆荚开始伸长时，随水追施复合肥，每次每 667 米² 施用 15～20

千克，浇水量为 30～40 米³。每隔 10 天左右浇 1 次水，隔 1 次水追 1 次肥，浇水后要注意通风排湿。

3. 设施豌豆的养分水分特点及施肥灌溉技术

(1) 豌豆的栽培季节和茬口安排　豌豆耐寒不耐热。在北方地区，多为春季播种夏季收获。在当地土壤解冻后，顶凌播种。早播种使豌豆出苗后仍然处于较低温度下，主茎生长发育缓慢，基部节间也变得短而紧凑，有利于形成良好的株形和群体结构，春化作用也充分，有利于花蕾的分化和发育。在华北以南冬季不太寒冷的地区，一般在 10～11 月份播种。播种过早，因为气温过高，容易造成植株徒长，会降低苗期的抗寒能力，容易受冻害；而播种过迟，因为气温低，出苗时间延长，会影响齐苗，冬前植株生长发育弱，成熟期推迟，产量不高。在北方地区，也可以用设施进行豌豆春早熟栽培或者秋延后栽培。

(2) 根据豌豆的生长发育特点进行水肥管理　豌豆又名麦豆、寒豆、回回豆等，属于豆科豌豆属 1～2 年生攀缘草本植物。原产于地中海沿岸和亚洲西部。在我国的种植历史有 2000 多年，并且早已遍布全国。豌豆是世界第二大食用豆类，嫩荚、嫩豆粒和嫩梢都可以作为蔬菜食用，是世界卫生组织推荐的最佳健脑蔬菜之一。根据食用部分的不同，可以分为荚用、粒用和嫩梢用 3 种类型。①荚用类型：荚果肉质，以食用嫩荚为主，也可以食用豆粒和嫩梢。俗称荷兰豆。②粒用类型：荚果的内果皮在肥大前就已经草质硬化，不能食用；以食用嫩豆为主，成熟时荚果开裂。多为矮生和半蔓生的硬荚品种。③嫩梢类型：豆苗用品种，大多数茎秆粗壮，叶大而且肥厚，生长发育旺盛，分枝较多，豌豆根系发达，侧根多，分布在 20 厘米深的耕作层内，吸收能力强。根瘤菌能固定土壤空气中的氮素，根系还分泌有较强的酸性物质，因此吸收难溶性化合物能力较强。茎蔓性，株高 1.7～1.9 米。矮生种节间短，直立，分枝 2～3 个。蔓生种节间长，半直立或缠绕，分枝性强。始花节位，矮生种在 3～5 节，蔓生种在 10～12 节，高蔓种在 17～21 节。始花后，一般每节都有花。总状花序腋生，着花 1～2 朵；花白色或紫色，自花授粉。在干燥和炎热条件下能杂交，杂交率为 10% 左右。荚果深绿色或黄绿色，分软荚和硬荚两种。

豌豆为半耐寒性蔬菜，喜欢温和、凉爽和湿润气候，不耐炎热干燥。耐寒能力较强，圆粒种比皱粒种更耐寒。种子发芽出土的最低温度为 1～5℃，最适宜温度为 16～18℃，高于 25℃时发芽出苗率减少。幼苗期适应低温的能力很强，能忍耐短期 −5～−6℃ 的低温。苗期温度稍低，有利于提早花芽分化；温度高时，花芽分化节位升高。茎叶生长发育的适宜温度为 12～16℃。开花结荚期适宜温度为 15～18 ℃，嫩荚成熟期适宜温度为 18～20℃。在适宜温度条件下，嫩荚质量鲜嫩，品质好。温度超过 26℃ 豆荚虽然能提早成熟，但是品质下降，产量降低，茎蔓容易枯萎。

豌豆属于长日照作物，但是大多数品种对日照长短要求不是非常严格，无论是在长日照下或是短日照下都能开花，但是在长日照、低温条件下，能促进花芽分化，缩短生育期。在长日照和高温条件下，分枝节位高。因此，春季播种太迟，分枝少，开花节位高，产量低。一般品种，在结荚期都要求较强的光照强度和较长时间的日照。南方地区的品种引入北方地区种植，能够提早开花。如果在生长发育期间多阴天或田间通风透光不好，植株生长发育不良，嫩荚和豆粒的产量会减少。

豌豆要求中等湿度，适宜的土壤湿度为田间最大持水量的 70% 左右，适宜的空气相对湿度为 60% 左右。当土壤水分不足会延迟出苗。开花结荚期如果空气干燥，会引起落花落荚。在豆茎生长发育期，如果遇到高温干旱，会使豆荚纤维提前硬化，从而提早成熟，降低品质和产量。豌豆不耐涝，如果土壤水分太大，播种后容易烂种，苗期容易烂根，生长发育期间容易发病。

豌豆对土壤适应能力较强，但是以疏松透气、有机质含量较高的土壤最为适宜。豌豆适宜的土壤 pH 为 6～6.7。土壤 pH 低于 5.5 时，根瘤菌难以形成，生长发育受到抑制，容易发生病害，必须用石灰中和。豌豆根部的分泌物会影响翌年根瘤菌的活动和根系生长发育，因此不能连作，必须轮作 4～5 年。豌豆根瘤菌能固定土壤和空气中的氮素，但是在苗期仍然需要施用一定量的氮肥，并且配合施用磷、钾肥，以及采用根瘤菌接种，以利于诱发根瘤菌的繁殖和生长并且增加产量。

(3) 豌豆的水肥管理 北方地区在不受霜冻危害的前提下，豌豆应该尽量早播。一般春季播种，夏季收获。早熟品种也可以在夏季播种，秋季收获。进行设施种植时，也可以秋季播种，冬季收获。

选择肥沃的菜田，在前茬蔬菜作物收获后，及时进行翻耕。春天每 667 米^2 施用腐熟有机肥 2 500～5 000 千克、过磷酸钙 25 千克、硫酸铵 15～25 千克、硫酸钾 15～20 千克，混合均匀后施入。豌豆根系生长发育早而快，但是较弱小。因此，整地要精细。一般做平畦。蔓生种，畦宽 1.6 米；矮生种，畦宽 1 米；栽培双行；夏季栽培适宜采用高畦。播种前，将上午采集的根瘤干粉 20～30 克，用水浸湿后，拌种 8～10 千克，进行根瘤菌接种。播前要浇足底水，每 667 米^2 浇水量为 40～60 米^3。

豌豆出苗后，如果土壤干旱，可以适当浇水，到开花期看天气浇 1～2 次小水。每次每 667 米^2 浇水量为 20～40 米^3。浇水后要及时中耕除草，以提高土壤温度，增加土壤透气性，促进豌豆根系的生长发育。

豌豆种植密度大，分期采收，对养分需求量大。每生产 1 000 千克，需要吸收纯氮（N）4.1 千克、磷（P_2O_5）2.5 千克、钾（K_2O）8.8 千克，其养分吸收比例为 1.64∶1∶3.52。豌豆开花前不适宜追施氮肥，以防止植株徒长和延迟采摘。豌豆在抽蔓期、结荚期和采收期间追肥 3 次，浇水 5～6 次。在抽蔓和结荚期各追肥 1 次，可以用腐熟的人粪尿和过磷酸钙，每次每 667 米^2 施用腐熟人粪尿 500～1 000 千克、过磷酸钙 15～25 千克。浇水 3～4 次，每次每 667 米^2 浇水量为 40～60 米^3。豌豆采收期间，可以追施 1 次三元复合肥，每 667 米^2 追施 15～20 千克。这样可以防止植株早衰，延长开花结荚期，增加豆荚的产量。追施肥料后，再浇水 1～2 次，每次每 667 米^2 浇水量为 40～60 米^3。

（4）塑料大棚春豌豆的水肥管理

①播种或定植前施基肥。每 667 米^2 施用腐熟堆肥 4 000～5 000千克、过磷酸钙 25～30 千克、硫酸钾 10 千克。施肥后深翻，耙平后做平畦，然后浇 1 次水，每 667 米^2 浇水量为 30～40 米^3。

②播种后或定植后的水肥管理。在水肥管理上，豌豆生育前期一般不进行追肥浇水，以中耕为主，必须浇水时，浇水量也很少。每 667 米^2 浇水量为 20 米^3 左右。在开花前、采收前和采收中期，各追 1 次肥，每次每 667 米^2 施用三元复合肥 10 千克。追肥要结合浇水进行，每次每 667 米^2 浇水量为 30～40 米^3。也可以在豌豆坐荚后，用 0.1%～0.2%磷酸二氢钾溶液，或 0.1%硫酸锰溶液，或 0.1%～0.2%硼砂溶液，每 667 米^2 喷施 50～70千克，共喷施 2～3 次。

（5）日光温室冬春茬豌豆的水肥管理

①定植前施基肥。每 667 米^2 铺施腐熟有机肥 4 000～5 000千克、过磷酸钙 15～20 千克、硫酸钾 10 千克或草木灰 100 千克。将肥料均匀撒入畦内后进行深翻，耕翻深度为 30～40 厘米，整细耙平，使土肥混合均匀。然后浇底水，每 667 米^2 浇水量为 30～40 米^3。

②定植后的水肥管理。日光温室冬春茬豌豆植株现蕾后，应及时追肥浇水，每 10～15 天进行 1 次追肥和浇水，每次每 667

米^2 施用复合肥 15～20 千克。浇水量每次每 667 米^{2}30～40 米^3。植株生长过程中要求较强的光照，如果遇到连续阴雨天，则经常造成大量落花落荚，这时喷施 0.3％磷酸二氢钾溶液，有利于提高坐荚率。

(6) 日光温室豌豆的水肥管理？

①整地施基肥。先耕翻 1～2 次，深 20～25 厘米，每 667 米^2 铺施腐熟过筛的有机肥 3 000～4 000 千克，再撒施三元复合肥或磷酸二铵 10～20 千克，再经过耕翻使肥料和土壤充分混合均匀，然后整地做畦，浇 1 次水，每 667 米^2 浇水量为 30～40 米^3。

②播种或定植后的水肥管理。豌豆生育前期基本不浇水，以中耕为主。幼荚长至 3 厘米长时进行浇水，每 667 米^2 浇水量为 30 米^3 左右。10 天后，进行第二次浇水，每 667 米^2 浇水量为 30 米^3 左右。进入结荚期后，可以根据植株生长情况和天气状况，每隔 10～15 天浇 1 次水。下部幼荚长到 7～8 厘米长时，结合浇水进行第一次追肥，每 667 米^2 施用硝酸铵 20 千克或尿素 15 千克、硫酸钾 10～15 千克，浇水量为每 667 米^{2}30～40 米^3。以后在采收盛期和后期再分别追肥。叶面追肥多在生长前期，喷施 1％葡萄糖溶液供植株直接吸收利用；在开花前期和坐荚后喷施 0.4％～0.5％尿素和 0.2％～0.4％磷酸二氢钾溶液。

4. 设施豇豆的养分水分特点及施肥灌溉技术

(1) 豇豆的栽培季节和茬口安排 豇豆是适合盛夏栽培的主要蔬菜，但春季、夏季、秋季都可以栽培，其关键是选用适宜的品种。对日照要求不严格的品种，可以在春、秋季栽培。对短日照要求严格的品种，必须在秋季栽培。在北方地区，还可以利用塑料大棚、日光温室进行春提早、秋延后栽培。

(2) 根据豇豆的生长发育特点进行水肥管理 豇豆别名长豆，为豆科豇豆属 1 年生缠绕性草本植物。原产于亚洲东南部，在我国，豇豆的栽培面积仅次于菜豆。豇豆在我国南方地区普遍栽培。它可以鲜食，也可以加工。以嫩荚为产品，营养丰富。其茎叶是优质饲料，也可以作绿肥。另外，其豆、叶、根和果皮都可以入药。嫩荚、种子供应期长，特别是豇豆具有耐热的特性，所以是解决 8～9 月份夏、秋蔬菜淡季供应的主要蔬菜之一。

豇豆依茎的生长习性，可分为蔓生型和矮生型。蔓生型豇豆的主蔓和侧蔓都为无限生长，主蔓长达 3～5 米，具有左旋性，种植时需要设置支架。叶腋间可抽生侧枝和花序，并且可陆续开花结荚。生长发育期长，产量高。矮生型豇豆主茎生长至 4～8节以后，以花芽封顶，茎直立，植株矮小，株高 40～50 厘米，分枝较多。它生长发育期短，成熟早，收获期短而集中，产量较低。

豇豆根系发达，主根长达 80～100 厘米。主要根群分布在15～25 厘米深的土壤耕作层中。根瘤菌较少，不如菜豆的数量多。根系的再生能力弱，适合直播或者培育小苗移栽。栽培种以蔓生型为主，矮生型次之。以主蔓结荚的品种，第一花序着生的节位，早熟种一般为 3～5 节，晚熟种为 7～9 节；以侧蔓结荚的品种，分枝性较强，侧蔓在第一节位即抽生出花序。荚果线形，呈现深绿、淡绿、紫红等颜色。长荚品种荚长 50～90 厘米，短荚品种荚长 10～30 厘米。

豇豆的生长与发育周期，分为以下 4 个时期：①种子发芽期。以种子萌动到第一对真叶展开，需要 10～20 天。②幼苗期。从第一对真叶展开到具有 7～8 片复叶，需要 15～20 天。③抽蔓期。从 7～8 片复叶到植株现蕾，需要 10～15 天。④开花结荚期。从植株现蕾到豆荚采摘结束或者种子成熟，需要 50～60 天。

豇豆喜欢温暖，耐高温，不耐霜冻。种子发芽的适宜温度为25～35℃，植株生长发育的适宜温度为 20～25℃，开花结荚期的适宜温度为 25～28℃。在 35℃ 以上高温下，虽然能够正常生长发育，正常结荚，但是容易落花落荚，而且果实粗短，容易老化，品质下降。15℃左右时生长发育缓慢。5℃以下时会受寒害。豇豆的多数品种属于中光性植物，对日照要求不严格。短日照下能降低第一花序着生的节位，开花结荚增加。豇豆喜欢光照，开花结荚期间要求光照充足，光照弱时会产生落花落荚。但是，有不少矮生种和半蔓性品种比较耐阴。豇豆根系吸水能力强，叶面蒸腾量小，耐旱力较强，但不耐涝。播种后，如果土壤太湿，则容易烂种。开花结荚期要求适宜的空气湿度和土壤湿度，太湿太旱都容易产生落花落荚，对产量和品质影响很大。在开花结荚期，其营养生长和生殖生长同时进行，应加强水肥管理。豇豆对土壤的适应性比较强，但以富含有机质、疏松透气的壤土或者砂壤土为最适宜。土壤酸碱度以中性或微酸性（土壤 pH 为 6.2～7.0）为好。需肥量比其他豆类作物多，每生产 1 000 千克产品，需要吸收纯氮（N）12.2 千克、磷（P_2O_5）2.5 千克、钾（K_2O）8.8 千克，其中所需要的氮素，仅有 4.1 千克来自土壤。苗期需要施入一定的氮肥，但是应该配合施用磷、钾肥，以防止茎叶徒长，推迟开花。在伸蔓期和初花期，一般不施氮肥。开花结荚期要求水肥充足，增施磷、钾肥有利于促进植株生长发育，提高豆荚的产量与品质。

(3) 豇豆的需水量和需肥量 栽培豇豆，根据其生长发育期长短的不同，所需水量也不同。豇豆的生育期为 80～100 天，每 667 米^2 需水量为 350～425 米^3，平均每天的需水量为 4.1～4.6 米^3。

豇豆的需肥量较大，每生产 1 000 千克豇豆产品，需要从土壤中吸收纯氮（N）4.1 千克、磷（P_2O_5）2.5 千克、钾（K_2O）8.8 千克，其养分吸收比例为 1.64∶1∶3∶52。

(4) 豇豆的水肥管理

①播种前的水肥管理。豇豆的根瘤菌不发达，并且在植株生长发育初期还未形成根瘤，没有固氮能力，因此施用腐熟的有机肥作基肥非常必要。特别是蔓性豇豆多生长在炎热多雨的夏季，

追肥比较困难，施用基肥可以防止脱肥。一般施用基肥后对增加豇豆的花序数目，延长结荚盛期，都有明显的作用。春茬豇豆产量高，结荚期长，需肥量大，应施足基肥。每 667 米^2 施用腐熟有机肥 2 500～5 000 千克，再增施过磷酸钙 20～30 千克、草木灰或砻糠灰 150 千克或者硫酸钾 15 千克。然后深翻、整地、浇水，每 667 米^2 浇水量为 40～60 米^3。在南方地区的酸性土壤上，可以适量增施石灰，以调节土壤的酸碱度，增加钙素，可以促进根瘤菌的繁殖和生长。在施用基肥时，不要太多地施用氮肥，因为前期氮肥过多会使茎叶徒长，延迟开花结荚期。增施磷肥，既能供给植株磷养分，又可以促进根瘤菌的生长，增加豆荚产量。基肥多为撒施。

豇豆一般为直播，这样主根深，根瘤菌多，但是容易徒长，会影响开花结荚。采用育苗移栽的方法，可抑制营养生长，促进开花结荚。营养土的配方为：腐熟人粪尿 20%，腐熟马粪 40%，2～3 年内未栽培过豆类的菜田土 40%。营养钵的直径为 7～10 厘米，将营养土装入营养钵后浇足底水，以待播种育苗。

②播种后的水肥管理。豇豆比其他豆类更容易出现营养生长过盛的问题。因此，在水肥管理上应该采取促控相结合的措施，防止豇豆徒长和落荚。一般苗期 3 片复叶前不追肥浇水。现蕾期如果干旱，浇 1 次小水，每 667 米^2 浇水量为 20～40 米^3。初花期不浇水，可控制其营养生长。由于营养生长太旺会影响开花结荚，因此在结荚前要控制茎叶的生长。水肥过多会造成茎叶徒长，开花结荚部位上升，花序减少。当第一花序坐荚，以上几节的花序也相继出现，可开始追肥浇水。植株下部花序开花结荚期间，15 天左右浇 1 次水，每 667 米^2 浇水量为 40～60 米^3。每 667 米^2 追施 30%～50% 的人粪尿，或者硫酸铵 10～15 千克，或者尿素 5～7 千克。在植株中部花序开花结荚期，每 10 天左右浇 1 次水，每 667 米^2 浇水量为 40～60 米^3；每 667 米^2 追施三元

复合肥 10 千克和充分腐熟的人粪尿 100 千克。植株上部花序开花结荚时，看土壤墒情 10 天左右浇 1 次水，每次每 667 米² 浇水量为 40～60 米³；每次每 667 米² 追施复合肥、尿素和硫酸钾各7.5 千克。整个开花结荚期要保持土壤湿润，浇水掌握"浇荚不浇花，干花湿荚"的原则。苗期和盛花期各用 0.2％硼砂和磷酸二氢钾溶液进行叶面追肥 1 次。豆荚采收盛期会产生"歇伏"现象，植株生长发育缓慢，产量减少。如果水肥管理得好，对于一些容易产生侧枝的品种，可以促使其产生较多的侧枝，形成新的花序，从而延长采摘期 15 天左右，每 667 米² 可以增产鲜豆荚150～200 千克。管理的关键在于增加追肥量和追肥次数，增加浇水次数和浇水量。一般每 667 米² 施用腐熟的人粪尿 700～1 000千克，或者硫酸铵 15～20 千克，或者尿素 7～9 千克，一般每 667 米² 浇水量为 40～60 米³。

(5) 塑料大棚早春茬豇豆的水肥管理

①定植或播种前施基肥。每 667 米² 撒施腐熟厩肥 4 000～5 000千克、过磷酸钙 50 千克、硫酸钾 15 千克。撒施后深翻 30厘米，使土壤、肥料混合均匀，整平后做畦。

②定植或播种后的水肥管理。定植（播种）时适量浇水，每667 米² 浇水量为 30～40 米³。豇豆比其他豆类更容易出现营养生长过旺的问题，因此在水肥管理上应该采取促控结合的措施，防止植株徒长和落荚。一般苗期 3 片复叶前不追肥浇水，现蕾期如果干旱，可浇 1 次小水，每 667 米² 浇水量为 20～30 米³。初花期不浇水，以控制营养生长。当第一花序坐荚，以上几节的花序相继出现时，开始追肥浇水。植株下部花序开花结荚期间，15天左右浇 1 次水，每 667 米² 浇水量为 30～40 米³。施肥量为每667 米² 追施磷酸二铵 7.5 千克。中部花序开花结荚期，每 10 天左右浇 1 次水，每 667 米² 浇水量为 30～40 米³。施肥量为每667 米² 追施三元复合肥 10 千克和充分腐熟的人粪尿 100 千克。上部的花序开花结荚时，视土壤墒情 10 天左右浇 1 次水，每次

每 667 米² 浇水量为 30～40 米³。追施复合肥、尿素和硫酸钾各
7.5 千克。整个开花结荚期保持土壤湿润，浇水掌握"浇荚不浇
花，干花湿荚"的原则。从开花后开始，每隔 10～15 天对叶面
喷施 1 次 0.2 ％硼砂和 0.2％磷酸二氢钾溶液。为促进早熟丰
产，也可以叶面喷施 0.1％～0.03％钼酸铵或硫酸铜水溶液。每
次每 667 米² 喷施 50～70 千克。

5. 豆类蔬菜缺素症状

（1）豆类蔬菜缺少氮、磷、钾症状

①缺氮症状。菜豆缺氮表现为整株生长弱。叶片薄，瘦小，
叶色淡，下部叶片黄化，容易脱落。果实不饱满，豆荚弯曲。豌
豆的缺氮症状和菜豆的缺氮症状基本相似。其他豆类蔬菜也大致
如此。

②缺磷症状。菜豆和豌豆的缺磷症状不明显，叶片仍为绿
色，但生长发育缓慢。

③缺钾症状。菜豆缺钾时下部叶片的叶脉间变黄，并出现向
上反卷现象。上部叶片表现为淡绿色。出现缺钾症状时，每 667
米² 施硫酸钾 10～15 千克。在下茬蔬菜定植前，增加有机肥施
用量，施基肥时每 667 米² 施用硫酸钾 15～20 千克。

（2）豆类蔬菜缺钙、缺镁症状

①缺钙症状。豆类蔬菜缺钙症状一般都表现为叶缘黄化，严
重时叶缘腐烂。菜豆缺钙时顶端的叶片表现为淡绿或淡黄色。中
下部叶片下垂，呈降落伞状，果实不能膨大。豌豆缺钙时叶缘腐
烂，然后变成黑色。叶片中肋附近出现红色斑点，严重时侧脉附
近叶片出现红斑。

菜豆缺钙容易发生在砂土或酸性土壤生长的植株上，在施基
肥时增加有机肥的用量，在中性的砂土上，用过磷酸钙作基肥施
用。对于酸性土壤可施用石灰。

②缺镁症状。菜豆缺镁主要表现在下部叶片上，叶脉间首先
黄化，严重时叶片过早脱落。在缺镁肘，如果土壤呈酸性反应，

钙素再供应不足，叶片生长严重受到限制，叶脉间黄化叶缘坏死。

(3) 菜豆类缺硼症状　菜豆缺硼时生长点坏死，叶片发硬，容易折断，蔓顶干枯，有时茎裂开，豆荚中籽粒少，严重时荚中无粒。

在缺硼的土壤上施基肥时，每 667 米^2 施用硼砂 0.5～1 千克。在菜豆或豌豆生长发育期出现缺硼症状时，可以用 0.1%～0.3%的硼砂水溶液进行叶面喷施，每 667 米^2 喷施 50 千克，从而获得优质高产。

第四章　设施蔬菜微灌施肥技术

一、设施微灌施肥技术概要

1. 微灌施肥技术的概念　微灌是利用微灌设备组装成微灌系统，将有压水输送分配到田间，通过灌水器以微小的流量湿润作物根部附近土壤的一种局部灌水技术。根据灌水器的不同，微灌系统分为滴灌系统、微喷灌系统、小管出流灌系统以及渗灌系统等。相比地面灌溉，微灌的灌水速度和灌水量都非常小，灌水的时间也延长许多。根据滴头、滴水带、渗水管、微喷头和小孔出流微管等灌水器的不同，不同单个灌水器的流量范围在 2～225 升/小时。

微灌施肥，是借助微灌系统，将微灌和施肥相结合，利用微灌系统中的水为载体，在灌溉的同时进行施肥，实现水和肥一体化利用和管理，使水和肥料在土壤中以优化的组合状态，供应给作物吸收和利用。

1974 年，我国开始引进微灌技术，至今已经建立起门类较为齐全的微灌设备生产企业，微灌设备得到普遍的认可。但是由于设备投入比较高，因而微灌施肥技术主要还只是在蔬菜、果树、棉花等经济作物上应用。

2. 微灌施肥技术的特点　相对于地面灌溉来说，微灌条件下的土壤水、肥运行规律与大水漫灌条件下的有很大的不同，这些不同带来灌溉和施肥理论与方法的革命性变化，因而成为一种全新的灌溉和施肥技术。

（1）局部灌溉　微灌系统的灌水集中在根系周围，蔬菜微灌湿润面积占栽培面积的 60%～90%，果树微灌湿润面积占栽培面积的 30％。也就是说，在微灌条件下，一部分土壤没有得到灌溉水。在地下部分，因作物根系分布深度的不同，水的湿润深度在 30～100 厘米以内，不会产生水的地下渗漏损失。局部灌溉可以造成局部土壤 pH 的变化和土壤养分的迁移，并且在湿润区的边峰富集。

（2）高频率灌溉　由于每次进入土壤中的水量比较少，土壤中贮存的水量小，需要不断补充水分来满足作物生长发育耗水的需要。在生产实践中，通过计算作物日耗水量来计算灌水的时间间隔和每次的灌水量。在高频率灌溉情况下，土壤水势相对平稳，灌溉水流速保持在较低状态，可以使作物根系周围湿润土壤中的水分与气体维持在适宜的范围内，作物根系活力增强，有利于作物的生长发育。

（3）施肥量减少　作物根系只能吸收溶解在土壤中的养分，而微灌使作物根系周围的土壤含水量保持在一定的范围内，如果一次大量施肥会使作物根系周围的土壤盐分离子浓度过高，对作物产生危害。在微灌条件下，大水漫灌造成的肥料流失现象基本不存在，每次的施肥量都是根据作物生长发育的需要确定的，既减少了施肥量，又有利于作物吸收利用，提高肥料利用率。

（4）施肥次数增加　微灌使土壤水的移动范围缩小，在微灌水湿润范围以外的土壤养分，难以被作物吸收利用。滴灌使根系周围的养分在不断迁移，要保证作物根系周围适宜的养分浓度，就要不断地补充养分。在微灌施肥管理中，要考虑作物不同生育对养分需求的不同及各养分之间的关系，因此微灌施肥技术使施肥更加精确。

（5）微灌对水质的要求比较高　一般的灌水器，滴水孔只有 1 毫米左右。灌溉水中只要有大于 0.1 毫米的微粒就可能堵塞灌水器的出水孔，无论是无机还是有机的微粒，如果水中含有沙子、微生物微粒，都有可能造成灌水器的堵塞，因而使整套设备无法正常运转，甚至报废。因此，使用微灌设备，一是要选择水质适宜的水源，二是要有适宜的过滤装置。

3. **灌溉施肥制度**　微灌施肥最重要的配套技术，就是灌溉施肥制度。所谓制度，就是在一定的条件下技术的规范化、制度化和标准化。灌溉制度就是指在一定气候、土壤等自然条件和一定的农业技术措施下，为使作物获得高额而稳定的产量所制定的一整套田间灌水制度，它包括作物播种前及全生育期内的灌水次数、灌水日期和灌水定额及灌溉定额。灌水定额是指一次灌于单位面积上的灌水量。灌溉定额是各次灌水定额之和。灌水定额和灌溉定额用米^3/667 米^2 或毫米/667 米^2 表示。灌溉施肥制度则是针对微灌设备应用和作物产量目标的需求而提出的，可以定义为：在一定气候、土壤等自然条件下和一定的农业技术措施下，为使作物获得高额而稳定的产量所制定的一整套灌溉和施肥制度。包括作物播种前及全生育期内的、按作物产量目标制定的灌溉施肥次数、灌溉施肥时间、灌溉施肥数量及灌溉施肥定额。灌溉施肥制度是使水和肥料一体化应用，因此灌溉施肥制度的制定相对灌溉制度的制定难度要大得多。

（1）微灌灌溉制度的确定　微灌灌溉制度的拟定，包括确定作物全生育期的灌溉定额、灌水次数、灌水的间隔时间、一次灌水的延续时间和灌水定额等。决定微灌灌溉制度的因素主要包括土壤质地、土壤最大持水量（称为田间持水量）、作物的需水特性、作物根系分布、土壤含水量、微灌设备每小时的出水量、降水情况、温度、设施条件和农业技术措施等。反过来说，灌溉制度中的各项参数也是设备选择和灌溉管理的依据。

（2）基本概念

①土壤湿润比。微灌与地面大水灌溉，在土壤湿润度方面有很大的不同。一般来说，地面大水灌溉是全面的灌溉，水全面覆盖同一地块，并且渗透到较深的土层中。而在微灌条件下，只有部分土壤被水湿润，通常用土壤湿润比来表示。

土壤湿润比是指在计划湿润土层深度内，所湿润的土体与灌溉区域总土体对比值。在拟定微灌灌溉制度的时候，要根据气候条件，作物需水特性、作物根系分布、土壤理化性状及地面坡度等设计土壤湿润比。滴头流量、灌水量、滴头和毛管的间距直接影响土壤湿润比。确定合理的土壤湿润比，可以减少工程投资，提高灌溉效率。一般土壤湿润比，以地面以下 20～30 厘米处的平均湿润面积和作物栽培面积的百分比近似地表示。土壤湿润比一般在微灌工程设计时已经确定（表 4-1），并且是灌溉制度拟定的重要参数之一。

表 4-1　微灌土壤湿润比参考值

作物	滴管和小管出流（%）	微喷灌（%）
蔬菜	60～90	70～100
葡萄、瓜类	30～50	40～70
果树	25～40	40～60
棉花	60～90	

注：降雨多的地区宜选下限值，降雨少的地区宜选上限值。

②土壤湿润深度。不同的作物根系特点不同，有深根性作物，有浅根性作物。同种作物的根系在不同的生长发育时期，在土壤中的分布深度也不同，灌溉的目的是有利于作物根系对水分的吸收利用，促进作物生长。从节约用水的角度讲，应该尽可能使灌溉水分布在作物根系层，减少深层的渗漏损失。因此，制订微灌灌溉制度时应考虑灌水在土壤中的湿润深度。根据作物的根系特性，来计划灌溉的湿润深度。根据各地区的经验，一般蔬菜适宜的土壤湿润深度为 0.2～0.3 米。

③土壤灌溉的上限。田间持水量是指土壤中毛管悬着水达到最大时的土壤含水量，又称最大持水量。当阵雨或灌溉水量超过田间持水量时，只能加深土壤湿润深度，而不能再增加土壤含水量，因此它是土壤中有效含水量的上限值，也是灌溉后计划作物

根系分布层的平均土壤含水量。

由于微灌灌溉保证率高，操作方便，灌溉设计上限一般采用田间持水量的85%～95%。生产实践中，需要实地测定田间持水量，也可以根据不同的土壤质地，从表4-2中选择田间持水量作为计算灌溉上限的参考数值。

表4-2　主要土壤质地的凋萎系数与田间持水量

土壤质地	土壤容重（克/厘米³）	凋萎系数（%）		田间持水量（%）	
		重量	体积	重量	体积
紫砂土	1.45			16～22	26～32
砂壤土	1.36～1.54	4～6	5～9	22～30	32～42
轻壤土	1.40～1.52	4～9	6～12	22～28	30～36
中壤土	1.40～1.55	6～10	8～15	22～28	30～35
重壤土	1.38～1.54	6～13	9～18	22～28	32～42
轻黏土	1.35～1.44	15	20	28～32	40～45
中黏土	1.30～1.45	12～17	17～24	25～35	35～45
重黏土	1.32～1.40			30～35	40～50

④土壤灌溉的下限。土壤中的水分并不是全部都能被植物的根系吸收利用，能够被根系吸收利用的土壤含水量才是有效的，称为有效含水量。当土壤中的水分由于作物蒸腾和棵间土壤蒸发消耗减少到一定程度时，水的连续状态发生断裂，此时作物虽然还能从土壤中吸收水分，但因补给量不足，不能满足作物生长需求，生长受到阻滞。此时的土壤含水量称为作物生长阻滞含水量，也就是灌溉前计划作物根系分布的平均土壤含水量，是灌溉下限设计的重要依据。对大多数作物来说，当土壤含水量下降到田间持水量的55%～65%时，作物生长就会受到阻滞，以此可作为灌溉下限的指标依据。

⑤灌溉水利用系数。灌溉水利用系数是指在一定时期内，田

间所消耗的净水量与渠（管）道进水总量的比值，通常以 η 表示。

$$\eta = W_净 / W_供$$

式中：η ——灌溉水利用系数；

$W_净$ ——田间消耗净水量；

$W_供$ ——渠（管）道进水总量。

灌溉水利用系数，是表示灌溉水输送状况的一个指标，这反映全灌区各级渠（管）道输水损失和田间可用水状况。不同质量的渠管道系统，灌溉水利用系数不同。渠道衬砌后，减少水流的下渗损失，提高输水质量，灌溉水利用系数可以提高 30% 以上；利用管道输水，灌溉水利用系数可以达到 90% 以上。

(3) 微灌灌溉制度的制定

①确定微灌灌溉定额。灌溉的目的是补充降水量的不足，因此，从理论上讲，微灌灌溉定额就是作物全生育期的需水量与降水量的差值。表示为：

$$W_总 = P_w - R_w$$

式中：$W_总$ ——灌溉定额，毫米或米^3；

P_w ——作物全生育期需水量，毫米或米^3；

R_w ——作物全生育期的常年降水量，毫米或米^3。

确定日光温室的灌溉定额时主要是考虑作物全生育期的需水量，因为 R_w 为零。作物全生育期需水量 P_w 则可以通过作物日耗水强度进行计算。

$$P_w = （作物日耗水量 \times 生育期天数）/ \eta$$

灌溉定额是总体上的灌水量控制指标。但是在实际生产中，降水量不仅在数量上要满足作物生长发育的需求，还要在时间上与作物需水关键期相吻合，才能充分利用自然降水。因此，还需要根据灌水次数和每次灌水量，然后对灌溉定额进行调整。

②确定灌水定额。灌水定额是指一次灌水单位面积上的灌水量，通常以米^3/667 米^2，或毫米/667 米^2 表示。由于作物的需水

量大于降水量，每次灌水量都是在补充降水的不足。每次灌水量又因作物生长发育阶段的需水特性和土壤现时含水量的不同而不同。因此，每个作物生育阶段的灌水定额都需要计算确定。

灌水定额主要依据土壤的存贮水能力，一般土壤储水量的能力顺序为：黏土＞壤土＞砂土。以每次灌水达到田间持水量的90％计算，黏土的灌水定额最大，依次是壤土、砂土。灌水定额计算时需要土壤湿润比、计划湿润深度，土壤容重、灌溉上限与灌溉下限的差值和灌溉水利用系数。

灌水定额的计算公式为：

$$W = 0.1phr(\theta_{max} - \theta_{min})/\eta$$

式中：W ——灌水定额，米^3 或毫米；

P ——土壤湿润比，％；

h ——计划湿润深度，厘米；

r ——土壤容重，克/厘米^3；

θ_{max}——灌溉上限，以占田间持水量的百分数（％）表示，下同；

θ_{min}——灌溉下限，％；

η ——灌溉水利用系数，在微灌条件下一般选取0.9～0.95。

③确定灌水时间间隔。微灌条件下，每一次灌水定额要比地面大水灌溉量少得多，当上一次的灌水量被作物消耗之后，就需要又一次灌溉了。因此，灌水之间的时间间隔取决于上一次灌水定额和作物耗水特性。当作物确定之后，在不同质地的土壤上要想获得相同的产量，总的耗水量相差不会太大，所以灌溉频率应该是砂土最大，壤土次之，黏土最小。灌水时间间隔是黏土最长，壤土次之，砂土最小。灌水时间间隔（灌水周期）可以采用以下公式来计算：

$$T = W/E \times \eta$$

式中：T ——灌水时间间隔，天；

W ——灌水定额，米^3 或毫米；

E ——作物需水强度或耗水强度，米^3 或毫米/天；

η ——灌溉水利用系数，在微灌条件下，一般选取 0.9～0.95。

不同作物的需水量不同，作物的不同生育阶段的需水量也不同，表4-3提供了一些蔬菜作物、果树、瓜类、葡萄、棉花的耗水强度。在实际生产中，灌水时间间隔可以按作物生育期的需水特性分别计算。灌水时间间隔还受到气候条件的影响。在露地栽培的条件下，受到自然降水的影响，灌水时间间隔的设计主要体现在干旱少雨阶段的微灌管理。在设施栽培条件下，灌水时间间隔受到气温的影响较大，在遇到低温时，作物耗水强度下降，同样数量的水消耗的时间延长。在遇到高温时，作物耗水强度增加，同样数量的水消耗的时间缩短。因此，实际生产中需要根据气候和土壤含水量来增大或缩小时间的间隔。

表4-3 蔬菜作物、果树的耗水强度

作 物	滴灌（毫米/天）	微喷灌（毫米/天）
蔬菜（保护地）	2～3	
蔬菜（露地）	4～5	
葡萄、瓜类	3～6	4～7
果树	3～5	4～6
棉花	3～4	

④确定一次灌水的延续时间。一次灌水延续时间是指完成一次灌水定额时所需要的时间，也间接地反映了微灌设备的工作时间。在每次灌水定额确定之后，灌水器的间距、毛管的间距和灌水器的出水量，都直接影响灌水延续时间。

计算公式为：

$$t = W S_e S_r / q$$

式中：t ——一次灌水延续时间，小时；

W——灌水定额，米^3 或毫米；

S_e——灌水器间距，米；

S_r——毛管间距，米；

q ——灌水器流量，升/小时。

⑤确定灌水次数。当灌溉定额和灌水定额确定之后，就可以很容易地确定灌水次数了，用公式表示为：

灌水次数＝灌溉定额/灌水定额

采用微灌时，作物全生育期（或全年）的灌水次数比传统地面灌溉的次数多，并且随作物种类和水源条件等而不同。在露地栽培条件下，降水量和降水分直接影响灌水次数。应根据土壤墒情监测结果确定灌水的时间和次数。在日光温室进行微灌技术应用时，可以根据作物生育期分别确定灌水次数，累计得出作物全生育期或全年的灌水次数。

⑥确定灌溉制度。根据上述各项参数的计算，可以最终确定在当地气候、土壤等自然条件下，某种作物的灌水次数、灌水日期和灌水定额及灌溉定额，使作物的灌溉管理用制度化的方法确定下来。由于灌溉制度是以正常年份的降水量为依据的，在实际生产中，灌水次数、灌水日期和灌水定额，需要根据当年的降水量和作物生长情况进行调整。

(4) 日光温室番茄栽培滴灌方案制订 日光温室中由于不受降水的影响，滴灌方案制订时主要考虑作物的需水特性、滴灌管的供水能力、土壤质地和田间持水量、栽培技术和灌水深度等。由于作物不同生育阶段的需水特性不同，计算灌水定额时要分段计算。

确定在日光温室中栽培番茄，品种为 L402，目标产量为10 000千克/667 米^2。栽培大行距为 80～90 厘米，小行距为 60厘米，每畦栽 2 行，株距 30 厘米，每 667 米^2 定植 2 800～3 000株。系统首部在日光温室内东（或西）侧时，采用 Φ40 毫米的PE 管作支管，东西向铺设；用 Φ16 毫米（或 Φ12 毫米）、滴头间距为 30 厘米内镶式滴灌管，滴头流量 2.5 升/小时。每行植株一条毛管,南北顺植株铺设。土壤湿润比为 90%,土壤容重为 1.49 克/厘米³,土壤田间持水量为 25%。

番茄的生长周期:幼苗期约 40 天,幼苗到开花结果期约 15 天,结果采收期 150～180 天。番茄日耗水量:苗期 0.8 毫米/天,开花到结果期 1.46 毫米/天,结果采收期 2～3 毫米/天。

①确定番茄苗期的灌溉定额、灌水定额、延续时间和灌水次数。苗期适宜土壤含水量为田间持水量的 60%～85%,计划湿润深度为 20 厘米。

计算灌溉定额:

$$W_{总}=P_w-R_m$$

由于日光温室不受降水的影响,因此决定苗期灌溉定额的因素就是苗期的作物需水量。通过计算,总需水量为:

W = (作物日耗水量×苗期天数)/微灌水利用系数

= 0.5×40/0.95

= 21 (毫米)

计算灌水定额:

$$M = \frac{0.1×土壤湿润比×计划湿润深度×土壤容重×(苗期适宜土壤含水量上限-苗期适宜土壤含水量下限)}{微灌水利用系数}$$

= 0.1×90×20×1.49×25% (85%-60%) /0.95

= 17.6 (毫米)

将计量单位由毫米转化为米³灌水定额为 11.7 米³/667 米²,取整数为 12 米³/667 米²。

计算灌水延续时间:

$$t = \frac{灌水定额×滴头间距×毛管间距}{(微灌水利用系数×滴头流量)}$$

= 17.6×0.3×0.7/2.5

= 1.48 (小时)

取 1.5 小时。

计算灌水次数:

$$灌水次数＝灌溉定额/灌水定额$$
$$＝21/17.6$$
$$＝1.2（次）$$

根据计算结果，苗期从 10 月上旬至 11 月中旬灌水 1 次，灌水量为 12 米^3/667 米^2，灌水时间为 1.5 小时。

②确定番茄开花至结果期的灌溉定额、灌水定额、延续时间和灌水次数。

计算灌溉定额：

$$W＝\frac{（作物日耗水量×开花到结果期天数）}{微灌水利用系数}$$
$$＝1.46×15/0.95$$
$$＝23（毫米）$$

计算灌水定额：

开花期至结果期适宜土壤田间持水量为 65％～85％，计划湿润深度为 30 厘米。

$$M＝\frac{0.1×\begin{matrix}土壤\\湿润比\end{matrix}×\begin{matrix}计划湿\\润深度\end{matrix}×\begin{matrix}土壤\\容重\end{matrix}×\begin{matrix}（开花到结果期适宜\_开花到结果期适宜\\土壤含水量上限\ \ \ 土壤含水量下限）\end{matrix}}{微灌水利用系数}$$
$$＝0.1×90×30×1.49×25％×（85％～65％）/0.95$$
$$＝21.2（毫米）$$

将计量单位由毫米转化为米^3，灌水定额为 14.1 米^3/667 米^2，取整数为 14 米^3/667 米^2。

计算一次灌水持续的时间：

$$t＝灌水定额×滴头间距×毛管间距/滴头流量$$
$$＝21.2×0.3×0.7/2.5$$
$$＝1.78（小时）$$

计算灌水次数：

$$灌水次数＝灌溉定额/灌水定额$$
$$＝23/21$$
$$＝1.1（次）$$

根据计算结果，从 11 月中旬开花开始，第一花序坐果前后进行滴灌，灌水 1 次，每 667 米² 灌水量为 14 米³。灌水时间为 1.8 小时。

③确定番茄结果采收期的灌溉定额、灌水定额、延续时间和灌水次数。

从 11 月下旬至翌年 4 月下旬，是番茄的结果采收期，前 3 个月作物耗水强度取 2 毫米/天，后 2 个月取 3 毫米/天，分别可以计算出该生育阶段的灌溉定额、灌水定额、一次延续时间和灌水次数。

结果采收期的适宜土壤含水量为田间持水量的 72%～95%。计划湿润深度为 30 厘米。

计算灌溉定额：

$$前 3 个月的灌溉定额 = \frac{日耗水量 \times 生育天数}{微灌水利用系数}$$

$$= 2 \times 90/0.95$$

$$= 189.5（毫米）$$

将灌水量单位转化为以米³ 为单位，则为 126 米³。

$$后 2 个月的灌溉定额 = \frac{日耗水量 \times 生育天数}{微灌水利用系数}$$

$$= 3 \times 61/0.95$$

$$= 192.6（毫米）$$

将灌水量单位转化为米³，则为 126 米³。

计算灌水定额：

$$M = \frac{0.1 \times 土壤湿润比 \times 计划湿润深度 \times 土壤容重 \times（结果采收期适宜土壤含水量上限 - 结果采收期适宜土壤含水量下限）}{微灌水利用系数}$$

$$= 0.1 \times 90 \times 30 \times 1.49 \times 25\%（95\% - 72\%）/0.95$$

$$= 24.3（毫米）$$

将灌水量单位转化为米³，即为 16.2 米³，取整数为 16 米³。

计算灌水时间隔：

前 3 个月的灌水时间间隔：

$$T_1 = 灌水定额/作物需水强度$$
$$= 24.3/2$$
$$= 12（天）$$

后 2 个月的灌水时间间隔：

$$T_2 = 灌水定额/作物需水强度$$
$$= 24.3/3$$
$$= 8（天）$$

计算一次灌水持续的时间：

$$t = \frac{灌水定额 \times 滴头间距 \times 毛管间距}{微灌水利用系数 \times 滴头流量}$$
$$= 24.3 \times 0.3 \times 0.7/2.5$$
$$= 2（小时）$$

计算灌水次数：

前 3 个月的灌水次数：

$$灌水次数 = 灌溉定额/灌水定额$$
$$= 189.5/24.3$$
$$= 7.8（次）$$

根据实际情况，滴灌 7～8 次。

后 2 个月的灌水次数：

$$灌水次数 = 灌溉定额/供水定额$$
$$= 192.6/24.3$$
$$= 7.9（次）$$

根据计算结果，从 11 月下旬至翌年 4 月下旬进入结果采收期，前 3 个月每 12 天灌 1 次，每次灌水量为 16 米³/667 米²，后 2 个月每 8 天灌 1 次，每次灌水量为 16 米³/667 米²，每次灌水时间为 2 小时，灌水次数为 15～16 次。

④确定日光温室冬春茬番茄滴灌灌溉制度方案。上述各灌溉指标计算完成后，番茄全生育期需要灌水 18 次，灌水量为 288

米^3/667 米^2。将番茄各生育阶段计算结果进行归纳，去除重叠的灌水次数，并根据当地土壤质地、气候特点和生产管理要求进行调整，最终得到结果见表 4-4。

表 4-4　日光温室冬春茬番茄栽培滴灌灌溉制度方案

生长时间	灌水次数（次）	灌水定额（米^3/667 米^2）	灌水时间间隔（天）	每次灌水时间（小时）	灌溉方式
定植前	1	22			沟灌
苗期	1	12	40	1.5	滴灌
开花至结果	1	14	15	1.8	滴灌
结果至采收期	11	16	8~12	2.0	滴灌
合计	14	224			

其中，番茄采用育苗移栽技术，定植时间在 10 月上旬，在定植前沟灌，灌水量为 22 米^3/667 米^2。

(5) 施肥制度的确定因素　施肥制度的拟定包括确定作物全生育期的总施肥量、每次施肥量及养分配比、施肥时期和肥料的品种等。决定施肥制度的因素主要包括土壤养分含量、作物需肥特性、作物目标产量、肥料利用率、施肥方式等。灌溉施肥制度拟定中主要采用目标产量法，即根据获得总产量需要消耗的养分和各生育阶段养分吸收量来确定养分供应量。由于影响施肥制度的因素本身就很复杂，尤其是肥料利用率很难获得准确的数据。因此，应尽可能地收集多年多点微灌施肥条件下的肥料利用率数据，以提高施肥制度拟定的科学性和合理性。

①确定蔬菜作物的目标产量。确定蔬菜作物的目标产量，一般有两种方法，一是参考蔬菜作物品种审定时提供的品种特性和产量潜力，在此基础上，按大面积生产所能达到的水平，确定一个产量目标；二是参考当地多年栽培该品种常年获得的实际产量。在此基础上，还需要考虑当地生产管理水平、轮作制度等因

素。不同的蔬菜作物品种的特性、栽培制度。生育期长短等有很大的不同。在没有滴灌施肥生产实践的情况下，第一年确定目标产量的时候，可以上一年或上一季的产量作为参考，控制增产幅度在 10 ％左右。

②计算蔬菜作物的养分吸收量。计算蔬菜养分吸收量主要是计算实现蔬菜目标产量所需要的大量元素氮（N）、磷（P_2O_5）、钾（K_2O）的施用量和比例。表 4 - 5 列出了部分蔬菜作物每 1 000 千克产量所需吸收的氮（N）、磷（P_2O_5）、钾（K_2O）的量及其比例，这些数据是各地资料的汇总，可以作为计算蔬菜养分吸收量的参考值。

表 4 - 5　主要蔬菜作物需要吸收的养分量（千克/1 000 千克）

蔬菜种类	氮（N）	磷（P_2O_5）	钾（K_2O）	氮＋磷＋钾	氮：磷：钾
黄瓜	3.0	0.8	4.5	8.3	1：0.27：1.50
西葫芦	5.47	2.22	4.09	11.78	1：0.41：0.75
冬瓜	1.32	0.56	1.81	3.69	1：0.42：1.37
苦瓜	5.28	1.76	6.89	13.93	1：0.33：1.30
番茄	3.18	0.74	4.83	8.75	1：0.23：1.52
茄子	3.65	0.85	5.75	10.25	1：0.23：1.58
甜椒	4.91	1.19	6.02	12.12	1：0.24：1.23
芹菜	2.70	1.16	4.88	8.74	1：0.43：1.81
油菜	2.76	0.33	2.06	5.15	1：0.12：0.75
甘蓝	3.05	0.80	3.49	7.34	1：0.26：1.14
菠菜	4.06	1.58	4.92	10.56	1：0.39：1.21
花椰菜	7.8	2.90	8.5	19.20	1：0.37：1.09
白菜	1.96	0.93	2.76	5.65	1：0.47：1.41

（续）

蔬菜种类	氮（N）	磷（P_2O_5）	钾（K_2O）	氮＋磷＋钾	氮：磷：钾
韭菜	4.60	1.48	5.06	11.14	1：0.32：1.1
大葱	2.42	0.60	2.20	5.22	1：0.25：0.91
大蒜	5.06	1.34	1.79	8.19	1：0.26：0.35
菜豆	3.18	2.26	6.38	11.82	1：0.71：2.01
豇豆	4.05	2.53	8.75	15.33	1：0.62：2.16
莴苣	2.52	1.18	4.6	8.3	1：0.47：1.82
西瓜	2.90	1.05	3.3	7.25	1：0.36：1.14
马铃薯	4.39	0.79	6.55	11.73	1：0.18：1.49
加工番茄	2～2.14	1.0	3.0～5.0	6.0～8.14	1：0.48：1.93

下面用表4-5的数据作依据，计算10 000千克目标产量番茄的养分吸收量。

氮（N）量＝10 000÷1 000×3.18＝31.8（千克）

磷（P_2O_5）量＝10 000÷1 000×0.74＝7.4（千克）

钾（K_2O）量＝10 000÷1 000×4.83＝48.3（千克）

氮、磷、钾合计养分吸收量为87.50千克。该养分吸收量为理论吸收量。

养分理论吸收量还不能作为直接用于指导施肥，还需要根据肥料利用率、土壤养分状况、有机肥料使用量等进行调整。

对于中量元素和微量元素，一是由于蔬菜作物需求量小，二是由于大部分中微量元素的移动性小，一般不需要每年施用。根据土壤测试和长期试验，可以确定不同土壤的中量元素和微量元素的临界值。如果土壤中的中量元素和微量元素已经接近或低于临界值，并且影响蔬菜作物正常生长发育，则应本着"因缺补缺"的原则，确定一个合适的使用量即可。

③根据土壤养分含量调整蔬菜作物的养分吸收量。在设计施肥制度时，要进行土壤采样分析化验，得到土壤碱解氮、有效磷、速效钾的含量数据，根据菜田保护地土壤肥力分级指标，对土壤分析化验结果作出一个判断，以此判断来作出实现目标产量的养分吸收量的计算值是否需要调整。表4-6是国家农业部关于菜田保护地土壤肥力分级指标。当进行养分吸收量计算值的调整时，会出现3种情况，一是土壤测定值接近适中水平，此时应该保持养分吸收量计算值，可以不进行调整；二是土壤测定值较低，并且与中肥力养分级别的数据差距较大，说明土壤中该养分含量缺乏较多，为保证实现目标产量，应该调高养分吸收量计算值，作为进一步计算的依据；三是土壤测定值较高，如果与中肥力养分级别的数据差距较大，说明土壤中该元素已经很充足，并且有可能带来危害，则需要调低养分吸收量计算值。从各地生产实践看，一般调整量在10%～30%之间。需要注意的是，对于氮素来讲，即使土壤氮含量达到高水平，也不要大幅度地调减养分吸收量，因为氮素比较容易挥发和流失，氮素供应不足，会影响蔬菜作物产量。地域不同，土壤养分分级指标也不同，因此要通过试验获得当地的土壤养分丰缺指标，同时还需要关注实践中的实际经验。

表4-6　菜田保护地土壤肥力分级

肥力等级	养分含量				
	有机质（%）	全氮（%）	碱解氮（毫克/千克）	磷（P_2O_5）（毫克/千克）	钾（K_2O）（毫克/千克）
低肥力	1.0～2.0	0.10～0.13	60～80	100～200	80～150
中肥力	2.0～3.0	0.13～0.16	80～100	200～300	150～220
高肥力	3.0～4.0	0.16～0.20	100～120	300～400	220～300

④根据有机肥的施用量调整养分施用量。有机肥料中含有氮、磷、钾，从理论上讲，化肥养分的供应量，应该在作物总养

分的供应量中，减去有机肥料中的养分量。部分有机肥料中的有机物和氮、磷、钾含量，可以参考表4－7。根据经验，有机肥料中氮、磷、钾的利用率，在华北地区设施栽培条件下可分别按20％、25％和40％计算。

表4－7 部分有机肥料有机物和氮、磷、钾含量

名　　称	粗有机物 (%)	氮 (N) (%)	磷 (P_2O_5) (%)	钾 (K_2O) (%)
鸡粪（烘干基）	49.28	2.34	0.93	1.60
牛栏粪（烘干基）	51.17	1.41	0.36	1.97
羊圈粪（烘干基）	53.06	1.38	0.32	1.42
猪圈粪（烘干基）	50.70	0.94	0.47	0.91
人粪（鲜样）	71.87	6.36	1.24	1.48
豆饼（风干基）	67.60	6.68	0.44	1.19
花生饼（风干基）	73.40	6.92	0.55	0.96
棉籽饼（风干基）	83.60	4.29	0.54	0.76
高温堆肥（烘干基）	11.00	0.66	0.24	1.21
玉米秸秆堆肥（烘干基）	57.81	1.12	0.35	0.65
小麦秸秆堆肥（烘干基）	47.57	1.11	0.26	0.78
沼渣肥（烘干基）	55.72	2.02	0.84	0.88
酒渣（风干基）	65.40	2.87	0.33	0.35
酱油渣（风干基）	77.10	3.60	0.07	0.76
食用菌渣（风干基）	46.40	0.87	0.20	0.75
屠宰废弃物（风干基）	39.87	3.22	10.46	1.05
草木灰			1.02	9.21

但在实际生产中，随着蔬菜作物产量的大幅度提高，施用有机肥的目的更多地体现在培肥土壤。因此，对新建日光温室，或者施用的有机肥数量不太多、有机肥质量不太高的情况下，在总养分供应量中，不需要扣除有机肥带入的养分量。对于使用年限比较长的日光温室，或者施用有机肥料数量多、质量高的情况下，在蔬菜作物需要的总养分量中应该扣除当年施用的有机肥料带入的养分量。

值得注意的是，当把秸秆作为有机肥料直接还田时，不但不能扣除作物秸秆中的养分，还应该根据秸秆还田的数量增施一定量的氮肥，以促进秸秆腐烂分解。

⑤根据上茬蔬菜作物的施肥量和产量调节养分施用量。上茬蔬菜作物的施肥量和产量水平，也是调整施肥方案的重要依据。在一般情况下，上茬蔬菜作物的施肥量也是根据目标产量制定的，但是通过分析，可以得出目标产量和施肥量之间的关系。如果上茬蔬菜作物施肥量较大，或实际蔬菜作物产量较低，说明施肥量偏多，则应该减少本茬蔬菜作物养分投入量；反之，如果上茬蔬菜作物施肥量较少，目标产量没有实现，说明施肥量偏少，应该增加本茬蔬菜作物的养分投入量。

⑥根据养分施/吸比计算应施入的养分量。养分的施/吸比是某种养分的施用量与被作物吸收数量的比率。它实际是养分利用率的倒数。如果某种养分的利用率是50%，说明施入土壤中养分总量的一半被作物吸收，那么养分的施/吸比就是2。则某种养分的实际用量计算公式为：

某种养分的实际用量＝养分吸收量×养分施/吸比

表4-8是在设施种植条件下，山东省各地试验得出的养分施/吸比的数据，可供使用参考。

根据当地当季化肥利用率，选用适宜的施/吸比，计算出实现目标产量的蔬菜作物对氮、磷、钾各养分的总用量。在不能确定养分施/吸比的情况下可以选用平均值。

表 4-8　山东省部分作物的养分施/吸比

作物	养分施/吸比		
	氮（N）	磷（P_2O_5）	钾（K_2O）
蔬菜	1.54～1.82	2.86～3.33	1.25～1.43
成龄苹果树	2.63～3.62	5.00～6.25	2.75～3.78
葡萄	1.67～2.00	2.00～2.67	1.67～2.08

　　例：目标产量 10 000 千克/667 米^2 的番茄用氮（N）量计算值为 31.8 千克，考虑上年用氮量较多，调整用氮（N）量为 30千克，施/吸比选平均值 1.68，求氮（N）养分量。

　　根据计算公式：

　　氮＝养分吸收量×养分施/吸比＝30×1.68＝50.4（千克）

　　计算得出应施用的氮（N）养分量为 50.4 千克。用同样的方法，可以计算出磷（P_2O_5）和钾（K_2O）的养分量。

　　⑦根据蔬菜作物生育期需肥规律分配养分施用量。同一蔬菜作物在不同生育期的各种养分吸收量及养分需求比例不同。在进行养分施用量分配时，一是要确定在各个生长时期的各种养分的施用比例，二是要确定各生长期的养分施用量。例如，设施番茄栽培普遍采用育苗移栽技术，幼苗定植后，生长期分为苗期、开花期—结果期和结果采收期。根据大量试验和实践经验，番茄苗期的养分施用量为养分总量的 6%。氮、磷、钾施用比例分别为 7%、10% 和 4%，氮、磷、钾比例为2∶0.5∶1.5。根据每个生长时期的需肥特性施肥，考虑蔬菜作物对各种养分的敏感时期和最大效率时期等因素，就可以达到需肥与施肥紧密相结合的程度。表 4-9 列举了一些蔬菜常用养分施用配方。

表4-9　茄果类及瓜类蔬菜常用养分施用配方

蔬菜生长时期	氮（N）—磷（P_2O_5）—钾（K_2O）
蔬菜生长前期	15-15-15，30-10-10，20-15-15，20-10-15，10-30-20
蔬菜生长中期	21-11-21，15-10-15，10-10-20
蔬菜生长后期	16-8-24，14-6-24，15-4-25，18-4-28

⑧拟定施肥制度。根据蔬菜作物目标产量，可以计算得出蔬菜作物养分吸收量（理论值），然后根据土壤测试值、有机肥料使用量、上茬蔬菜作物施肥和产量表现和养分施/吸比等，进行养分吸收量的调整。确定了蔬菜作物不同生育时期的养分比例和使用量之后，就可以拟定蔬菜作物的施肥制度，以标准化的形式明确养分总量、养分比例。施肥时期和施肥方式等。表4-10是日光温室冬春茬番茄栽培滴灌施肥制度的一个实用例方案。

表4-10　日光温室冬春茬番茄栽培滴灌施肥制度方案

生长时期	每次施肥的纯养分量（千克/667米^2）				各养分比例	施肥方式
	氮（N）	磷（P_2O_5）	钾（K_2O）	合计		
定植前	12.0	12.0	12.0	36.0	15-15-15	基肥
苗期	3.6	2.3	2.3	8.2	24-15-15	滴灌施肥
开花—结果期	3.0	1.8	3.0	7.8	20-1-20	滴灌施肥
结果—采收期	2.9	0.7	4.3	86.9	16-4-24	滴灌施肥
合计	50.5	23.8	64.6	138.9		

根据上述施肥制度，就可以编制施肥方案。施肥方案就是根据当地的肥料品种、肥料养分含量、有机肥料使用量等，按施肥制度使生产管理具体化。不同的肥料品种选择，计算得出的肥料数量或肥料品种搭配会不同，也就是说，施肥方案的肥料品种、

数量和施用方法等都会有所不同。中量元素和微量元素肥料也可以编制在施肥方案中。

⑨制定微灌施肥制度。将微灌灌溉制度和施肥制度拟合在一起，即形成为微灌施肥制度。微灌施肥制度拟合的主要原则是：肥随水走，分阶段拟合。

一是根据微灌制度将肥料按微灌的灌水时间和次数进行分配；二是明确灌溉和施肥的方式。具体来说，就是要把作物全生育期中的灌水定额（一次灌水量）、灌水周期、一次灌溉持续的时间、灌水次数和作物全生育期需要投入的养分数量及其各种养分比例，作物各个生长时期所需养分数量及其比例等进行拟合。以日光温室冬春茬番茄栽培为例，将表 4－4 和表 4－10 进行拟合，最终获得拟合后的灌溉施肥制度方案，即如表 4－11 所示。

表 4－11　日光温室冬春茬番茄栽培滴灌施肥制度方案

生长时期	灌溉次数	灌水定额［米^3/(667 米^2)］	每次施肥的纯养分量（千克/667 米^2）			合计	肥料配方	灌溉施肥方式	灌水时间间隔（天）
			氮 (N)	磷 (P_2O_5)	钾 (K_2O)				
定植前	1	22	12.0	12.0	12.0	36.0	15－15－15	基施沟灌	
苗期	1	14	3.6	2.3	2.3	8.2	24－15－15	滴灌施肥	40
开花—结果	1	12	3.0	1.8	3.0	7.8	20－12－20	滴灌施肥	15
结果—采收期	11	16	2.9	0.7	4.3	86.9	16－4－20	滴灌施肥	8～12
合计	14	224	50.5	23.8	64.6	138.9			

由上述微灌施肥制度方案可以看出，虽然使用滴灌设备，但在灌溉制度上，可以是地面灌溉和滴灌的结合，在施肥制度上，是基肥与滴灌追肥的结合。如果在露地使用滴灌设备，则需要考虑降水量的影响，灌水定额要根据土壤含水量进行调整，如果有降水，即使作物不需要灌溉，为了施肥也要进行滴灌，灌水量主要满足滴灌施肥的需要，即当完成施肥和管道冲洗后，立即停止

滴灌。

（6）微灌肥料的选择 由于微灌灌水器的出水口很小，很容易被各种微小的杂质所堵塞。为了防止管道和出水口被堵塞，延长滴灌设备的使用年限，就必须搞好肥料品种的选择。同时，肥液的浓度直接影响灌溉时间的安排，也对作物根系生长带来影响。因此，要了解肥料的特性，科学选择肥料和合理搭配肥料，并且能够随时监控微灌过程中的肥料使用浓度。

①微灌肥料的选择。为了保证微灌设备的安全使用，微灌肥料必须满足 5 个方面的要求：一是微灌肥料的溶解度和纯净度要高，本身没有杂质；二是肥料的相容性好，搭配使用时不会发生相互作用而形成沉淀物；三是肥料中养分含量较高，如果肥料中养分含量较低，肥料用量就要增加，可能造成溶液中离子浓度过高；四是肥料与灌溉水的相互作用小，不会引起灌溉水 pH 的剧烈变化；五是肥料对灌溉设备的腐蚀性小。同时，微量元素肥料使用量尽管很小，如果通过微灌系统施肥，就需要考虑其溶解度。

②微灌肥料的溶解度。溶解度是指在一定温度下的饱和溶液里，一定量溶剂中含有溶质的量。固体或液体溶质的溶解度一般以 100 克溶剂溶解的溶质的质量（克）表示，或以 1 000 克溶剂所溶解的溶质的量（摩尔）表示。微灌肥料的溶解度，是指这种肥料在灌溉水中溶解度的高低。适合微灌施肥的肥料，首先是溶解度高，要求在田间温度条件下肥料的溶解度要高，在常温下能够完全溶解。溶解度高的肥料沉淀物少，不容易堵塞管道和出水口。目前市场上常用的溶解性好的普通大量元素固体肥料，有尿素、硝酸铵、硫酸铵、硝酸钙、硝酸钾、磷酸、磷酸二氢钾、磷酸一铵（工业级）、氯化钾（加拿大钾肥除外）等。溶解性好的常用的中量元素肥料有硫酸镁，微量元素应选用螯合态的肥料。表 4 - 12 列出了常用固体化肥的养分元素含量、溶解度和溶液性质，可供选用时参考。

表 4-12　常用固体化肥的性质

名称	分子式	养分含量（%）	溶解度（克/升）		EC、pH、肥料溶液的养分含量		
			10℃	20℃	EC（毫西门子/厘米）	pH	养分浓度（毫克/升）
尿素	$CO(NH_2)_2$	N46	850	1 060	2.7	7.0	N-280
硝酸铵	NH_4NO_3	N34	1 580	1 950	0.7	5.5	N-280
硫酸铵	$(NH_4)_2SO_4$	N21	730	750	1.4	4.5	N-280
硝酸钙	$Ca(NO_3)_2$	N15	1 240	1 294	2.0	6.9	N-280
硝酸钾	KNO_3	N13$K_2$046	210	320	0.7	7.0	N-140K-390
硫酸钾	K_2SO_4	$K_2$050	90	110	0.2	7.0	K-780
氯化钾	KCl	$K_2$060	310	340	0.7	7.0	K-390
磷酸二氢钾	KH_2PO_4	$P_2O_5$52$K_2$034	178	225	0.7	4.6	P-310K-390
磷酸一铵	$NH_4H_2PO_4$	N11$P_2O_5$52	295	374	0.4	4.7	N-140P-310
硫酸镁	$MgSO_4$	MgO16	308	356	2.2	6.7	Mg-240

肥料在不同温度水中的溶解度也不同，在配制母液时必须考虑温度变化造成的溶解度变化。一种肥料在夏季可能完全溶解，但在冬季却可能出现盐析现象。

一些肥料在混合时会产生吸热反应，降低溶液温度，使肥料的溶解度降低，并产生盐析作用，如硝酸钾、尿素等在溶解时都会吸热，使溶液温度降低。多数肥料在溶解时会伴随热反应，如磷酸溶解时会放出热量。在气温较低时，可以通过合理安排各种肥料的溶解顺序，利用它们之间的互补热量来溶解肥料。如配制磷酸和尿素肥液时，利用磷酸的放热反应，先加入磷酸使溶液温度升高，再加入有吸热反应的尿素，对低温时增加肥料的溶解度具有积极作用。表 4-13 是一些肥料溶解时的吸热值。

表 4-13　一些肥料的吸热值

单位：千焦/千克

肥料浓度 （千克/米³）	氯化钾	硝酸钾	磷酸二氢钾	硝酸铵	硫酸铵	尿素
50	232	329	141	311	59	250
100	226	211	138	298	56	245
150	219	299	135	289	54	241

磷肥应用于微灌有一定的局限性，最适宜的磷肥品种是磷酸二氢钾，其溶解性好，同时可以提供磷养分和钾养分，但是价格较高。磷酸是液体肥料，应用时存在一定的局限性。市场上大部分的磷酸一铵含有较多的不溶解物，用于微灌施肥时必须经过严格的溶解过滤后才能流入灌溉系统。磷酸二铵基本上都经过固化造粒，不能用于微灌施肥。此外，在灌溉水硬度较大的地区，磷酸根离子会与钙镁离子结合形成沉淀物。所以，蔬菜作物所需的磷肥大部分或全部都是通过基肥施入土壤。

③肥料的相容性。微灌肥料本身的纯度要高，没有杂质，还要注意肥料之间不能产生拮抗作用。由于微灌肥料大部分是通过微灌系统随水施肥，如果肥料混合后产生沉淀物，就会堵塞微灌管道和出水口，缩短设备使用年限，甚至报废。因此，在肥料的选择和配制时，要特别注意以下几点：

第一，含磷酸根的肥料和含钙、镁、铁、锌等离子的肥料混合后，会产生沉淀，因此，硝酸钙、硫酸镁、硫酸亚铁、硫酸锌和硫酸锰等，不能和磷酸二氢钾、磷酸一铵混合使用。

第二，含钙离子的肥料和含硫酸根离子的肥料混合后会产生沉淀，因此，硝酸钙和硫酸镁、硫酸钾、硫酸铵混合时，会生成溶解度很低的硫酸钙，不适宜混合使用。表 4-14 是常用肥料的相容性情况，可供生产中使用参考。

表4-14　常用肥料的相容性

硝酸铵 NH_4NO_3						
√	尿素 $CO(NH_2)_2$					
√	√	硫酸铵 $(NH_4)_2SO_4$				
√	√	√	磷酸一铵 $(NH_4)H_2PO_4$			
√	√	×	√	氯化钾 KCl		
√	√	√	√	√	硝酸钾 KNO_3	
√	√	×	×	√	√	硝酸钙 $Ca(NO_3)_2$

一般情况下，混合使用肥料都是现用现配。如果预先配制肥料，对于一容易吸湿潮解结块的肥料，如硝酸铵、硝酸钙、氯化铵等作配制原料时，配制的成品肥料不适宜久存，短期贮存和搬运时也要注意密封。

在实际操作中，对于混合后会产生沉淀的肥料应采用分别单独注入的办法来解决，即第一种肥料注入完成后，用清水充分冲洗系统，然后再注入第二种肥料。或者采用2个以上的贮肥罐把混合后相互作用会产生沉淀的肥料分别贮存，分别注入。

④肥料和灌溉水之间的反应。灌溉水中通常含有各种离子和杂质，如钙离子、镁离子、硫酸根离子、碳酸根离子、碳酸氢根离子等，当这些离子达到一定浓度后，就会影响肥料的溶解性，或者与肥料中有关离子反应而产生沉淀。例如，在灌溉水的pH

大于 7.5 时，钙镁含量大于 50 毫克/升，碳酸氢根离子大于 150
毫克/升时，水中的钙和镁就会与肥料中的磷酸根离子和硫酸根
离子结合，形成沉淀。因此，在选择肥料品种时，要考虑灌溉水
质、pH、电导率和灌溉水的可溶盐含量等。为了防止上述情况
的出现，当灌溉水的硬度较大时，应该采用酸性肥料，如磷肥选
用磷酸和磷酸一铵。

⑤根据肥料的腐蚀性选择施肥罐材料。当微灌系统的设备与
有些肥料直接接触时，设备容易被腐蚀、生锈或溶解。如当用铁
制的施肥罐时，磷酸会溶解金属铁，铁与磷酸根生成磷酸铁的沉
淀物。因此用磷酸作微灌肥料时，应该用不锈钢或非金属材料的
施肥罐。表 4-15 列出了一些肥料对不同材料的腐蚀程度，可供
选择微灌肥料罐时参考。在生产中，应根据当地肥料使用的特
性，选择适宜材料制作的施肥罐。

表 4-15　肥料对不同材料的腐蚀程度

材料种类	硝酸钙	硫酸铵	硝酸铵	尿素	磷酸	磷酸二铵
镀锌铁	中等	严重	严重	轻度	严重	轻度
铝板	无	轻度	轻度	无	中等	中等
不锈钢	无	无	无	无	轻度	无
青铜	轻度	明显	明显	无	中等	严重
黄铜	轻度	中等	明显	无	中等	严重
塑料	无	无	无	无	无	无

⑥选用微量元素及含氯化学肥料。微量元素肥料，一般通过
基肥或叶面喷施应用。如果利用微灌系统使用，应该选用螯合态
微肥。螯合态微肥与大量元素肥料混合不会产生沉淀。非螯合态
微肥和大量元素肥料混合很容易产生沉淀，即使单独用，在 pH
较高的情况下也可能产生沉淀。

氯化钾具有溶解速度快、养分含量高、价格低的优点，对于

非忌氯作物或土壤存在淋洗渗漏条件下，氯化钾是用于微灌施肥最好的钾肥，但是在某些对氯敏感的作物和盐渍化土壤上要控制使用，以防止氯害和加重盐渍化。在实际生产中，可以根据作物的耐氯程度，将硫酸钾和氯化钾配合施用。表 4 - 16 列出了部分作物的耐氯程度，可以供各地参考。

表 4 - 16　部分作物耐氯程度分级

耐氯程度分级	弱耐氯作物	中等耐氯作物		强耐氯作物
土壤氯含量（毫克/千克）	<300	300～450	450～600	600～800
作物名称	莴苣、马铃薯苹果、葡萄桃、 柑 橘、烟草	辣 椒、芹菜、花椰菜、草莓、甘蔗、花生	番茄、茄子、甘蓝、花、山楂	黄 瓜、甜菜、棉花、椰子、胡麻

(7) 微灌肥料的配制

①配制微灌肥料。在微灌施肥制度确定之后，就要选择适宜的肥料。一是可以直接选用市场上的微灌专用固体或液体肥料，但是这种肥料中的各种养分元素的比例有可能不能完全满足作物的需求，还需要补充某种肥料。二是按照拟定的养分配方，选用溶解性好的固体肥料，自行配制微灌专用肥料。生产实践中选配肥料时，最常用的方法是解析法，通过公式计算，求出基础肥料的用量和肥料总量。具体方法是：

设拟配制的微灌专用肥配方为：$N : P_2O_5 : K_2O = A : B : C$，应配出的 N、P_2O_5、K_2O 纯养分量分别为 A_0、B_0、C_0，采用两种以上基础肥料配制，它们 N、P_2O_5、K_2O 的百分含量分别是：

基础肥料 1：a_1、b_1、c_1

基础肥料 2：a_2、b_2、c_2

基础肥料3：a_3、b_3、c_3

设3种基础肥料的用量分别是X、Y、Z，有以下方程组：

$$A_0 = a_1 \times X/100 + a_2 \times Y/100 + a_3 \times Z/100 \quad (1)$$
$$B_0 = b_1 \times X/100 + b_2 \times Y/100 + b_3 \times Z/100 \quad (2)$$
$$C_0 = c_1 \times X/100 + c_2 \times Y/100 + c_3 \times Z/100 \quad (3)$$

通过方程组解出X、Y、Z，即基础肥料用量。

例：配制番茄苗期微灌专用肥料，其肥料配方为$N:P_2O_5:K_2O=24:15:15$，应配出的N、P_2O_5、K_2O纯养分量分别为3.6千克、2.3千克、2.3千克，选用尿素（N 46%）、磷酸一铵（N 11%、P_2O_5 52%）、氯化钾（K_2O 60%）3种基础肥料配制，求各种基础肥料的配用量以及专用肥料量。

已知拟配制的$N:P_2O_5:K_2O$的肥料配方为：

$A=24$　　$B=15$　　$C=15$

应配出的N、P_2O_5、K_2O纯养分量为：

$A_0=3.6$　　$B_0=2.3$　　$C_0=2.3$

选用的基础肥料各养分元素的百分含量为：

尿素：$a_1=46$，$b_1=0$，$c_1=0$

磷酸一铵：$a_2=11$，$b_2=52$，$c_2=0$

氯化钾：$a_3=0$，$b_3=0$　$c_3=60$

将已知数据代入方程：

$$3.6=46\times X/100+11\times Y/100+0\times Z/100$$
$$2.3=0\times X/100+52\times Y/100+0\times Z/100$$
$$2.3=0\times X/100+0\times Y/100+60\times Z/100$$

解方程得：$X=6.8$，$Y=4.4$，$Z=3.8$

即配制的番茄苗期微灌专用肥料中N、P_2O_5、K_2O纯养分量分别为3.6千克、2.3千克、2.3千克，需要尿素6.8千克、磷酸一铵4.4千克、氯化钾3.8千克，专用肥料量总和为15.0千克。

②计算灌溉水的养分浓度。在微灌施肥过程中，由于施肥罐

的体积有限，大多需要多次添加肥料，需要计算灌溉水的养分浓度，以便于及时补充肥料，按计划完成微灌施肥工作。同时，植物根系对灌溉水的养分浓度也有要求，太高的养分浓度会对植物根系造成危害。因此，在微灌施肥进行过程中的监测也非常需要。

在微灌施肥中，添加的肥料有固体和液体肥料，每次添加肥料后都可以计算出灌溉水的养分浓度。计算灌溉水的养分浓度有以下两种方法。

ⓐ以质量百分数表示的养分浓度计算方法。固体肥料或者液体肥料中的养分含量，以质量百分数表示时的计算公式是：

$$C = PW10\ 000/D$$

式中：C ——灌溉水中养分浓度，毫克/千克；

P ——加入肥料的养分含量，%，即 w/w；

W ——加入肥料数量，千克；

D ——在加肥同时系统内的灌溉水量，千克。

例：将 15 千克总养分浓度为 28%（16 - 4 - 8）的固体肥料溶解后（或者液体肥料）注入系统，灌水定额为 12 米³，用公式计算：

$$C = (28 \times 15 \times 10\ 000)\ /12\ 000 = 350\ （毫克/千克）$$

计算得出，灌溉水中养分浓度为 350 毫克/千克。还可以分别计算出 N、P_2O_5、K_2O 的浓度，以氮（N）为例，用公式计算：

$$氮（N） = (16 \times 15 \times 10\ 000)\ /12\ 000 = 200\ （毫克/千克）$$

计算得出，氮（N）的浓度是 200 毫克/千克。同理可计算出磷（P_2O_5）的浓度为 50 毫克/千克，钾（K_2O）的浓度为 100 毫克/千克。

ⓑ液体肥料以克/升表示的养分浓度计算方法。液体肥料的养分含量以克/升表示时的计算公式是：

$$C = PW1\ 000/D$$

式中：C ——灌溉水中养分浓度，毫克/千克；

P ——加入肥料的养分含量，克/升；

W ——加入肥料数量，升；

D ——在加肥同时系统内的灌溉水量，千克。

例：现需要把 15 升氮的含量为 300 克/升的液体肥料注入系统，灌水定额为 12 米^3，用公式计算：

$C=(300×15×1\ 000)/12\ 000=375$（毫克/千克）

计算得出，灌溉水中养分浓度为 375 毫克/千克。

由于溶解固体肥料和液体肥料所用的水量很少，灌溉水本身含有的养分可以忽略不计。

③监控灌溉水的养分浓度。监控灌溉水的养分浓度一般是监测灌溉水的电导率。当灌溉水将配制好的肥液带入土壤，通过注肥量和灌溉水量的计算，大体可以了解灌溉水中的养分浓度范围。由于灌溉水本身就含有一定量的离子，同时注肥时间又少于灌溉时间。因此，在微灌系统注肥期间，灌溉水离子浓度与计算结果不是完全吻合的，实际情况经常是灌溉水养分离子浓度大于计算值。因此，可以在微灌管道的出水口，定时采集水样，利用掌上电导率仪和 pH 仪，测定灌溉水的电导率（EC），对灌溉水的养分浓度进行监测。灌溉水电导率值单位是毫西门子/厘米，它与养分浓度单位毫克/千克之间有一定的换算关系。当灌溉水中同时存在几种养分元素时，电导率与养分浓度的大致换算关系是：

1 毫西门子/厘米＝640 毫克/千克

由测得的电导率可以估算灌溉水中的离子浓度（毫克/千克）值。如果灌溉水电导率太大，在需要改变灌溉水的离子浓度时，可以通过计算求得，减少肥料用量或增加灌溉水量。

不同作物以及同一作物的不同生长发育期，对灌溉水电导率要求是不同的。对于蔬菜来说，在生长发育前期，一般控制灌溉水电导率在 1 毫西门子/厘米以下；在生长发育后期，控制电导率不大于 3 毫西门子/厘米。在灌水量较少、灌水时间短的情况下，需要随时了解灌溉水的养分浓度，以保证对蔬菜作物用肥安全。

④计算注肥流量。注肥流量是指在单位时间内注入系统的肥液的量。它是选择注肥设备的重要参数，也是控制微灌施肥时间的重要参数，在生产实践中应用性很强。注肥流量的计算公式为：

$$q = LA/t$$

式中：q ——注肥流量，升/小时；

L ——单位面积注入的肥液量，升/公顷；

A ——施肥面积，公顷；

t ——指定完成注肥的时间，小时。

例：某灌区面积 20 公顷，每公顷注肥 150 升，要求注肥在 3 小时内完成，则泵的注肥流量为：

$$q = 150 \times 20/3 = 1\ 000\ (升/小时)$$

通过计算得出，注肥流量为每小时 1 000 升。

⑤从肥料实物量计算纯养分含量。肥料有效养分的标识，通常以其氧化物含量的百分数表示，对氮、磷、钾来说，氮以纯氮表示（N%），磷以五氧化二磷（P_2O_5 %）表示，钾以氧化钾（K_2O %）表示。固体肥料中的有效养分含量都是用质量百分比（%，w/w）表示，液体肥料中的有效养分含量有两种表示方法，一是质量百分比（%，w/w），二是每升中养分克数（克/升）。

从肥料实物计算纯养分含量，公式为：

纯养分量＝实物肥料量×养分含量（%或克/升）

例：20 千克尿素，含 N46%，求折合纯养分量是多少千克？

解：纯养分量＝20×46%＝9.2（千克）

计算得出，20 千克尿素的氮纯养分量为 9.2 千克。

⑥从养分需求量计算肥料需要量。在许多有关施肥的材料

中，养分需求量通常是以纯养分量来表示的。在生产实践中，进行施肥时，需要换算成实际的肥料需要量。从养分需求量计算实际肥料需要量的公式为：

实物肥料需要量＝养分量÷养分含量（％或克/升）

例：如果需要 5 千克的纯量钾，需要含量为 60％的氯化钾多少千克？

解：氯化钾需要量＝5÷60％＝8.3（千克）

计算得出，满足 5 千克的纯量钾需要含量为 60％的氯化钾8.3 千克。

⑦计算贮肥罐容积。在微灌施肥前，固体或者液体肥料都要事先把它放在贮肥罐中加水配成一定浓度的肥液，然后由施肥设备注入系统。贮肥罐要有足够的容积，应该根据施肥面积、单位面积的施肥量和贮肥罐中的肥液浓度而定。贮肥罐容积的计算公式如下：

$$V=wA/C$$

式中：V ——贮肥罐容积，升；

w ——每次施肥单位面积施肥量，千克/公顷；

A ——施肥面积，公顷；

C ——贮肥罐中肥液的浓度，千克/升。

例：微灌施肥面积为 2 公顷，每次施肥量为 75 千克/公顷，贮肥罐中肥液浓度为 0.5 千克/升，计算所需贮肥罐的容积。将有关数据代入计算公式：

$$V=75×2/0.5=300（升）$$

计算得出，要满足 2 公顷的微灌施肥需要配置 300 升容积的贮肥罐。

⑧将氮、磷、钾纯养分量换算成常用化肥量。一般的资料中，在蔬菜作物的养分需求中，多采用氮（N）、磷（P_2O_5）、钾（K_2O）纯量的表述方法，当选择不同的肥料品种时，通常需要换算成化肥实物量。表 4 - 17 列出了常用肥料品种数量与氮

(N)、磷（P_2O_5）、钾（K_2O）纯量之间的关系。

表 4 - 17　氮、磷、钾纯养分与化肥实物量换算

纯养分量（千克）	化肥品种	化肥养分含量 N—P_2O_5—K_2O（%）	换算化肥需要量（千克）	备注
1千克纯氮	尿素	46 - 0 - 0	2.2	
	氯化铵	25 - 0 - 0	4	
	碳酸氢铵	17 - 0 - 0	5.9	
	硝酸钠	15 - 0 - 0	6.7	
1千克纯磷	过磷酸钙	0 - 16 - 0	6.3	
	钙镁磷肥	0 - 16 - 0	6.3	
	磷酸一铵	12 - 52 - 0	1.9	同时提供 0.2 千克纯氮
	磷酸二铵	18 - 46 - 0	2.2	同时提供 0.4 千克纯氮
	磷酸二氢钾	0 - 52 - 35	1.9	同时提供 0.7 千克纯钾
1千克纯钾	氯化钾	0 - 0 - 60	1.7	
	硫酸钾	0 - 0 - 50	2	
	硝酸钾	15 - 0 - 45	2.2	同时提供 0.3 千克纯氮

二、设施茄果类蔬菜的微灌施肥技术

（一）设施番茄微灌施肥技术

1. **番茄需求水分和养分的特点**　番茄俗称西红柿，属茄科番茄属 1 年生或多年生草本植物。植株可高达 1.5～2 米，植株有蔓性和矮生性两类。番茄喜温暖，但其适应性较强，耐低温的

能力也比黄瓜强，一般来说在 15～35℃ 的温度范围内都可以适应。我国番茄栽培普遍是设施冬春育苗，春季露地栽植为主。但是北方地区很多省份都在实施日光温室秋冬茬、冬春茬、早春茬番茄栽培。

番茄植株生长茂盛，蒸腾作用较强，而番茄根系发达，再生能力强，具有较强的吸水能力。因此，番茄植株生长发育既需要较多的水分，又具有半耐旱植物的特性。番茄不同生育期对水分的需求不同。一般幼苗期生长较快，为培育壮苗；防止植株徒长和病害发生，应适当控制水分，土壤相对含水量以在 60％～70％ 为宜。第一花序坐果前，土壤水分太多，容易引起植株徒长，造成落花落果。第一花序结果后，果实和茎叶同时迅速生长，到盛果期都需要较多的水分，耗水强度达到 1.46 毫米/天，应该经常灌溉，以保证水分供应。在整个结果期，水分应该均衡供应，始终保持土壤相对含水量为 60％～80％。如果水分太多，会抑制根系呼吸及其他代谢活动，严重时会烂根死秧。如果土壤水分缺乏则果实膨大慢，产量低。还应该防止土壤忽干忽湿，尤其是土壤干旱后又遇到大水，容易发生大量落果或裂果，也容易引起脐腐病。

在番茄的生长发育期内，需要从土壤中吸收大量的养分，各养分吸收量的顺序是：钾＞氮＞钙＞镁＞磷。番茄在定植前吸收养分较少，定植后随着生育期的发展，它的吸肥量逐渐增加。从第一花序开始结果、膨大后，养分吸收量迅速增加，氮、钾、钙的吸收量约占总吸收量的 70％～90％。结果后期，植株衰老，根系吸收能力下降，养分吸收量逐渐减少，这时可以通过叶面追肥等补充养分。番茄苗期磷的吸收量较少，但影响较大，土壤磷素缺乏，不利于花芽分化和植株发育。从果实膨大期起，镁的吸收量明显增加，如果供镁不足，对产量和品质有较大影响。此外，在番茄生长期间，如果缺乏微量元素，产量会有不同程度的减少，尤其是缺铜、缺铁的影响较大，缺锌次之。番茄对土壤条件要求不严格，但以土层深厚、排水良好、富含有机质的肥沃壤土为宜，番茄对土壤通气性要求较高，因此低洼、结构不良的土壤，不适宜种植番茄。

2. 日光温室冬春茬番茄微灌施肥方案的制定　表 4 - 18 是按照微灌施肥制度方案的制定方法，在华北地区日光温室番茄栽培经验的基础上，总结得出的日光温室冬春茬番茄滴灌施肥制度方案。

表 4 - 18　日光温室冬春茬番茄滴灌施肥制度方案

| 生育时期 | 灌溉次数 | 灌水定额〔米³/（667 米²·次）〕 | 每次灌溉加入的纯养分量（千克/667 米²） | | | | 备注 |
			氮（N）	磷（P_2O_5）	钾（K_2O）	合计	
定植前	1	22	12.0	12.0	12.0	36.0	沟灌
苗期	1	14	3.6	2.3	2.3	8.2	滴灌
开花期	1	12	3.0	1.8	3.0	7.8	滴灌
采收期	11	16	2.9	0.7	4.3	7.9	滴灌
合计	14	224	50.5	23.8	64.6	138.9	

该制度方案的应用说明：

第一，本方案适用于华北地区日光温室冬春茬番茄栽培，土壤为轻壤或中壤土质，土壤 pH 为 5.5～7.6。要求土层深厚，排水条件较好，土壤磷素和钾素含量中等水平。目标产量为 10 000 千克/667 米²。

第二，定植前施基肥，每 667 米² 施用腐熟鸡粪 3 000～5 000 千克，每 667 米² 施用氮、磷、钾纯养分量各 12 千克，每 667 米² 施用三元复合肥（15 - 15 - 15）80 千克，或每 667 米² 施用尿素 15.9 千克、磷酸二铵 26.1 千克和氯化钾 20 千克。第一次灌水用沟灌浇透，以促进有机肥的分解和沉实土壤。

第三，番茄是连续开花和坐果的蔬菜，从第一花序出现大蕾到坐果，要进行 1 次滴灌施肥，以促进正常坐果。每 667 米² 施用尿素 6.84 千克、工业级磷酸一铵（N 12％，P_2O_5 61％）3.77千克和氯化钾 3.83 千克。

第四，番茄的营养生长和果实生长高峰相继周期性出现，水肥管理既要保证番茄的营养生长，又要保证果实生长。开花期滴灌施肥 1 次，每 667 米² 施用尿素 5.75 千克、工业级磷酸一铵2.95 千克和氯化钾 5.00 千克。

第五，番茄收获期较长，一般采收期前 3 个月每 12 天灌水1 次，后两个月每 8 天灌水 1 次，每次结合灌溉进行施肥，每次667 米² 施用尿素 6 千克、工业级磷酸一铵 1.15 千克和氯化钾7.17 千克。

第六，采收后期可以进行叶面追肥，选择晴天傍晚或雨后晴天喷施 0.2％～0.3％磷酸二氢钾或尿素溶液。如果发生脐腐病可及时喷施 0.5％氯化钙溶液，连喷 2～3 次，每次每 667 米² 喷施 50～70 千克，防治效果明显。

第七，参照灌溉施肥制度方案表提供的养分数量，也可以选用其他的肥料品种组合，并换算成具体的肥料数量。

（二）设施茄子的微灌施肥技术

1. 茄子需求水分和养分的特点　茄子属于茄科茄属多年生小灌木状草本植物。茄子根系发达，为直根深根性蔬菜。主根粗壮，深度可达 1.3～1.7 米，主要根系分布在 30 厘米深的土层中。根系木质化早，再生能力差，在移栽过程中要防止伤根。当主茎长出 5～8 片叶时，顶芽变为花芽。形成结果的单花或花簇，发育成门茄，同时与顶芽相邻的 2 个腋芽发展成 2 个粗壮的侧枝。以后每个侧枝上长出 2～3 片叶后，顶芽又变为花芽，花芽结果后形成"对茄"，于是再发一次杈，形成"四母斗"、"八面风"和"满天星"，茄子是喜温性蔬菜，不耐霜冻。生育期适宜温度为：种子发芽温度以 28～32℃ 为宜；幼苗期昼温以 20～

25℃为宜，夜温以 15℃以上为宜；开花结果期的适宜温度为
25～30℃，超过 35℃和低于 15℃，都容易因授粉不良而引起落
花落果。

茄子枝叶繁茂，叶面积大，水分蒸发多。茄子的抗旱性较
弱，特别是幼嫩的茄子植株，当土壤水分缺乏时，植株生长缓
慢，还经常引起落花，而且长出的果实表皮粗糙、无光泽、品质
差。茄子生长前期需水量较少，结果期需水量增加。为防止茄子
落花，第一朵花开放时要控制水分，门茄"瞪眼"时表示已坐住
果，要及时浇水，以促进果实生长。茄子喜水又怕水多，土壤潮
湿通气不好时，容易造成沤根。空气湿度大，容易引起病害，应
注意通风排湿。茄子既怕旱又怕涝，但在不同的生育期对水分的
需求有所不同。一般门茄坐果以前需水量少，以后需水量增加，
尤其是"对茄"收获前后需水量最大。在设施种植中，适宜的空
气相对湿度为 70%～80%，田间适宜土壤相对含水量应保持在
70%～80%，水分太多容易导致植株徒长，引起落花或发生病
害。但是一般不能小于 55%。

茄子生长期长，应分次采摘上市。因此，采用分期多次追肥，
尤其是在结果期更为重要。氮对茄子产量的影响尤其明显，从定
植到采收结束都需施用氮肥。磷对茄子花芽分化发育有很大影响，
如果磷缺乏，花芽就发育迟缓或不发育，或产生不能结实的花。
苗期增施磷肥可以促进发根和定植后的成活，有利于植株生长和
提高产量。进入果实膨大期和生长发育盛期，氮、磷、钾吸收量
增加，但对磷的需要量相对较少。施用磷肥太多容易使果皮硬化，
影响品质。钾对花芽的发育的影响虽然没有磷大，但是如果缺钾
或少钾，也会延迟花的形成。在茄子生育中期以前，钾的吸收量与
氮相似，到果实采摘盛期，钾的吸收量显著增加。每生产 1 000 千克
茄子（鲜重）需要吸收纯氮（N）3.65 千克、磷（P₂O₅）0.85 千克、
钾（K₂O）5.75 千克、钙（CaO）1.8 千克、镁（MgO）0.4 千克，
其养分吸收比例为 1：0.23：1.58：0.49：0.11。茄子叶片主脉附近

容易褪绿变黄，这是缺镁症状。茄子在采果期镁的吸收量增加，如果缺乏镁，就会发生落叶现象，从而影响产量。土壤太湿或氮、钾、钙太多，都会引起缺镁症。果实表面或叶片网状叶脉褐变产生铁锈，其原因是缺钙或肥料太多而引起的锰过剩症，或者是亚硝酸气体造成的危害，这些都会影响同化作用而降低产量。茄子对缺钙的反应不如番茄敏感。

2. 日光温室冬春茬茄子微灌施肥方案的制定 表 4-19 是按照微灌施肥制度方案的制定方法，在华北地区日光栽培茄子经验的基础上，总结得出的日光温室冬春茬茄子滴灌施肥制度方案，可供生产者使用参考。

表 4-19　日光温室冬春茬茄子滴灌施肥制度方案

生育时期	灌溉次数	灌水定额〔米³/(667米²·次)〕	每次灌溉加入的纯养分量（千克/667米²）				备注
			氮（N）	磷（P$_2$O$_5$）	钾（K$_2$O）	合计	
定植前	1	20	5	6	6	17	沟灌
苗期	2	10	1	1	0.5	2.5	滴灌
开花期	3	10	1	1	1.4	3.4	滴灌
采收期	10	15	1.5	0	2	3.5	滴灌
合计	16	220	25	11	31.2	67.2	

该制度方案的应用说明：

第一，本方案适用于华北地区日光温室冬春茬茄子栽培。选择有机质含量较高、疏松肥沃、排水良好的土壤，土壤 pH7.5 左右。采用大小行定植，大行 70 厘米，小行 50 厘米，株距 45 厘米，早熟品种每 667 米² 栽植 3 000～3 500 株，晚熟品种每 667 米² 栽植 2 500～3 000 株。目标产量为每 667 米²4 000～5 000 千克。

第二，定植前施用基肥，每 667 米² 施用腐熟有机肥 5 000 千克、纯氮（N）5 千克、磷（P$_2$O$_5$）6 千克、钾（K$_2$O）6 千克，换算成实物肥料为每 667 米² 施用尿素 5 千克、磷酸二铵 13 千克、氯化钾 10 千克，或施用三元复合肥（15 - 15 - 15）40 千克，结合深翻松耕，在栽培带开沟将基肥施入。定植前沟灌水 1 次，每 667 米² 灌水 20 米³。

第三，苗期不能太早灌水，只有当土壤出现缺水现象时，才能进行施肥，每 667 米² 施用尿素 2.2 千克和磷酸二氢钾 2 千克。

第四，开花后至坐果前，应适当控制水肥供应，以利于开花坐果。在开花期，滴灌施肥 1 次，每 667 米² 施用尿素 2.2 千克、磷酸二氢钾 2.0 千克和氯化钾 1.4 千克。

第五，进入采摘期后，植株对水肥的需求量增加，一般前期每隔 8 天，滴灌施肥 1 次，中后期每隔 5 天滴灌施肥 1 次，每次每 667 米² 施用尿素 3.26 千克、氯化钾 3.33 千克。

第六，参照灌溉施肥制度方案表提供的养分参数，可以选择其他的肥料品种组合，并换算成具体的肥料数量，给茄子追肥。

（三）设施辣椒的微灌施肥技术

1. 辣椒需求水分和养分的特点　辣椒属于茄科辣椒属 1 年生草本植物。它生长期长，产量高，类型和品种很多。辣椒喜温怕冷，喜潮湿怕水涝，忌霜冻，养分需求较高。对光照要求不高，但怕强烈的日晒。

辣椒植株本身需水量不大。但由于根系浅，根量少，对土壤水分状况反应非常敏感，土壤水分状况与开花、结果的关系非常密切。辣椒既不耐旱，又不耐涝，只有保持土壤湿润才能高产。但是土壤积水会使植株萎蔫。一般大果型的甜椒品种，对水分需求比小果型辣椒品种更严格。辣椒苗期植株需水量较少，以控温通风降湿为主，移栽后为满足植株生长发育，应适当浇水。初花期要增加水分，坐果期和盛果期需要供应充足的水分。如果土壤水分缺乏，容易产生落花落果，影响果实膨大，果实表面多皱缩、少光泽、果形弯曲。灌溉时要做到畦土不积水。如果土壤水分太多、淹水数小时，植株就会萎蔫，严重时会成片死亡。此外，辣椒对空气湿度要求也比较严格。在开花结果期，空气相对湿度以 $60\%\sim80\%$ 为宜，太湿容易引起病害，太干则对授粉受精和坐果不利。

辣椒果实养分含量高，植株生长期长，因而需肥量较大。对氮、磷、钾等养分都有较高的要求，还要吸收钙、镁、硼、铁等多种中、微量元素。在整个生育期间，辣椒对氮的需求最多，占 60%，钾占 25%，磷占 15%。在各个不同的生长发育时期，需要养分的种类和数量也有所差异。苗期需肥量较少，要求氮、磷、钾配合施用，需要充分腐熟的有机肥和一定数量的磷、钾肥。养分吸收主要集中在结果期，吸收的氮、磷、钾分别占到总吸收量的 57%、61% 和 69%。氮的吸收量随着生育期的进展而逐步提高，果实产量增加，养分吸收量也增多。一般大果型甜椒比小果型辣椒所需的氮肥多；磷的吸收随生育期的进展而增加，但吸收量变化的幅度较小；钾从果实采摘初期开始，吸收量显著增加，一直持续至采摘结束；在中微量元素中，辣椒对钙、镁较为敏感，钙的吸收也随着生育期而增加，如果在果实生长发育期间缺钙，则容易产生脐腐病；镁的吸收高峰出现在采果盛期，生育初期吸收较少。

2. 日光温室早春茬辣椒滴灌施肥方案的制定 表 4 - 20 是按照微灌施肥制度方案的制定方法，在华北地区日光温室辣椒栽培经验的基础上，总结得出的日光温室早春茬辣椒滴灌施肥制度方案。

该制度方案的应用说明：

第一，本方案适用于华北地区日光温室早春茬辣椒栽培。选择土层深厚、土质疏松、保水保肥性强、排水良好、有中等以上肥力的砂质壤土种植，土壤 pH 为 7.5 左右，土壤含有机质 2.5%，全氮 0.15%，有效磷 48 毫克/千克，速效钾 140 毫克/千克。2 月初育苗，4 月初定植，7 月初采收结束。大小行栽培，

表 4 - 20　日光温室早春茬辣椒滴灌施肥制度方案

生育时期	灌溉次数	灌水定额 [米³/ (667 米²·次)]	每次灌溉加入的纯养分量（千克/667 米²）				备注
			氮 (N)	磷 (P_2O_5)	钾 (K_2O)	合计	
定植前	1	20	6	13	6	25	施基肥，定植后沟灌
定植—开花	2	9	1.8	1.8	1.8	5.4	滴灌，可不施肥
开花—坐果	3	14	3.0	1.5	3.0	7.5	滴灌，施肥 1 次
采收期	6	9	1.4	0.7	2.0	4.1	滴灌，施肥 5 次
合计	12	136	19.2	20.5	22.8	62.5	滴灌，施肥 6～7 次

每 667 米² 定植 3 000～4 000 株，目标产量为每 667 米² 4 000～5 000 千克。

第二，定植前整地，施入基肥，每 667 米² 施用腐熟有机肥 5 000 千克、纯氮 (N) 6 千克、磷 (P_2O_5) 13 千克和钾 (K_2O) 6 千克。肥料品种可选用三元复合肥（15 - 15 - 15）40 千克和过磷酸钙 50 千克。定植前浇足底墒水，灌水量为每 667 米² 20 米³。

第三，定植至开花期灌水 2 次，其中，定植 1 周后灌缓苗水，水量不宜多。10 天左右后再灌第二次水。基肥充足时，从定植到开花期可以不施肥。

第四，开花至坐果期滴灌 3 次，其中滴灌施肥 1 次，以促进植株健壮生长。开始采收至盛果期，主要抓好促秧、攻果工作。可每 667 米² 施用滴灌专用肥（20 - 10 - 20）15 千克，或施用尿素 6.5 千克、磷酸二氢钾 3.0 千克、硫酸钾（工业级）4.0 千克。

第五，在采收期，滴灌施肥 5 次，每隔 1 周左右滴灌施肥 1 次，可每 667 米² 施用滴灌专用肥（16 - 8 - 22）8.7 千克，或施用尿素 3.0 千克、磷酸二氢钾 1.4 千克和硫酸钾（工业级）3.0 千克。在采收期可结合滴灌，单独加入钙、镁肥。

第六，参照灌溉施肥制度方案表提供的养分参数，可以选择其他的肥料品种组合，并换算成具体的肥料数量，施入辣椒田。不宜施用含氯化肥。

三、设施瓜类蔬菜的微灌施肥技术

（一）设施黄瓜的微灌施肥技术

1. 黄瓜需求水分和养分的特点　黄瓜属于葫芦科甜瓜属 1 年生蔓生或攀缘草本植物，茎细长，有纵棱，披短刚毛。黄瓜属喜温作物，栽培十分普遍，南、北方地区都有栽培，一年内可以多茬种植，是北方设施栽培中最主要的蔬菜之一。

黄瓜需水量大，生长发育要求有充足的土壤水分和较高的空气相对湿度。黄瓜吸收的水分绝大部分用于蒸腾，蒸腾速率高，耗水量大。试验结果表明，露地栽培时，平均每株黄瓜干物质量为 133 克，单株黄瓜整个生育期蒸腾量为 101.7 升，平均每株每日蒸腾量为 1 591 毫升，平均每形成 1 克干物质，需水量为 765 毫升，即蒸腾系数为 765。一般情况下，露地种植的黄瓜蒸腾系数为 400～1 000，设施种植的黄瓜蒸腾系数在 400 以下。黄瓜不同生育期对水分需求有所不同，幼苗期需水量少，结果期需水量多。黄瓜的产量高，采摘时随着产品带走的水分数量也很多，这也是黄瓜需水量多的原因之一。黄瓜植株耗水量大，而根系多分布于浅层土壤中，对深层土壤水分利用率低，植株的正常生长发育要求土壤水分充足，一般土壤相对含水量在 80% 以上时生长发育良好，适宜的空气相对湿度为 80%～90%。

黄瓜植株的养分吸收数量受制于多种因素，但是黄瓜的需肥量是比较稳定的。黄瓜一生中对养分的吸收以钾为最多，氮次之，再次是钙、磷、镁等。黄瓜在生育初期，吸收氮素较多。播种后 20～40 天，吸收磷较多，磷对培育壮苗，促进根系发育效果明显。此后随着植株的生长，对钾的吸收迅速增加。据分析，结瓜盛期对氮、磷、钾的吸收量，约占全生育期总吸收量的

50%～60%，其中茎叶和果实中三要素的含量约占一半。结瓜后期植株生长缓慢，干物质和三要素积累速率逐渐减少。

　　2. 日光温室黄瓜微灌施肥方案的制定　表4-21是按照微灌施肥制度方案的制定方法，在华北地区日光温室黄瓜栽培经验的基础上，总结得出的日光温室冬春茬黄瓜滴灌施肥制度方案。

表4-21　日光温室冬春茬黄瓜滴灌施肥制度方案

生育时期	灌溉次数	灌水定额［米³/(667米²·次)］	每次灌溉加入的纯养分量（千克/667米²）				备注
			氮（N）	磷（P_2O_5）	钾（K_2O）	合计	
定植前	1	22	15.0	15.0	15.0	45	沟灌
定植—开花	2	9	1.4	1.4	1.4	4.2	滴灌
开花—坐果	2	11	2.1	2.1	2.1	6.3	滴灌
坐果—采收	17	12	1.7	1.7	3.4	6.8	滴灌
合计	22	266	50.9	50.9	79.8	181.6	

　　该制度方案的应用说明：

　　第一，本方案适用于华北地区日光温室冬春茬黄瓜栽培，轻壤或中壤土质，土壤pH为5.5～7.6，要求土层深厚，排水条件较好，土壤磷素和钾素含量中等水平。大小行栽培，每667米²定植2 900～3 000株，目标产量为13 000～15 000千克/667米²。

　　第二，定植前施用基肥，每667米²施用腐熟鸡粪3 000～4 000千克。基施中氮（N）、磷（P_2O_5）、钾（K_2O）各15千克/667米²，肥料品种可选用三元复合肥（10-15-15）100千克/667米²，或使用时每667米²加入尿素19.8千克、磷酸二铵32.6千克和氯化钾25千克。第一次灌水用沟灌浇透，以促进有机肥的分解和沉实土壤。

　　第三，在黄瓜生长发育前期，应该适当控制水肥，灌水和施肥量要适当减少，以控制茎叶的长势，促进根系发育，促进叶片和果实的分化。定植至开花期进行 2 次滴灌施肥,肥料品种可以选用专用复合肥料(20 - 20 - 20)7 千克/667 米^2,或选用尿素 1.52 千克/667 米^2、工业磷酸一铵(N 12%,P_2O_5 61%)2.3 千克/667 米^2 和氯化钾 2.33 千克/667 米^2。

第四,开花至坐果期滴灌施肥 2 次,肥料品种可选用专用复合肥(20 - 20 - 20)10.5 千克/667 米^2,或选用尿素 3.67 千克/667 米^2、工业级磷酸一铵 3.44 千克/667 米^2 和氯化钾 3.50 千克/667 米^2。

第五,黄瓜是多次采摘嫩瓜的蔬菜作物,采收期可以长达几个月。为了保证产量,采收期一般要每周进行 1 次滴灌施肥。结果后期的施肥间隔时间可以适当延长。肥料品种可选用专用复合肥(20 - 20 - 20)11.3 千克/667 米^2,或者选用尿素 2.97 千克/667 米^2、工业级磷酸一铵 2.79 千克/667 米^2 和氯化钾 5.67 千克/667 米^2。

第六,在滴灌施肥的基础上,可以根据植株长势,对叶面喷施磷酸二氢钾、钙肥和微量元素肥液。

第七,参照灌溉施肥制度方案表提供的养分数量,也可以选择其他的肥料品种组合,并换算成具体的肥料数量。

(二)设施西葫芦的微灌施肥技术

1. 西葫芦需求水分和养分的特点 西葫芦是葫芦科南瓜属中普遍种植的蔬菜,有蔓生类型、半蔓生类型和矮生类型。西葫芦比较耐低温,生长发育适宜温度为 18~25℃,一般白天保持在 25℃左右,夜间 12~15℃,有利于植株的生长,在不同生育期,对温度的要求不同。

西葫芦是需水量较大的作物。虽然西葫芦本身的根系强大,有较强的吸水能力,但是由于西葫芦的叶片大,蒸腾作用旺盛,因此在栽培时要适时浇水,缺水容易产生落叶萎蔫和落花落果。但是水分太多时,又会影响根的吸收,进而使地上部分出现生理失调。在生长发育的不同时期，需水量有所不同，自幼苗出土后到开花，西葫芦需水量不断增加。从开花前到开花坐果，应严格控制土壤水分，控制茎叶生长，促进坐瓜。坐瓜期水分供应充足，有利于果实生长。空气湿度过大，开花授粉不良，坐瓜比较难，而且空气湿度大时，各种病害发生也严重。

西葫芦对土壤要求不严格，有一定的耐瘠薄能力。西葫芦的吸肥能力较强，需肥量较大，每生产 1000 千克西葫芦，需吸收纯氮 3.9~5.5 千克、五氧化二磷 2.1~2.3 千克、氧化钾 4~7.3 千克，其养分吸收比例为 1∶0.47∶1.20。按其生长所需要的吸收量排序，以钾为最多，氮次之，钙居中，镁和磷最少。西葫芦在不同的生育期，对各种养分的需要量有所不同。一般说来，养分的吸收量和植株生长量同时增加，生育前期吸收量较少，结瓜盛期吸收量最大。

2. 日光温室西葫芦的微灌施肥方案的制定　表 4 - 22 是按照微灌施肥制度方案的制定方法，在华北地区日光温室西葫芦栽培经验基础上，总结得出的日光温室西葫芦滴灌施肥制度方案。

表 4 - 22　日光温室西葫芦滴灌施肥制度方案

生育时期	灌溉次数	灌水定额［(米³/667 米²·次)］	每次灌溉加入的纯养分量（千克/667 米²）				备注
			氮 (N)	磷 (P_2O_5)	钾 (K_2O)	合计	
定植前	1	20	10	5	0	15	沟灌
定植—开花	2	10	0	0	0	0	滴灌
	2	10	0.8	1	0.8	2.6	滴灌
开花—坐果	1	12	0	0	0	0	滴灌
坐果—采收	4	12	1.5	1	1.5	4	滴灌
	8	15	1	0	1.5	2.5	滴灌
合计	18	240	25.6	11	19.6	56.2	

该制度方案的应用说明：

第一，本方案主要适用于华北地区日光温室西葫芦栽培，以 pH5.5～6.8 的砂质壤土或壤土为宜。日光温室西葫芦主要以冬春茬和早春茬为主，冬春茬在 10 月下旬或 11 月初定植，12 月上中旬开始采收，至翌年 2 月下旬或 3 月上旬结束。早春茬在 1 月中下旬定植，2 月下旬开始采收，至 5 月下旬结束。每 667 米^2 栽植 2 300 株，目标产量为每 667 米^2 5 000 千克。

第二，定植前每 667 米^2 施用优质腐熟农家肥 5 000 千克、纯氮（N）10 千克和磷（P_2O_5）5 千克，肥料品种可选用磷酸一铵 10 千克、尿素 20 千克。沟灌 20 米^3。

第三，定植至开花期滴灌 4 次，平均每 10 天灌 1 次。其中前 2 次主要根据土壤墒情进行滴灌，不施肥，以防止植株生长太旺。后 2 次根据植株长势进行滴灌施肥，每次每 667 米^2 施用工业级磷酸一铵 1.6 千克、尿素 1.3 千克、硫酸钾 2 千克。

第四，开花至坐果期只灌水 1 次，不施肥。

第五，西葫芦坐瓜后 10～15 天开始采收，采收前期每 7～8 天滴灌施肥 1 次，每次每 667 米^2 施用工业级磷酸一铵 1.6 千克、尿素 2.8 千克、硫酸钾 3 千克。采收后期气温上升，每 6～7 天滴灌施肥 1 次，每次每 667 米^2 施用尿素 2.2 千克、硫酸钾 3 千克。

第六，参照灌溉施肥制度方案表提供的养分参数，选择其他的肥料品种组合，并换算成具体的肥料数量，施入西葫芦菜田。

（三）设施甜瓜的微灌施肥技术

1. 甜瓜需求水分和养分的特点 甜瓜是葫芦科甜瓜属 1 年生蔓性植物，又名香瓜、菜瓜，包括厚皮甜瓜和薄皮甜瓜两大生态类型，主要特点是喜温，要求光照充足，空气干燥，昼夜温差大。

甜瓜较耐旱，地上部要求较低的空气湿度，地下部要求足够的土壤湿度。一般生长发育较适宜的空气相对湿度为50％～60％，在高温高湿条件下容易产生霜霉病、叶枯病等病害。甜瓜植株叶片蒸腾作用强，应保持土壤中有充足的水分。幼苗期应保持30厘米土层内土壤相对含水量为55％～60％，伸蔓期为70％，果实膨大期为75％，结瓜后期为55％～60％。如果土壤湿度太大，会引起植株徒长，容易化瓜，果实含糖量降低，品质下降，出现裂瓜观象。植株缺水则影响正常的生长，子房发育不良，导致产量减少，并且容易产生畸形瓜。甜瓜苗期在保持一定土壤湿度的情况下，应适当控水蹲苗，以利于幼苗扎根，土壤相对含水量以65％为宜。地膜覆盖种植的瓜田一般开雄花前不灌水。在开花坐瓜期，土壤相对含水量以80％为宜，果实膨大期需水较多，一般每隔5～7天浇1次水，土壤相对含水量以85％为宜。果实膨大期气温较高时，为减少疫霉病的发生，应避免中午浇水。

甜瓜植株在整个生育期吸收氮磷钾总量中，有相当一部分用于果实的发育。甜瓜要求在生育期内氮、磷、钾肥持续不断地供应，对氮、磷、钾吸收的比例为30：15：55。此外，钙、镁、硼、锌元素也是不可缺少的。每生产1 000千克甜瓜，需要从土壤中吸收氮2.5～3.5千克、磷1.3～1.7千克、钾4.4～6.8千克、氧化钙5.0千克、氧化镁1.1千克、硅1.5千克，以结果期吸收量最大，其养分吸收比例为1：0.5：1.87：1.67：0.37：0.5。甜瓜吸收养分最旺盛的时期，是从开花到果实停止膨大，前后共1个月左右。前期是氮、钾的吸收高峰，后期是磷的吸收高峰期。基肥通常施用含氮、磷、钾丰富的厩肥或饼粕肥，追肥中硝态氮比铵态氮更有利于糖分积累，应注意在果实膨大后不能再施用速效氮肥，以免降低含糖量。甜瓜为忌氯作物，不宜施用氯化钾、氯化铵等肥料。地膜覆盖栽培甜瓜，一般不追施有机肥料。如果基肥不足，可追施部分饼肥或随水滴灌施肥。追肥必须在雌花开放前进行。

2. 日光温室甜瓜微灌施肥方案的制定

（1）华北地区日光温室冬春茬厚皮甜瓜滴灌施肥方案　表4－23是按照微灌施肥制度方案的制定方法，在华北地区日光温室栽培甜瓜经验的基础上，总结得出日光温室冬春茬厚皮甜瓜滴灌施肥制度方案。可供相应地区栽培日光温室冬春茬厚皮甜瓜时使用参考。

表4－23　日光温室冬春茬厚皮甜瓜滴灌施肥制度方案

生育时期	灌溉次数	灌水定额〔（米³/667 米²·次）〕	每次灌溉加入的纯养分量（千克/667 米²）				备注
			氮（N）	磷（P_2O_5）	钾（K_2O）	合计	
定植前	1	18	10	5	5	20	沟灌
苗期	1	10	1.2	0.6	1.0	2.8	可不施肥
抽蔓期	1	12	2.0	1.0	1.0	4.0	滴灌
果实膨大初期	1	14	2.3	1.2	2.3	5.8	滴灌
果实膨大盛期	1	10	0.8	1.2	2.0	4.0	滴灌
合计	5	64	16.3	9.0	11.3	36.6	

该制度方案的应用说明：

第一，本方案适用于华北地区日光温室冬春茬厚皮甜瓜栽培。选择疏松、肥沃、通气性良好的壤土或砂壤土栽培，土壤有机质含量1.2%以上，土壤pH7.0左右。每667米²定植2 000株，11月底育苗，翌年1月底定植，5月初采收完毕，目标产量为每667米²3 000千克。

第二，定植前施基肥，每667米²施用腐熟鸡粪3 000千克、纯氮（N）10千克、磷（P_2O_5）5千克和钾（K_2O）5千克。肥料品种可选用过磷酸钙50千克、尿素22千克和硫酸钾10千克。

钾肥也可用硝酸钾，不宜用氯化钾，以防瓜苦。采用小水沟灌，以使底墒充足。

第三，底墒充足时，苗期和抽蔓期可以不浇水施肥。土壤干旱则在抽蔓期滴灌施肥 1 次。可每 667 米^2 施用滴灌专用肥（20 - 10 - 10）10 千克，或施用尿素 4.4 千克、磷酸二氢钾 2 千克和硫酸钾（工业级）0.6 千克。

第四，果实膨大初期滴灌施肥 1 次，灌水 14 米^3，可每 667 米^2 施滴灌专用肥（20 - 10 - 20）11.5 千克，或施用尿素 5 千克、磷酸二氢钾 2.3 千克和硫酸钾（工业级）3 千克。果实膨大盛期滴灌施肥 1 次，灌水 10 米^3，每 667 米^2 施用滴灌专用肥（10 - 15 - 28）8 千克，或尿素 1.8 千克、磷酸二氢钾 2.4 千克、硫酸钾（工业级）2.4 千克。在果实成熟采收期一般不再浇水和施肥。

第五，参照灌溉施肥制度方案表提供的养分参数，选用其他的肥料品种组合，并换算成具体的肥料数量施入甜瓜田中。

（2）华北地区日光温室薄皮甜瓜滴灌施肥制度方案 表 4 - 24 是按照微灌施肥制度方案的制定方法，在华北地区日光温室栽培薄皮甜瓜经验的基础上，总结得出的日光温室春茬薄皮甜瓜滴灌施肥制度方案，可供各地薄皮甜瓜种植者在生产中使用参考。

表 4 - 24 日光温室春茬薄皮甜瓜滴灌施肥制度方案

生育时期	灌溉次数	灌水定额 [（米^3/667 米^2·次）]	每次灌溉加入的纯养分量（千克/667 米^2）				备注
			氮（N）	磷（P$_2$O$_5$）	钾（K$_2$O）	合计	
定植前	1	18	7.5	7.5	7.5	22.5	沟灌
果实膨大初期	1	14	2.3	1.2	2.3	5.8	滴灌
果实膨大盛期	1	10	0.8	1.2	2.0	4.0	滴灌
合计	3	42	10.6	9.9	11.8	32.3	

该制度方案的应用说明：

第一，本方案适用于华北地区日光温室春茬直播薄皮甜瓜栽培。选择疏松、肥沃、通气良好的壤土或砂壤土栽培。土壤有机质含量为 1.5%，土壤 pH 在 7～8 之间。3 月份播种，6 月初采收结束。每 667 米^2 定植 1 200～1 500 株，目标产量为每 667 米^2 2 500 千克。

第二，定植前施基肥，每 667 米^2 施用腐熟鸡粪 3 000 千克和纯氮（N）、磷（P_2O_5）、钾（K_2O）各 7.5 千克，肥料品种可选用三元复合肥（15 - 15 - 15）50 千克。进行小水沟灌，使底墒充足。

第三，果实膨大初期灌溉施肥 1 次，可每 667 米^2 施用滴灌专用肥（20 - 10 - 20）11.5 千克，或施用尿素 5 千克、磷酸二氢钾 2.3 千克和硫酸钾（工业级）3 千克。在果实膨大盛期，滴灌施肥 1 次，可每 667 米^2 施用滴灌专用肥（10 - 15 - 28）8 千克，或施用尿素 1.8 千克、磷酸二氢钾 2.4 千克、硫酸钾（工业级）2.4 千克。成熟采收期一般不再浇水施肥。

第四，甜瓜起垄做畦种栽培，在主蔓 5～6 叶时要摘心，以后不再间进行整枝田间管理。

第五，参照灌溉施肥制度方案表提供的养分参数，选用其他的肥料品种组合，并换算成具体的肥料数量，将所选肥料如数施入田中。忌施用含氯钾肥。

(3) 西北地区日光温室厚皮甜瓜滴灌施肥制度方案　表 4 - 25 是按照微灌施肥制度方案的制定方法，在西北地区日光温室厚皮甜瓜栽培经验的基础上，总结得出的日光温室厚皮甜瓜膜下滴灌施肥制度方案，可供相应地区栽培厚皮甜瓜时使用参考。

该制度方案的应用说明：

第一，本方案适用于西北地区日光温室厚皮甜瓜栽培使用。要求土层深厚，土壤肥沃，最好为砂质壤土，pH 为 7 左右，前茬栽培非瓜类作物。早春茬 1 月底至 2 月初定植，5 月上中旬采摘。采用吊蔓方式种植，留双蔓结瓜，每株留 2 个瓜。株行距为 45 厘米×75 厘米，以双行定植，每 667 米² 栽苗 2 000 株左右。目标产量为每 667 米² 4 000 千克。

表 4 - 25　日光温室厚皮甜瓜膜下滴灌施肥制度方案

| 生育时期 | 灌溉次数 | 灌水定额 [（米³/667 米²·次）] | 每次灌溉加入的纯养分量（千克/667 米²） | | | | 备注 |
			氮 (N)	磷 (P$_2$O$_5$)	钾 (K$_2$O)	合计	
定植前	1	20	7.5	7.5	7.5	22.5	沟灌
定植	1	6	0	0	0	0	
抽蔓期	5～7	2	1.4	0.8	2.5	4.7	滴灌，施肥 1 次
果实膨大期	4～5	2	2.0	1.1	3.5	6.6	滴灌，施肥 1 次
成熟期	0	0	0	0	0	0	
合计	11～14	50	10.9	9.4	13.5	33.8	

第二，在定植前结合整地深翻施足基肥，中等土壤肥力条件下，每 667 米² 施用腐熟有机肥 5 000 千克和纯氮（N）、磷（P$_2$O$_5$）、钾（K$_2$O）各 7.5 千克。肥料品种可选用复合肥（15 - 15 - 15）50 千克。结合深翻地先撒施 60% 的有机肥，人工深翻 30 厘米左右，沟施其余的有机肥和化肥，在其上做垄。小水沟灌，使底墒充足。

第三，定植后灌 1 次水。伸蔓期根据土壤墒情，每隔 5～6 天滴灌 1 次，共滴灌 5～7 次。中期滴灌施肥 1 次，每 667 米² 施用尿素 3 千克、磷酸二氢钾 1.5 千克、硫酸钾 3.9 千克。

第四，坐瓜至瓜膨大前期，每 2～3 天滴灌 1 次，共滴灌 4～5 次。中期滴灌施肥 1 次，每 667 米² 施用尿素 4.3 千克、磷酸二氢钾 2.1 千克、硫酸钾 5.5 千克。果实膨大后期至成熟期，不再灌水，防止造成瓜裂。

第五，在开花期和坐瓜期，可叶面喷施微肥，膨大期喷施0.3％磷酸二氢钾或1％～2％过磷酸钙浸出液2～3次。

第六，参照灌溉施肥制度方案表提供的养分参数，可以选用其他的肥料品种组合，并换算成具体的肥料数量施入甜瓜田中。不要施用含氯化肥，以防瓜苦。

（四）设施西瓜的微灌施肥技术

1. 西瓜需求水分和养分的特点 西瓜是葫芦科西瓜属1年生蔓性草本植物。现在在北方地区利用日光温室、塑料大棚栽培西瓜，面积不断扩大，经济效益较高，西瓜喜高温干燥气候，生长适宜温度为25～30℃。6～10℃时容易受寒害。耐旱力强，要求选用排水良好、土层深厚的砂质壤土进行栽培，土壤pH以5～7为宜。

西瓜是需水量较多的作物。一株具有2～3片叶的幼苗，每昼夜蒸腾水量为170克。雌花开放时，每株西瓜每天蒸腾水量为250克。结果期蒸腾量更大。一株西瓜一生能消耗1吨水。西瓜虽然耗水量大，但它又是耐旱性极强的作物。它在结瓜期遇到干旱时，果实所含的水分甚至能流回植株，供植株需要。西瓜植株极不耐涝，一旦水涝或土壤湿度太大时，根系会因土壤中空气不足而窒息死亡。

西瓜生育期较长，需肥量较大。整个生育期内，吸钾最多，氮次之，磷最少。各生育期吸肥量各不相同，幼苗期较少，抽蔓期吸肥量逐渐增多，膨瓜期吸肥量达到高峰期，占总吸肥量的60％以上。成熟期吸收量有所下降、开花坐瓜前，以吸氮为主。膨瓜期注意磷、钾肥的施用，对增加产量，改善品质特别重要。西瓜为忌氯作物，不要多施氯化钾、氯化铵等含氯肥料，否则会降低西瓜的品质。微量元素能促进西瓜对养分的吸收和运转，锰、铁、铜等元素缺乏时，叶片失绿黄化，结瓜数量少，西瓜的维生素C和糖分含量低，产量明显减少。

2. 日光温室和大棚西瓜微灌施肥方案的制定

(1) 华北地区温室早春西瓜膜下滴灌施肥制度方案 表4-26是按照微灌施肥制度方案的制定方法，在华北地区日光温室西瓜栽培经验的基础上，总结得出的日光温室早春茬西瓜膜下滴灌施肥制度方案，可供相应地区栽培日光温室早春西瓜时使用参考。

表4-26 日光温室早春西瓜膜下滴灌施肥方案

生育时期	灌溉次数	灌水定额 [（米³/667 米² · 次)]	每次灌溉加入的纯养分量（千克/667 米²）				备注
			氮（N）	磷（P₂O₅）	钾（K₂O）	合计	
定植前	1	20	0	3.0	2.0	5.0	沟灌，施基肥
苗期	1	10	2.0	1.5	1.5	5.0	滴灌
抽蔓期	2	14	2.5	1.0	2.5	6.0	滴灌，施肥1次
果实膨大期	4	16	3.0	0.5	4.0	15.0	滴灌，施肥2次
合计	8	122	10.5	6.5	14.0	31.0	

该制度方案的应用说明：

第一，本方案适用于华北地区日光温室早春西瓜栽培，砂壤或轻壤土质，3月中下旬定植，每667米²栽培680～700株，目标产量为每667米²4 000～5 000千克。

第二，定植前施基肥，每667米²施腐熟有机肥1 500～2 500千克、磷（P₂O₅）3千克、钾（K₂O₅）2千克，肥料品种可选用过磷酸钙20～25千克和硫酸钾2.5千克。沟灌20米³/667平方米²。

第三，苗期根据土壤墒情适时滴灌1次，结合滴灌进行施肥，每667米²施用尿素4.3千克、磷酸二氢钾2.9千克、硫酸钾1.1千克。

第四，抽蔓期滴灌 2 次，结合第一次滴灌施 1 次肥，每 667 米^2 施用尿素 5.4 千克、磷酸二氢钾 2.9 千克、硫酸钾 1.1 千克。花前和花期叶面喷施硼肥。也可以采用基施。

第五，西瓜膨大期滴灌 4 次，结合第一和第三次滴灌进行施肥，每次每 667 米^2 施用尿素 6.5 千克、磷酸二氢钾 1.0 千克、硫酸钾 1.4 千克。

第六，幼瓜期和膨大期是需钙量最高的时期，叶面喷施或者滴灌施用果蔬钙肥 3～5 次，使用越早效果越好。在花前和花期重视硼肥的施用，可以采用基施或者叶面喷施等方法。

第七，参照灌溉施肥制度方案表提供的养分参数，可以选用其他的肥料品种组合，并换算成具体的肥料数量施入西瓜田。不要使用含氯化肥。

（2）华北地区温室或大棚早春西瓜滴灌施肥制度方案 表 4-27 是按照微灌施肥制度方案的制定方法，在华北地区日光温室、大棚西瓜栽培经验的基础上，总结得出的日光温室或大棚早春西瓜滴灌施肥制度方案，可供相应地区栽培温室、大棚早春西瓜时使用参考。

表 4-27 日光温室或大棚早春西瓜滴灌施肥制度方案

生育时期	灌溉次数	灌水定额 [（米^3/667 米^2·次）]	每次灌溉加入的纯养分量（千克/667 米^2）				备注
			氮（N）	磷（P_2O_5）	钾（K_2O）	合计	
定植前	1	18	1.8	3.2	1.8	6.8	沟灌
苗期	1	10	1.6	1.6	1.2	4.4	滴灌
抽蔓期	1	12	2.8	1.4	2.2	6.4	滴灌
果实膨大期	2	14	1.9	0.9	3.4	6.2	滴灌
合计	5	68	10	8.0	12.0	30.0	

该制度方案的应用说明：

第一，本方案主要适用于华北地区日光温室或大棚早春西瓜栽培，砂壤或轻壤土质，土壤 pH6.5～7.5，土壤有机质含量适中。2 月上中旬定植，5 月中旬采收结束，每 667 米^2 定植 800 株，目标产量为 3 000 千克。

第二，定植前施用基肥，每 667 米^2 施用腐熟有机肥 3 000 千克、氮（N）1.8 千克、磷（P_2O_5）3.2 千克、钾（K_2O）1.8 千克，肥料品种可选用尿素 1.2 千克、磷酸二铵 7.0 千克、硫酸钾 3.6 千克。灌溉采用沟灌，每 667 米^2 浇水 22 米^3。

第三，苗期和抽蔓期各滴灌施肥 1 次，每 667 米^2 施用尿素 2 千克、工业级磷酸一铵（N 12%，P_2O_5 61%）2.6 千克、硝酸钾（N13.5%，K_2O 44.5%）2.7 千克。抽蔓期可施用尿素 4 千克、工业级磷酸一铵 2.3 千克、硝酸钾 5 千克，膨大期每次可施用尿素 1.5 千克、工业级磷酸一铵 1.5 千克、硝酸钾 7.6 千克。

第四，膨大期滴灌施肥 2 次，每次每 667 米^2 施用尿素 1.9 千克、工业级磷酸一铵 1.5 千克和硝酸钾 6.3 千克。

第五，开花期、坐瓜期叶面喷施微肥，果实膨大期叶面喷施 0.3% 磷酸二氢钾溶液 2～3 次。

第六，每次滴灌施肥时参考灌溉施肥制度方案表中提供的养分参数，选用适宜的肥料品种，并换算成具体的肥料数量施入瓜田中。不施用含氯化肥。

四、设施叶菜类蔬菜的微灌施肥技术

（一）莴苣需求水分和养分的特点

莴苣俗称生菜，属于菊科莴苣属 1 年生或 2 年生草本植物。莴苣喜冷凉，生长发育适温为 15～20℃，最适宜昼夜温差大、夜间温度较低的环境。结球适宜温度为 10～16℃，温度超过 25℃，叶球内部因高温会引起心叶坏死腐烂，并且生长发育不良。莴苣为育苗移栽，属直根性，须根发达，经移栽后根系浅而密集，主要分布在 20～30 厘米深的土层内。

莴苣在整个生育需水量较大，生长期间不能缺水，尤其是结球莴苣的结球期，需要充足的水分。如果干旱缺水，不仅叶球小，并且叶味苦，品质差。但水分也不能太多，不然叶球会散裂，影响外观品质，还容易发生软腐病和菌核病。只有适当的灌溉管理，才能获得优质高产的莴苣。

莴苣生长迅速、喜氮肥，尤其是生长前期更需要。幼苗期生长量少，吸肥量较小。在播后 70～80 天进入结球期，养分吸收量迅速增加，在结球期的 1 个月左右，氮的吸收量可以占到全生育期吸氮量的 80% 以上。磷、钾的吸收与氮相似，特别是钾的吸收，不仅吸收量大，而且一直持续至收获。结球期缺钾，严重影响叶球重量。幼苗期缺磷，对莴苣生长影响最大。每生产 1 000 千克莴苣，需要吸收氮 2.5 千克、磷 1.2 千克、钾 4.5 千克、钙 0.66 千克、镁 0.3 千克，其养分吸收比例为 1：0.48：1.8：0.27：0.12。莴苣也是需钙量较大的作物，特别是结球期，由于天气、施肥等因素造成的生理性缺钙，使干烧心、裂球等症状发生越来越多。

（二）日光温室秋冬茬莴苣微灌施肥方案的制定

表 4 - 28 是按照微灌施肥制度方案的制定方法，在华北地区日光温室莴苣栽培经验的基础上，总结得出的日光温室秋冬茬结球莴苣滴灌施肥制度方案，可供相应地区栽培日光温室秋冬茬结球莴苣时使用参考。

表 4 - 28 日光温室秋冬茬结球莴苣滴灌施肥制度

生育时期	灌溉次数	灌水定额 [（米³/667 米²·次）]	每次灌溉加入的纯养分量（千克/667 米²）				备注
			氮（N）	磷（P$_2$O$_5$）	钾（K$_2$O）	合计	
定植前	1	20	3.0	3.0	3.0	9.0	沟灌

（续）

生育时期	灌溉次数	灌水定额［（米³/667米²·次）］	每次灌溉加入的纯养分量（千克/667米²）				备注
			氮（N）	磷（P₂O₅）	钾（K₂O）	合计	
定植—发棵	1	8	1	0.5	0.8	2.3	滴灌
发棵—结球	2	10	1.0	0.3	1.	2.3	滴灌，施肥1次
结球—收获	3	8	0.8	1.2	2.0	3.2	滴灌，施肥2次
合计	7	72	9.6	4.1	11.8	25.5	

该制度方案的应用说明：

第一，本方案适用于华北地区日光温室莴苣秋冬茬栽培，要求土层深厚、有机质丰富、保水保肥能力强的黏壤或壤土，土壤pH6左右。10月定植至翌年1月收获，生育期100天左右。目标产量为每667米²1 500～2 000千克。

第二，定植前施用基肥。每667米²施用腐熟有机肥2 000～3 000千克、氮（N）3千克、磷（P₂O₅）3千克、钾（K₂O）3千克和钙（CaO）4～8千克。如果没有溶解性好的磷肥，可以将4.1千克的磷全部作基肥。肥料品种可选用三元复合肥（15-15-15）20千克。沟灌1次，确保土壤底墒充足。

第三，定植至发棵期只滴灌施肥1次，可每667米²施用尿素2.2千克、磷酸二氢钾1.0千克、硫酸钾0.9千克。

第四，发棵至结球期根据土壤墒情滴灌2次，其中第二次滴灌时进行施肥，每667米²施用尿素0.9千克、磷酸二氢钾0.6千克、硫酸钾1.7千克。

第五，结球至收获期，滴灌3次，第一次不施肥，后2次根据莴苣长势进行滴灌施肥，每次每667米²施用尿素2.6千克、硫酸钾2.6千克。结球后期应减少浇水量，防止裂球。同时叶面喷施钼肥和硼肥。

第六，为了防止叶球干烧心和腐烂，在莴苣发棵期和结球期，结合喷药进行叶面喷施或者滴灌施用浓度为0.3%的氯化钙或其他钙肥3～5次。

第七，参照微灌施肥制度方案表提供的养分参数，可以选用其他的肥料品种组合，并换算成具体的肥料数量施入日光温室秋冬茬结球莴苣田中。不宜使用含氯化肥。

第五章　设施蔬菜营养及环境调控技术

设施蔬菜栽培中土壤水分，土壤温度、光照等设施环境对蔬菜养分的吸收都有影响，温度、光照、湿度、气体、土壤是主要影响因素，通过调控这些设施环境因素，能改变蔬菜生长环境，有利蔬菜生长发育。

一、设施生态环境对蔬菜养分吸收的影响

(一) 土壤水分对蔬菜吸收养分的影响

水分是蔬菜生长发育所必需的，土壤水分状况决定着蔬菜对营养元素的吸收量和吸收能力。一般来说，施肥效果随土壤含水量的提高而增加，当土壤含水量低于 $60\%\sim80\%$ 时，会直接抑制蔬菜的正常生长和生理活动，干物质形成减少，根活力降低，对养分的吸收能力下降，养分在土壤中的扩散率下降，养分利用率也下降，从而影响施肥效果。如果土壤含水量过高，则土壤通气不良，也影响根系对养分的吸收。适合蔬菜根系吸收的养分浓度，由土壤含水量和施肥量来决定。施肥量较少，土壤含水量可以较低；施肥量大时，土壤含水量应较高。因此，设施蔬菜栽培在每次追肥后要结合浇水，调节土壤水分含量，以充分发挥施肥的增产效果。

(二) 土壤温度对蔬菜吸收养分的影响

各种蔬菜的生长发育及产量形成，都要求有与之相适应的土壤温度。温度适宜时，蔬菜生长健壮。温度过高或过低，蔬菜生

理活动失调或紊乱。温度一方面直接影响养分在土壤中的扩散速度及蔬菜根系对养分的吸收能力和在植株体内的运输能力，另一方面则影响蔬菜的生长发育状况，从而直接影响蔬菜对养分的吸收利用。如温度高低在一定的范围之内，影响蔬菜的呼吸作用强弱；而呼吸作用的强度大小，又影响蔬菜主动吸收养分所需能量的多少。

地温直接影响番茄对无机养分的吸收和植株地上部氮钾含量比率。地温在一定范围内，番茄地上部含氮量随温度升高而减少。地温高于 22℃，虽然有利于氮的吸收，但高温下氮易挥发损失；地温较高时，有利于钾、磷、铁、锰、铜、锌的吸收和转移，对钙、镁影响较小，但能减少对钠的吸收。

（三）光照对蔬菜吸收养分的影响

光合作用的重要条件是一定程度的光照强度。这也是蔬菜赖以生存和生长发育的物质基础的重要方面。蔬菜生存的另一个重要条件是根系吸收的矿质营养。这两方面的物质来源是相互联系、相互影响、相互依存的。根系吸收的无机营养和叶片在光合作用中制造的有机营养在蔬菜体内通过物质转化等代谢过程，进一步形成蔬菜生长发育所需的有机物，以完成从出苗至产品收获的生命周期。

蔬菜在适宜的光照条件下进行的旺盛的光合作用，制造出大量的碳水化合物，除了供给各器官生长发育之用，同时也促进根系对养分的吸收。光照不足时，光合作用不强，也限制了根系对矿质养分的吸收，植株地上部徒长，器官形成不健全，根系不发达，吸收能力和运输能力下降，施肥效果差。在设施蔬菜栽培条件下，要改善棚室内的光照条件，以充分发挥施肥的增产效果。

（四）气温对蔬菜吸收养分的影响

气温是蔬菜生育的基本环境因素，其生命活动都受温度的影响。不同蔬菜种类，不同蔬菜品种及同一蔬菜品种在不同的生育期，都有其不同的适宜生长温度。在一定温度范围内，随温度的升高，蔬菜呼吸作用加强，吸收养分的能力也随着增加。低温时蔬菜呼吸作用和代谢作用均较缓慢，而高温时又易引起体内酶的变性，酶的活性降低，从而也影响养分的吸收。只有在适宜的温度下，蔬菜才能正常生长，吸收的养分也相应较多。低温对蔬菜吸收硝酸根、磷酸根和硫酸根等阴离子的影响，比吸收铵离子、钙离子和镁离子等阳离子明显，因为对阴离子的吸收是以主动吸收为主，消耗能量较多。而当低温时，影响氧化磷酸化的作用，形成腺苷三磷酸较少。因此，设施冬春茬蔬菜应增施磷肥，以减少低温对其吸收阴离子不足的影响。磷是蔬菜体内许多含磷的生物活性物质、高磷酸化合物及酶和辅酶的组成成分，如腺苷三磷酸等，它们在物质代谢过程中起着重要的作用，尤其是腺苷三磷酸，在能量转换中起"中转站"的作用。如光合作用中吸收的能量，呼吸作用释放的能量，碳水化合物厌氧发酵过程中产生的能量，均被贮存于腺苷三磷酸中，在其水解时释放出的能量，可供各种有机物质的合成、养分的主动吸收及运输等生命活动对能量的需求。

（五）蔬菜种类和品种对蔬菜吸收养分的影响

由于不同种类的蔬菜，产量不同，生育期长短不同、根系吸收能力不同，生长速度快慢不同，因此对土壤养分吸收的数量也不同。

在设施栽培条件下，凡根系发达、分枝多、根毛多，在土壤中分布面积大，深度广，与土壤接触面积大的蔬菜种类或品种，相对吸收面积大，吸收养分数量多，除能够吸收耕层土壤的养分外，还能吸收底层土壤中的养分。因此，对施用肥料的要求相对不严格。

而根系浅、分布面积小，吸收能力较差的蔬菜种类（如黄瓜），只能吸收耕层土壤中的养分，要想使这类蔬菜获得高产，就必须有相对肥沃的土壤和充分的养分供应。这类蔬菜对土壤肥力的依赖性较大，培肥土壤是关健的措施。

按形成单位重量产品，植株地上部对养分吸收总量的大小，可分成以下几种：①吸收养分量大的，如甘蓝、大白菜、胡萝卜和马铃薯等；②吸收养分量中等的，如番茄和茄子等；③吸收养分量较小的，如菠菜、芹菜和结球莴苣等；④吸收养分量小的，如黄瓜和水萝卜等。

（六）养分之间的相互作用对蔬菜吸收养分的影响

在向土壤中同时施用两种或两种以上营养元素的肥料时，养分之间的相互作用将出现3种情况，即正交互作用、无交互作用和负交互作用。

（1）正交互作用 这是指两种营养元素配合施用的增产效果，大于两种元素单独施用增产效果之和。在蔬菜生产中，在施磷肥的基础上，进行氮、钾肥配合施用；在氮、磷肥基础上，进行钾、镁肥配合施用，或钾、硼肥配合施用，在一定条件下，可以获得正交互作用。

（2）无交互作用 这是指两种营养元素配合施用的效果，等于两种营养元素单独施用增产效果之和。元素之间没有相互影响的关系，各自独立对作物增产起作用。

（3）负交互作用 这是指两种营养元素配合施用的增产效果，小于单独施用时的增产效果之和。表明元素间存在拮抗作用，这种情况多发生在一种营养元素施用量过大，而抑制另一种元素的吸收，其结果可能导致缺素病害，最终降低产量和肥料利用率而影响产量。

二、设施生态环境调控技术

（一）施肥对温度的影响

钾肥能提高蔬菜的光合磷酸化的效率，形成更多的腺苷三磷酸，为其生命活动的正常进行、养分的吸收，提供所需的能源，从而促进物质代谢，提高蔬菜的抗逆性，即抗低温、干旱、盐碱、病虫害的能力。因此，在设施蔬菜栽培中增施磷、钾肥，可以增强蔬菜的抗逆性，提高产量，改善品质。

有机肥和化肥配合施用，不仅能供给蔬菜生长所需的氮、磷、钾及微量元素等养分，而且也能活化土壤中的磷、钾及微量元素，提高肥料利用率，增强土壤供肥能力。还能促进土壤结构形成微团聚体，协调土壤水、肥、气、热等环境条件，减少冻害，减少环境污染，是生产无公害蔬菜的有效措施。在我国"三北"地区设施蔬菜栽培中，重视腐熟有机肥和磷、钾的配合施用，如施用骡马粪等热性有机肥，地面覆盖秸秆等作为酿热物，可防寒增温。在有机肥腐解过程中，不仅能提高土温和棚温，减少冻害，还能释放二氧化碳，作为蔬菜光合作用所需用的碳源，减少二氧化碳气肥施用量，节约能源，既增加产量，又降低生产成本。

（二）温度对设施蔬菜生长发育的影响

温度对设施蔬菜的影响，因温度高低不同而不同。对某一种蔬菜来说，适宜的温度能促进其生长发育，而适温以外的温度，则不利于蔬菜的生长，甚至造成伤害。温度不适所造成的伤害主要如下：

1. **低温对蔬菜的危害** 低温对蔬菜的危害，可根据蔬菜受害时的不同温度，分为冻害和冷害。

（1）冷害 这是由棚室温度在较长时间内低于蔬菜生长的适

宜温度（0～10℃）所造成的伤害。对于喜温性蔬菜来讲，一般当温度低于 10℃时，就会出现冷害症状。主要表现在植株生长缓慢或停止生长，或出现萎蔫；叶片失绿变成黄色，或叶片皱缩呈现深绿色，或叶片枯死，根系活力降低，沤根、塞根；落花落果，或产生畸形果等。

（2）冻害　这是由于棚室温度低于蔬菜可忍耐的低温界限（低于 0℃以下）时间太久，使植株体内水分结冰而造成组织伤害。主要症状是茎叶褪绿变白，嫩茎叶生长点首先出现干枯，严重时整株萎蔫干枯，果实腐烂。

2. 高温对蔬菜的危害　棚室内通风或浇水不及时，使棚温过高，超过蔬菜生长发育要求的适温时，同样会对蔬菜造成危害。高温对蔬菜的危害，因蔬菜的耐热性和温度过高的程度而不同，表现出的症状也有较大差异。一般过高的温度造成的危害发生快，危害严重，其症状是日烧，俗称"烧焦"。日烧部分褪绿发白，干枯卷叶和萎蔫等。轻度高温时一般需较长时间才能表现出来，主要受害症状是植株生长缓慢或停止生长，叶面积小，叶色淡，茎秆细弱，落花落果，以及出现畸形果实等。

（三）温度的调控措施

温度调控的主要目标是根据蔬菜各个生育期的生长适宜温度及栽培要求，及时对影响温度变化的各个因素进行调控，确保棚室内温度适宜，避免发生低温和高温危害。

1. 增温　设施内要尽量利用太阳的辐射能，但在冬季严寒地区，夜间和阴雪天设施内温度过低时，还需要进行人工加温。

（1）酿热物加温法　这是比较经济的加温措施，在温室、塑料棚或温床内都可应用。各地可因地制宜地选用酿热物。只要调控好空气、水分、养分、碳/氮比值等条件，即可收到较好的增温效果。

常用的高温酿热物有：马粪、骡粪和驴粪等，常用的低温酿热物有：牛粪、猪粪、麦秸和稻草等，一般采用30%的高温酿热物，加70%的低温酿热物，混合成设施内的常用高温酿热物。

具体做法是，在棚室内的栽培床上，先铺15～30厘米厚的马粪、稻草和麦秸等酿热物；若用猪粪或牛粪，需加入1/3的稻壳、锯末等物，先发酵再整平，再在上面铺一层营养土，然后栽培蔬菜。

(2) 燃料加温法 这是用燃料燃烧产生的热能，来升高设施内气温的方法。按所用热源来分，可分为火热、风热和水暖3种方式。

(3) 电热加温法 是利用土壤中设置的电加温线来提高地温的一种有效方法。因其耗电量大，又不安全，故一般只用于苗床育苗。

2. 保温 保温主要是减少温室和大棚内的热量散失，使进入棚室内的热量尽量保存下来。根据热收支平衡的原理，保温措施主要考虑减少贯流放热、换气放热和地中热传导。

(1) 减少热量损失 选用适宜的建材，建造透光保温性能好的棚室，采用多层保温覆盖等有效措施，可以减少棚室热量散失，达到保温的效果。

(2) 提高地温 地温提高以后，夜间地面散放到棚室中的热量增多，有利于棚室的保温。主要措施有高温烤地，起垄栽培，地膜覆盖，科学浇水，地面喷洒增温剂，深施、多施热性有机肥料和酿热物，挖防寒沟等。

3. 降温 棚室内的降温和增温保温相反，主要降温措施有以下三种：

(1) 减少进入棚室内的太阳辐射能 可采用各种遮光措施，如采取加盖草帘和遮阳网等措施，可以遮住阳光，降低棚室内的温度。

（2）适量浇水 土壤缺水时，应及时浇水或往植株上适量喷水，以提高土壤中的含水量和增加空气中相对湿度，减轻高温危害。

（3）通风换气 如进行自然通风换气和人工强制机械排气通风，都可以达到棚室降温的目标。

（四）施肥对光照的影响

太阳不仅是热量的来源，也是生物能量的来源。设施蔬菜栽培，就是利用太阳的光能，把它转变成为腺苷三磷酸，供蔬菜对二氧化碳进行同化，合成碳水化合物以及呼吸作用，物质的运输与积累等生命活动，最后开花、结果及形成产品。因此，合理地利用太阳光能，是设施蔬菜栽培获得优质高产的一个重要措施。

氮给促进蔬菜的生长，增加叶面积和叶片中蛋白质及叶绿素的含量，提高光能利用率。磷可促进光合磷酸化和氧化磷酸化作用，把光能和呼吸作用所产生的能量转变为化学能贮藏起来，供蔬菜使用。钾可促进蔬菜进行碳的同化，在低温寡照的冬春季，增施钾肥有补充光照不足的作用。铁、氯、镁、硫等与叶绿素的形成有关，锰和氯与水的光解有关，硼、锌、铜与碳水化合物的合成有关，钙能稳定细胞膜的结构，钼是硝酸还原酶的成分，与氮的同化有关。这就是说，蔬菜生长发育所需的16种营养元素，都直接或间接地影响蔬菜光合作用的进行。

有机肥料，如人粪尿、鸡粪、猪粪和堆厩肥等肥料，施入土壤后，经微生物分解后能产生大量二氧化碳气体和无机态养分，不仅直接供给蔬菜有效养分，还能促进蔬菜光合作用和呼吸作用的进行。

（五）光照对蔬菜生长发育的影响

1. **光照强度对蔬菜生长发育影响** 光照强度对蔬菜的光合

作用、呼吸作用、植株生长、开花结果及产品的品质均有影响。在适宜的光照强度范围内，增加光照，有利于蔬菜的生长发育，而当光照过强或过弱，就会对蔬菜产生不利的影响。

多数蔬菜需要较强的光照条件。但是，不同的蔬菜作物，由于其原产地不同，系统发育和人工驯化条件不同，对光照强度的要求也不一样。一般可分为以下 3 种：

(1) 对光照强度要求较高的蔬菜 这类蔬菜有瓜类（黄瓜除外）、茄果类、豆类和薯芋类蔬菜等。

(2) 对光照强度要求中等的蔬菜 这类蔬菜有根菜类和葱蒜类蔬菜等。

(3) 对光强度要求较弱的蔬菜 这类蔬菜有叶菜类、黄瓜、生姜和百合等。

2. **光照时间对蔬菜的生长发育的影响** 不同种类的蔬菜作物，要求光照时间的长短也不一样。一般可分为以下 3 种：

(1) 长日照蔬菜 蔬菜作物一般要求每天有 14 小时以上的光照时间，在较长的光照条件下能促进开花，在较短的日照条件下不开花或推迟开花。2 年生蔬菜多属于此种，如白菜、甘蓝、萝卜、芹菜、菜花、菠菜、莴苣和葱蒜类蔬菜等，在春季长日照条件下抽薹开花。

(2) 短日照蔬菜 一般要求每天有 12 小时以下的光照时间，在较短的光照条件下能促进开花，在较长的光照条件下不开花或推迟开花。一年生蔬菜多数属于此种，如瓜类、豆类、茼蒿、苋菜和蕹菜等。它们大都在秋季短日照条件下开花结实。

(3) 中性蔬菜 由于长期人工栽培的结果，对光照时间长短反应不敏感，在较长或较短的日照条件下都能开花结果。如番茄、辣椒、茄子、黄瓜和菜豆等。只要温度适宜，可以在春秋季开花，冬季设施栽培也可开花结果。

3. **光照强度不当对蔬菜生长发育的影响**

(1) 强光的危害 强光对蔬菜的危害主要是通过提高棚室温

度或在蔬菜表面形成局部高温，直接或间接地伤害蔬菜。强光对蔬菜的危害程度，与蔬菜的耐强光能力、强光程度以及强光持续时间的长短有关。

危害的症状：植株矮小，生长缓慢；叶片变厚，变小，色淡，严重时叶片卷曲；茎秆细硬；落花落果，果皮厚，果色浅，体积变小，并且容易形成畸形果。此外，幼嫩组织易出现"日烧"症状。

（2）弱光的危害 弱光对蔬菜的不利影响，是通过降低蔬菜的光合产量而使蔬菜产生"饥饿"，弱光对蔬菜的危害程度，与蔬菜的耐弱光能力、弱光的程度和弱光持续时间的长短有关。

危害症状：植株生长不良，茎秆细软；叶薄色浅，容易黄化；花芽分化不良，花器畸形，落花落果严重；果实生长缓慢，色浅，味淡，着色不良。

（六）光照的调控措施

根据蔬菜作物的种类及生育阶段，调节光照条件，创造良好的光照环境，提高作物的光合效率，是温室大棚蔬菜生产的关键环节。

1. **改善光照条件** 为了改善温室内的光照条件，可以采取以下措施：①优化温室大棚结构，增大采光面，提高透光率。②选用透光好、耐老化、防污染的塑料薄膜作覆盖材料。③保持采光面整洁、干净。④延长受光时间，适时揭盖草帘。⑤温室在阴天时，也应揭开草帘，以保证进入一定量的散射光。⑥冬季将后墙和后坡内侧涂白，或张挂反光幕，增加后部的反射光。⑦采用多层覆盖的温室大棚，内层膜要及时揭开。⑧天气转暖后，可将温室后坡拆除，用一层塑料薄膜代替，以改善后部光照情况。

2. **合理布置蔬菜作物** 要使蔬菜作物在棚内合理布局，以便充分利用温室大棚内的光照条件。温室后部光照弱，特别是栽培高棵作物时，由于前排作物的遮阴，后部光照更弱。为了改变这种状况，可采用南北行高矮架栽培方式，使植株都能得到较好的光照。冬季用日光温室进行蔬菜栽培，株行距应大一些。也可采取高矮秧间作，喜光与耐荫蔬菜间作和主副行间作等栽培方式。此外，温室大棚高温多湿，蔬菜生长繁茂，叶片肥大，应及时整枝，打杈、绑蔓和摘除下部老叶，以利于通风透光。

3. **人工补光** 改善冬季温室光照条件最有效的办法是人工补光。由于人工补光成本较高，大面积应用还难以做到，但在苗期进行短期补光还是可行的。另外，在阴天和雨雪天适当补充光照，可以抑制幼苗病害的发生。补光的光源可将农用高压汞灯和日光灯配合使用，灯管距幼苗顶部叶片50~60厘米。

4. **人工遮光** 遮光的目的是降温和减弱光照强度。初夏以后的中午，温室大棚中往往出现光照过强和温度过高的小气候，此时需要遮光；秧苗移植后和某些蔬菜扦插后，为了促进缓苗，中午温度过高时也需要遮光。其方法是给大棚覆盖各种遮阴物，如草帘、竹帘、黑色纱网布和遮阳网等。

（七）湿度对蔬菜吸收养分的影响

水分是蔬菜生命活动中不可缺少的，它不仅是矿质养分和光合产物运输的载体，还可以通过叶面蒸腾来调节蔬菜的温度。蔬菜较其他作物需要更多的水分。蔬菜对水分的要求可分为地下部分的要求和地上部分的要求，即根系对土壤中水分的要求和植株对空气湿度的要求。搞好设施内的湿度调节，是设施栽培蔬菜优质高产的重要条件。

蔬菜吸收的养分是呈液体状态的，土壤湿度的高低直接影响蔬菜对养分的吸收。水分是施入土壤中化肥的溶剂和有机肥料矿质化的必要条件，养分的扩散和质流，以及根系吸收养分，都必须通过水分来进行。适宜的土壤湿度可提高养分的有效性，即提高其利用率。蔬菜栽培中常采用"以水冲肥"、"以水调肥"、"以水控肥"的措施来促控蔬菜对养分的吸收。但浇水过多时，也不利于养分的吸收，同时还会引起养分的流失。土壤水分含量与磷的扩散系数呈正相关，低温干旱，增施磷、钾肥，可提高蔬菜的抗逆性；增施有机肥既可提高土壤的缓冲能力，又能提高蔬菜的抗干旱、涝害的能力。

空气相对湿度的高低直接影响叶面追肥的效果，叶面追肥的效果与空气湿度呈负相关。因此，应在晴天，棚室内空气湿度较低，叶面干燥时喷施肥液，这时喷施效果明显。

（八）空气湿度对蔬菜生长发育的影响

栽培设施内的空气相对湿度，与露地有很大不同。设施内空间小，气流比较稳定，蒸发量大，不易与外界空气对流。特别是以塑料薄膜为覆盖材料的设施，由于薄膜的不透气性，空气相对湿度经常处于或接近饱和状态。而且空气相对湿度与温度之间呈负相关，与土壤湿度呈正相关。空气相对湿度、土壤湿度和土壤温度之间，是相互影响，相互制约的。

1. 蔬菜喜湿性分类　蔬菜的正常生长发育，需要一定的空气湿度，各种蔬菜对空气相对湿度的要求有所不同，可分为以下几种类型：

（1）湿润型蔬菜　该类蔬菜的适宜湿度为 $85\%\sim90\%$，主要有芹菜、生菜、甘蓝和花椰菜等。

（2）半湿润型蔬菜　该类蔬菜的适宜湿度为 $70\%\sim80\%$，主要有黄瓜、丝瓜、苦瓜和根菜类（胡萝卜除外）。

（3）半干燥型蔬菜　该类蔬菜的适宜湿度为 $55\%\sim65\%$，主要有茄果类，菜豆、豇豆和扁豆等。

（4）干燥型蔬菜　该类蔬菜的适宜湿度为 $45\%\sim55\%$，主要有西瓜、甜瓜、西葫芦和葱蒜类（韭菜除外）。

2. 高湿度对蔬菜造成的危害　适宜的空气湿度有利于蔬菜的生长发育，湿度过高或过低都会对蔬菜造成危害。由于棚室的空气湿度主要表现为偏高，除水生蔬菜和食用菌外，对大多数蔬菜不利，许多病菌都是在这种条件下繁殖生长、传播蔓延造成危害的。因浇水量和浇水时间不合适，气温低时会引起棚室内湿度过高。高湿度危害的症状是：

(1) 抑制植株的正常的蒸腾作用　植株蒸腾量少，根系吸收水分受到抑制，生长缓慢，养分吸收受阻。一些幼嫩的组织或器官易因养分缺乏而发育不良。另一方面高温时，棚室内湿度过高会使植株散热能力下降，容易造成植株被烧伤。

(2) 减缓土壤中正常的水循环　长时间高湿时，植株和土壤的水循环减缓，土壤因缺氧，而抑制根系的生长和微生物的正常分解作用，易造成沤根或脱肥。

(3) 造成落花落果　高湿使花粉授粉前，因吸水过多而发生破裂，丧失受精能力，容易导致落花和落果。

(4) 加重病害的发生　高湿还可以诱发和加重病害的发生，对蔬菜的产量和质量带来不利的影响。

(九) 土壤湿度对蔬菜生长发育的影响

1. 蔬菜的喜湿性分类　不同的蔬菜，因其根系的吸水能力和吸水范围不同，故对土壤湿度的要求也不同。据此，可将蔬菜分为以下两大类型：

(1) 喜湿型蔬菜　该类蔬菜根系入土浅，吸水范围小，要求土壤保持较高的湿度。这类蔬菜主要有黄瓜、辣椒、花椰菜、芹菜和莴苣等。

(2) 耐旱型蔬菜　该类蔬菜的根系入土较深，吸水范围较大，耐旱性强，对土壤湿度要求不高。这类蔬菜主要有西瓜、甜瓜、冬瓜、丝瓜、番茄、茄子、西葫芦和菜豆等。

2. 蔬菜不同生育期对湿度要求　蔬菜在不同的生育期，对土壤湿度有不同的要求。苗期根系吸收水分能力弱，要求土壤湿度稍高，发棵期，要控水蹲苗促根；结果盛期，对喜湿性蔬菜要勤浇水，使表土层湿度保持在85％左右；对耐旱性蔬菜，此期不宜供水过多。

3. 土壤湿度不当对蔬菜的危害

（1）土壤湿度过高的危害　土壤湿度过高，低温时，对蔬菜易造成湿害，其主要症状是：第一，低地温妨碍根系伸长生长，入土浅，根系小，严重缺氧时易造成烂根。第二，低地温抑制土壤微生物的分解活动，肥料转化慢，肥效低，易造成蔬菜脱肥现象的发生。

（2）湿度过低的危害　土壤湿度过低（干旱），气温高时易造成旱害，地上部植株蒸腾量大，失水多，根系吸水较慢而导致植株萎蔫，在强光照时易发生日烧以及卷叶等现象。严重干旱时，叶片黄化干枯脱落，从而导致植株早衰或死亡。

（十）湿度的调控措施

1. 空气湿度调控措施

（1）提高空气湿度　灌水、喷水或减小放风量，都可以提高棚室内的空气湿度，一般在移苗、嫁接和定植时进行。为了防止幼苗失水萎蔫，用薄膜和小拱棚可有效地保持较高的空气湿度。

（2）降低空气湿度　蔬菜作物在相对湿度较高的环境中，很容易诱发病害。为了防止病害发生和获得优质高产，根据作物生长发育的要求，控制空气湿度非常重要。其主要措施有：一是通风换气。这是排湿效果的主要措施。二是畦面用地膜覆盖，防止土壤水分向室内蒸发，可以明显地降低空气湿度。进行地膜覆盖，既能保证土壤湿润，又能降低空气湿度，还能提高地温。三是进行植株覆盖。不织布具有透光、透气、吸湿和保温作用，用不织布扣小拱棚或在植株表面覆盖，有一定的保温效果，与地膜相比，它可以透气吸湿，可以降低拱棚内的空气湿度。四是控制浇水。在室内温度较低时，特别是不能通风换气时，应尽量控制浇水，也可采用滴灌或膜下沟灌的方式，减少灌水量和蒸发量。五是加温降湿。寒冷季节，温室大棚内出现低温高湿的情况，又不能放风时，就要应用辅助加温设施，提高温度，降低空气湿度，并能防止植株叶面凝结露水。

2. 土壤湿度调控措施　温室大棚是封闭的小环境，土壤湿度条件主要受灌溉条件控制，应用科学的灌溉技术，合理调节土壤湿度，是保证温室大棚蔬菜优质高产的重要措施。

（1）适时适量灌水　一般是根据蔬菜等作物种类、生长发育阶段，生长发育状态及土壤水分状况来确定灌水时期及灌水量。灌溉切忌在阴天进行，最好选在阴天过后的晴天进行，并保证浇水后能有一段时间的晴天。一天之内，灌溉要在上午进行，利用中午这段时间的高温使地温尽快提高。浇水后要通风换气，以降低室内的空气湿度。

（2）采用合理的灌溉方式　主要灌溉方式有畦灌、沟灌和滴灌。畦灌的灌水量较大，不易控制，并且会降低地温和造成土壤板结。这种灌溉方式，常用在需水量较大的蔬菜，如芹菜等，特别是在产品器官的生长盛期。不耐涝蔬菜或冬季和早春地温较低时不宜采用。沟灌，特别是高垄膜下沟灌是温室大棚最常用的灌溉方式。高垄双行，中行有灌水沟，地膜覆盖膜下灌水，可以减少水分蒸发，降低空气湿度，同时地温也不会因灌水而过分降低，有利于根系生长。滴灌是比较先进的灌水方式，省水、省工，效率高；灌水均匀，灌水量容易控制，不降低土壤温度，不破坏土壤团粒结构，可保持良好的通气性，促进植株生长，空气湿度小，病害轻。但这种方式需要一定的设备，成本较高，而且对水源和水质也有较高的要求，还需要一定的技术，目前只能在经济较发达的地区推广应用。

（十一）气体对蔬菜吸收养分的影响

设施内空气的组成和含量，与露地有明显的差异，这种差异对蔬菜作物产生直接的影响。按照影响结果的不同，可将其分为两大类：一是有利于蔬菜生长和发育的气体，如氧和二氧化碳，二是有害于蔬菜生长发育的有毒气体有：氨气、亚硝酸、二氧化硫和乙烯等。

通气有利于蔬菜作物的有氧呼吸，可产生更多的腺苷三磷酸，供阴离子的吸收之用。在蔬菜生产中，绝大多数蔬菜生长在通气良好的土壤中，吸收养分也较多。因此，应结合中耕松土施肥，促使蔬菜能更好地吸收养分，提高肥料利用率。蔬菜吸收铵离子、硝酸根离子、磷酸根离子、钾离子和镁离子等养分时，氧张力在2％～3％时较适宜。

蔬菜作物不但从土壤中吸收养分，并且其叶绿素在太阳光照射下，吸收二氧化碳和水，合成碳水化合物，同时放出氧气，这就是光合作用。蔬菜干物质大部分是通过光合作用，同化二氧化碳而成的有机物，从根部吸收的养分转化来的仅占5％～10％。因此，二氧化碳气体对蔬菜产品的形成十分重要。

设施蔬菜生产主要是在冬春季节进行，一般通风量小，但施肥量很大，棚室内的二氧化碳浓度与外界有较大差异。设施内的二氧化碳来自有机肥料的分解和蔬菜的呼吸作用，消耗于蔬菜的光合作用。一般说来，设施内是基本独立的二氧化碳环境，但在通风换气时可与外界环境进行气体交换。白天随光合作用的进行，二氧化碳浓度逐渐下降，下降速度随光照条件和蔬菜种类而变化。阳光充足，蔬菜作物健壮，光合作用旺盛，二氧化碳浓度下降得快，有时在见光后1～2小时就可能降到蔬菜二氧化碳补偿点以下，这时若不及时补充二氧化碳，就会使蔬菜光合作用减弱，影响蔬菜的正常生长发育。因此，设施蔬菜栽培中，补施二氧化碳气肥是一项重要的增产措施。

氮肥施入土壤后，在微生物的分解下，产生大量氨气，氨被氧化后形成亚硝酸，再转变成硝态氮，被作物吸收。当有机肥和氮素化肥施用量过大时，硝化细菌的活性降低，而使氨和亚硝酸大量积累于土壤中，并不断释放到空气中。当氨浓度达到5毫克/千克时，便会对蔬菜产生危害。由于施肥后，经微生物分解，先形成氨再氧化成亚硝酸。因此，施肥后3～4天，容易发生氨中毒；施肥后几个月，会发生亚硝酸中毒。

硫元素是蔬菜作物生长发育必需的元素。但是在温室内燃烧煤炭的加温过程中，所产生的二氧化硫和乙烯，到一定浓度时，经1～2小时就会使蔬菜受害。

(十二) 二氧化碳对蔬菜造成的危害

蔬菜的二氧化碳饱和浓度为1 000～1 600毫克/千克，二氧化碳的补偿浓度为80～100毫克/千克，在补偿浓度和饱和浓度之间，二氧化碳的浓度越高，蔬菜的光合作用越强，增产效果越明显。具体浓度应根据光照强度、温度、水肥管理水平、蔬菜生长情况，适当调控二氧化碳施用量、施肥时期及时间。

二氧化碳气体浓度过大或过小的危害症状是：二氧化碳低于补偿浓度时，植株的光合作用减弱，光合产物数量少，植株生长缓慢，落花落果严重，畸形果多，产量低，品质差。一般棚室内二氧化碳浓度低于300毫克/千克时，就要补施二氧化碳气肥。但二氧化碳浓度不能过高，浓度高于饱和浓度时，不仅成本高，还会造成二氧化碳气体中毒。中毒症状是，植株气孔开启较小，水蒸腾作用减缓，叶内的热量不易散出去，而使体内温度过高导致叶片萎蔫、黄化和脱落。对二氧化碳敏感的蔬菜叶片和果实还会发生畸形。此外，二氧化碳浓度过高时，叶片内淀粉积累过多，会使叶绿体遭到破坏，反而会抑制光合作用的进行。

（十三）有害气体对蔬菜造成的危害

棚室内由于化肥、高分子塑料制品、化工产品等使用量大，加之冬季温度低时生火加温等原因，向棚室空气中散发出许多有害气体。在密闭的温室内，有害气体积累到一定的浓度时，便会对蔬菜产生危害。植株受害时，轻者叶片褪绿、卷曲，重者落花落果，甚至整株死亡。由于有害气体的流动性大，发生危害时，往往大面积蔬菜死亡，危害极大。各种有害气体的危害症状如下：

（1）氨气的危害症状　危害一般是先从下部叶片开始。叶片受害后，首先呈水浸状，无光泽，接着颜色变为褐色，最后枯死。危害轻时，仅叶缘干枯。多数蔬菜对氨气反应敏感，其中黄瓜和番茄的反应尤为敏感。

（2）亚硝酸气体的危害症状　亚硝酸气体对植株的中部叶片产生危害重，上部嫩叶和下部老叶受害较少。中部叶片气孔部分被漂白褪色，继而除叶脉外，全部叶肉组织变为白色，最后枯死。茄子、番茄对亚硝酸气体反应敏感。

（3）二氧化硫气体的危害症状　温室产生二氧化硫的主要原因是燃烧了含硫量较高的煤炭。这种气体对蔬菜作物危害很大，含量达到 0.2 毫克/千克时，经过 3～4 天，有些作物就表现出受害症状；含量达到 1 毫克/千克左右，经 4～5 小时，敏感作物就表现出明显的受害症状，含量达到 10 毫克/千克时，大部分蔬菜作物会受害。二氧化硫主要危害叶片，生理活动旺盛的叶片最先受害。受害叶片的叶缘和脉间首先出现斑点，进而褪色，轻者仅叶背面出现斑点，重者整个叶片呈水浸状，逐渐褪绿凋萎。叶片斑点的颜色因蔬菜而异，黄瓜、番茄、辣椒等菜的叶片斑点呈白色，茄子叶片的斑点呈褐色。高温、强光和土壤水分多的棚室中的蔬菜作物，白天受危害严重。

（4）一氧化碳气体的危害症状　棚室内的一氧化碳是由于加

温时煤炭燃烧不完全而产生的一种毒气，浓度高时，会对蔬菜作物叶片组织产生漂白作用，使叶片白化或黄化，严重时造成叶片枯死。

(5) 乙烯和磷酸二甲酸二异丁酯气体的危害症状 农用薄膜的主要成分为聚乙烯或聚氯乙烯树脂及其中的一些添加剂，如磷酸二甲酸二异丁酯和乙烯。这两种气体对蔬菜产生危害的浓度很低。

乙烯发生危害时，植株矮化，茎节粗短，侧枝生长加快，叶片下垂、皱缩，失绿转黄而脱落，花器、幼果易脱落，果实畸形等。番茄、辣椒和茄子对乙烯反应敏感，而黄瓜、菜豆、西葫芦和西瓜对乙烯有一定的忍耐性。磷酸二甲酸二异丁酯发生危害时，叶片边缘及叶脉间的叶肉部分先变黄，后变白，而后枯死，严重者全株受害。

(十四) 设施内二氧化碳浓度的调控措施

设施内二氧化碳浓度的调控，主要是采用人工补施方法，增加二氧化碳，供蔬菜作物吸收。二氧化碳的来源和施用方法很多，在设施内应用比较好的方法有：

(1) 液化法 如果二氧化碳是制造酒精的副产品时，则可以把它压入钢瓶中备用。施用时打开瓶栓，即可把二氧化碳放出。每天早晨 10 米^2 苗床释放 15～20 克即可。如果幼苗定植在棚室内，并覆盖有小拱棚，则施用二氧化碳时更为经济。采用此法施用二氧化碳时，一定要注意二氧化碳的浓度在 99% 以上，不可混入乙烯等有害气体。

(2) 固体法 将一定重量的固体二氧化碳放入棚室内，固体二氧化碳吸热挥发出气体二氧化碳。该方法操作简单，用量易控制，效果较好。但贮运不方便，成本高，且对人体易产生低温危害，需要加以防止。

(3) 燃烧法 这是采用燃烧碳氢化合物而产生二氧化碳供棚

室蔬菜吸收利用的方法。所用的燃烧物为天然气、丙烷、石蜡和液化石油等。此方法要严格控制有害气体硫化氢和二氧化硫的危害。

（4）化学反应法　这是利用酸和碳酸盐发生化学反应放出二氧化碳气体，供设施蔬菜吸收和利用的方法。该方法虽然费工，且二氧化碳浓度不易控制，但由于取材方便，成本低，方法简单，农民易于接受，因而应用广泛。

（5）增施有机肥法　在目前的生产条件下，补充二氧化碳气体比较现实的方法是在棚室内增施有机肥料，通过有机肥料的腐解，释放出二氧化碳气体。1吨有机物最终能释放出1.5吨二氧化碳。施入土壤中的有机肥和覆盖地面的稻草和麦糠等有机物在腐解过程中，均能产生大量二氧化碳。二氧化碳施肥效果受多种因素的影响，在施用中应根据具体气候条件及蔬菜作物的长势与需求，配合其他管理技术，进行综合调控，才能达到预期效果。

（十五）设施内有害气体的调控措施

（1）氨气调控　氨气中毒现象，在设施栽培中时有发生。为了防止氨气中毒，在设施内施肥时要特别注意施用充分腐熟的有机肥，不能施用未腐熟的鸡粪、猪圈粪、饼肥及其他易产生氨气的有机肥。有机肥宜做基肥，在定植前深施深翻，并且要留有7～10天的烤地时间，以促使有机肥充分腐解转化，并且施用量要适中。要尽量与磷肥混合施用，以增加土壤对氨的吸收量。要科学地施用氮素化肥，冬季在密闭的日光温室内宜施用硝酸铵，少施用或不施用尿素和易挥发的氮肥。

（2）亚硝酸气体调控　氮素化肥用量要适中，追肥时，一次用量不能太大。要深施，施后盖土浇水。或采取膜下施肥的方法，以减少亚硝酸气体的散失量。施肥后，要注意增加通风量。如果用pH试纸检查棚室内水滴的pH低于6.0时，则表明亚硝酸气体浓度偏高，可按每 100 米² 施 100 千克石灰的用量，在地表撒施生石灰，以提高土壤的 pH，促进土壤的硝化作用。

（3）二氧化硫和一氧化碳调控　选用含硫低的优质煤炭，并使煤炭充分燃烧，尽量减少一氧化碳气体的产生。烟道要密封好，并做好温室的通风换气工作，防止燃烧时产生的一氧化碳和二氧化碳气体溢漏排放在温室当中。

（4）乙烯等气体调控　在建造蔬菜栽培大棚温室以及进行设施蔬菜生产时，要选用无毒塑料薄膜和制品。同时，要经常通风换气，及时将存在于设施中的乙烯等有毒气体排除出去。

（十六）施肥对土壤生态环境的影响

土壤生态环境主要是指与蔬菜生长发育关系密切的土壤理化性状。如土壤的酸碱度、通透性、含盐量、养分的有效性等。设施蔬菜栽培是高度集约化的栽培，除选择适宜的地块建造棚室外，主要是通过施肥浇水等管理措施来培肥和改良土壤，并有效地调控土壤生态环境，为蔬菜生长发育创造良好的生态环境。培肥土壤，改善土壤生态环境，最基本的措施是增施有机肥料。有机肥和无机化肥配合使用，是比较有效的调控措施。

1. 有机肥的培肥改土作用

（1）有机肥料养分齐全　许多养分可以直接被蔬菜作物吸收利用。新鲜畜禽粪中，各种无机养分的有效性，以钾的有效性最高，磷次之，氮较低。增施有机肥，可解决缺磷少钾和微量元素不足的问题。

（2）有机肥能增加有机质的积累　有机肥施入土壤后，逐渐形成腐殖质，不仅直接供给蔬菜作物营养，而且其胶体能和多种离子形成各种整合物，减少土壤对磷及锌、铁等微量元素的固定，提高其有效性。

（3）有机肥能改善土壤的理化性能　土壤施入有机肥后，形成微团聚体，可提高土壤的缓冲能力，从而提高土壤供肥保肥性、稳温性、酸碱性和保湿供水性等性能。同时，还能提高土壤酸性物质的活性，促进难溶性养分向有效性养分转化，从而提高土壤的肥力。

（4）有机肥能避免和缓解土壤溶液浓度障害　有机肥属缓效性肥料，施入土壤后需经微生物分解矿化形成无机态养分后，才能被蔬菜根系吸收和利用。因此，其养分释放速度慢，可持续时间长，不易产生土壤溶液浓度障害。还可对有效养分释放速度快的化肥起到缓解作用。

（5）有机肥能提供二氧化碳气肥源　有机肥除供给氮磷钾等养分外，它在分解过程中还释放出二氧化碳，成为设施蔬菜光合作用原料的重要来源。生产实践证明，增施有机肥，蔬菜作物抗逆性强，病虫害轻，产品数量高，品质好。

2. **化肥的增效作用**　根据土壤肥力和蔬菜需肥特性而生产的各种复合专用肥，因其有效成分含量高，速溶速效，易于被蔬菜吸收利用，所以常被用来作基肥、种肥和追肥用，为蔬菜优质高产发挥重要的增效作用。

在设施蔬菜栽培人工施肥的过程中，土壤理化性质较易改变。这种改变同时存在着向有利或不利于蔬菜作物生长发育方面发展的可能。当前设施菜田施肥中存在的主要问题是，氮素化肥超量，磷肥高量，钾肥少量，有机肥低量；微量元素肥料痕量，因而造成土壤有机质含量低，氮磷钾比例失调，微量元素不足，土壤理化性状变坏，板结酸化或次生盐渍化现象严重等不良现象。

（十七）土壤盐害对蔬菜造成的危害

温室大棚蔬菜栽培下的土壤，具有两个特点：一是所施入的肥料，部分为蔬菜作物吸收利用，而未被吸收利用的养分则全部留存在土壤中，使土壤溶液浓度比露地土壤高得多。二是土壤中的水分，由于毛细管的作用而总是向上移动，使盐分向土壤表层聚集，因而导致土壤盐渍化。种植在这种盐含量过高土壤上的蔬菜作物，会受到严重的盐害。由于土壤溶液的渗透压太高，蔬菜根部对水分和养分吸收困难，影响蔬菜作物的正常生长发育，严重时会导致烧根和死苗。

盐害的症状：蔬菜植株矮小，分枝少，叶色深绿，无光泽，叶面积小；严重时叶色变褐或叶缘有波浪状枯黄色斑点，下部叶片反卷或下垂，由下至上逐渐干枯脱落；植株生长点色暗，失去光泽，最后萎缩干枯；容易落花落果；根系变褐坏死，同时，还可造成植株吸水受阻和缺乏钙素等养分，加重植株生长不良的程度。

（十八）土壤盐害的调控措施

针对土壤盐害，在施肥技术上要力求趋利避害，实施以克服或缓解土壤盐害为主体的施肥技术体系，达到既有利于当季、当年蔬菜的优质高产，又有利于防止土壤盐渍化，调节土壤中盐类浓度的措施有以下几种：

（1）增施有机肥料 最好施用纤维素多的即碳氮比高的有机肥。有机物在腐解过程中，会形成腐殖酸等有机胶体，这种胶体有很强的吸附特性，能把可溶性矿质养分，如铵离子、钾离子、钙离子等阳离子吸附在自己的周围。这种吸附是动态的。当土壤溶液浓度降低时，又会释放到溶液中。因此，增施有机肥，可增强土壤的养分缓冲能力（即调节能力），防止盐类积聚，延缓土壤的盐渍化过程。

（2）合理施用化肥 根据土壤肥力状况及种植蔬菜的种类和产量，确定施肥量、施肥时期和施肥方法。不可偏施氮肥，并且要避免多年施用同一种化肥，特别是含有氯或硫酸根等副成分的肥料。施肥时，应沟施或穴施，或随水冲施。

(3) 深耕土壤 设施土壤的盐分主要集中在土壤表层,在蔬菜作物收获后,进行土壤深翻,把富含盐分的表土翻到下层,把相对含盐量较少的下层土壤翻到上面,可降低土壤表层的盐分含量。

(4) 以水排盐 在夏季,待蔬菜收获后,揭去薄膜,让土壤淋雨,这是消除土壤盐分障碍简便易行的有效措施。或者在高温季节进行大水漫灌,地面覆盖地膜,使水温升高,这不仅可以洗盐,还可以杀死病菌,有利于下茬蔬菜的优质高产。

(5) 基肥深施,追施限量 用化肥作基肥时要进行深施,作追肥时要尽量"少吃、多餐"。施用硝酸铵、尿素、磷酸二铵和硝酸钾等肥料,或以这些肥料为主的复合肥料,可以减轻盐分积累。最好将化肥与有机肥混合施于地面,然后进行深翻。追肥一般很难深施,应严格控制每次的施肥量,宁可用增加追肥次数的办法来满足蔬菜作物对养分的需求,也不能一次施肥过多。

(6) 进行根外追肥 在温室大棚栽培蔬菜时,由于根外追肥不会造成土壤盐分浓度增加,故应大力推广应用。特别是尿素、过磷酸钙、磷酸二氧钾及一些中量、微量元素肥料,作为根外追肥的肥料都是适宜的。

(7) 生物排盐 在夏季设施休闲时,种植玉米、绿肥作物和牧草等作物,吸收土壤中剩余的肥料,可以降低土壤的含盐量。也可以种植较耐盐的蔬菜,如菠菜、甘蓝、芹菜、韭菜、茄子、番茄和莴苣等,同样可以排除部分土壤含盐量。

(8) 地面覆盖 用地膜或麦秸、稻草等物进行地面覆盖,可改变土壤水分运动方向;加强中耕松土,可以切断土壤的毛细管。以上做法,均可防止土壤表层盐分积累。

(9) 换土除盐 当土壤表层含盐量太高时,可更换表层土,或搬迁设施,避开盐害。

(十九) 土壤连作障碍对蔬菜造成的危害及其调控措施

1. **土壤连作障碍**　由于设施栽培蔬菜仅限于黄瓜、西葫芦、番茄、芹菜、油菜、茄子、辣（甜）椒、韭菜、莴苣和甘蓝等10余种蔬菜，不可能像露地蔬菜那样在大面积的土地上实行轮作。因此，设施蔬菜栽培的连作障碍比露地要严重得多，集中表现在以下几个方面：

(1) 土传病原菌增多　蔬菜有许多靠土壤传播的病害，如番茄的青枯病和早疫病，瓜类蔬菜的炭疽病和枯萎病，菜豆的叶枯病，十字花科蔬菜的软腐病和根肿病等，由于这些病害原物的寄主作物经常栽培在同一块设施土地上，造成病原菌大量积累，致使病害越来越严重。

(2) 土壤害虫增加　设施蔬菜的害虫，主要有线虫、根蛆（种蝇、葱蛆）等。由于多年连作，特定的食物导致某一害虫种群的大量繁殖，从而引起害虫的猖獗发生。

(3) 养分缺乏和比例失调　由于每种蔬菜对各种养分都有自己特定的需求，因此出现了选择性吸收，从而导致某些养分的过度缺乏，使蔬菜发生相应的缺素症状。

2. **避免连作障碍的调控措施**　为解决土壤连作障碍问题，可采取以下调节措施：

(1) 实行轮作倒茬　在温室大棚内实行几种蔬菜作物轮作倒茬，特别是简易温室大棚与露地之间实行轮换栽培，能减轻病虫害的发生。

(2) 嫁接换根　以抗病性强的蔬菜种类或品种作砧木，以栽培品种作接穗，进行嫁接育苗，提高植株的抗病性。如黄瓜嫁接可防止黄瓜枯萎症，番茄嫁接苗可以防止根腐病等土传病害的发生。

(3) 进行土壤消毒　土壤消毒的方法有两种，一种是太阳能消毒，一种是化学药剂消毒。后者常用以下两种药剂消毒：一是甲醛（40％），又称福尔马林。用于温室大棚或苗床土壤消毒，使用浓度为 50～100 倍液。将棚室内的土壤翻松，用喷雾器将药剂均匀喷洒在地面上，然后再稍翻一翻，使耕作层土壤都能蘸着药液，并用塑料薄膜覆盖地面保持 2 天，使甲醛充分发挥杀菌作用。以后揭开塑料薄膜，打开门窗，使甲醛蒸气散发出去，两周后即可使用。二是硫磺粉。用于温室大棚消毒，防治白粉病和红蜘蛛等。一般在播种前或定植前 2～3 天进行熏蒸。具体方法是，每 333 米² 棚室，用硫磺粉 250 克，干锯末 500 克，将两者搅拌均匀，放在几个盆器里，再将盆器分散放在温室内的几处地方，然后点燃，熏蒸时要关闭门窗，熏蒸一夜即可。第二天上午通风，放出有害气体。

（4）合理施肥　多施完全腐熟的有机肥，少施化肥，还可将有机肥和化肥配合施用，均衡供应养分，提高土壤保肥供肥能力。生产实践表明，增施充分腐熟的有机肥料是防止土壤连作障碍的有效措施之一。

（二十）土壤酸化对蔬菜造成的危害及其调控措施

1. 土壤酸化对蔬菜的危害　土壤酸化指的是 pH 明显低于 7.0，土壤溶液呈酸性反应。引起土壤酸化的原因比较多，但最主要的是施肥不合理。在设施菜田中，经常大量施用氮素肥料，氮肥分解后形成硝酸根离子，积累于土壤中，使之酸化。同时大量施用酸性或生理酸性肥料，如硫酸铵、氯化铵、氯化钾和硫酸钾等，也会加重土壤酸化。土壤酸化对蔬菜不良影响的程度，因土壤酸化程度及蔬菜耐酸能力而不同。一般土壤酸化程度越重，蔬菜耐酸能力越弱，危害越重。土壤酸害的症状如下：第一，直接破坏根的生理机能，导致根系死亡。第二，降低土壤中磷、钙、镁等元素的有效性，使蔬菜对这些元素的吸收率降低，导致缺素症状的发生。第三，抑制土壤微生物的活动，使肥料分解、转化速度减缓，肥效降低，容易发生脱肥现象，引起蔬菜植株早衰。

2. 避免或减少土壤酸化的调控措施

（1）合理施肥 应用养分平衡施肥技术，对含氮量高的有机肥和化肥，采用少量、多次的施肥原则，每次施用量要适中。对已经产生酸害的菜田，少用或不用酸性与生理酸性肥料，或采取淹水法洗酸，或撒施石灰中和土壤酸度，或多施已经充分腐熟的有机肥料，少施化肥，提高土壤的缓冲能力和抗酸害的能力。

（2）搞好栽培管理 加强田间水肥管理，勤中耕松土，促进蔬菜根系发育，提高根系的吸收能力。

第六章　无公害蔬菜产地环境
条件及其控制技术

一、无公害蔬菜产地环境条件

(一) 空气污染对设施蔬菜生长发育的影响

工业废气污染可分为气体污染和气溶胶污染两类。气体污染包括二氧化硫、氟化物、氯气、臭氧、氮氧化物和碳氢化合物等；气溶胶污染包括粉尘、烟尘等固体粒子及烟雾、雾气等液体粒子。其中对蔬菜危害较大的污染物，有二氧化硫、氟化氢、氯气、光化学烟雾和煤烟粉尘等。这些污染物有时表现为急性危害，蔬菜细胞及叶绿素遭到破坏，在叶片上出现大量斑点，严重时叶片枯死，甚至坏死脱落，造成严重减产，有时表现为慢性危害，即在污染物浓度较低时，表现出轻微伤害，也有的伤害是隐性的，即从植株外部和生长发育上看不出明显的危害症状，但植株的生理代谢受到影响，植株体内有害物质逐渐积累，影响蔬菜产量及品质。

1. **二氧化硫**　二氧化硫是对农业危害最广泛的空气污染物。它主要是由燃烧含硫的煤、石油和焦油时产生。在正常情况下，空气中的二氧化硫含量为 3.5×10^{-5} 毫升/升。对植物产生危害的二氧化硫浓度为 $0.5 \times 10^{-3} \sim 10 \times 10^{-3}$ 毫升/升以上。蔬菜对二氧化硫的抵抗能力很弱，少量气体就能损伤植株的生理机能。二氧化硫侵入蔬菜的途径，是通过叶片气孔逐渐扩散到叶肉的海绵组织和栅栏组织，因此气孔附近的细胞首先受害。

2. **氟化氢**　使用含氟原料的化工厂、冶金厂、磷肥厂和炼铝厂等工厂，都会排出氟废气，其中含氟化合物包括氟化氢、硅氟硫及含氟粉尘等，以氟化氢的毒性最强。氟化氢是一种无色、具有臭味的剧毒气体，其毒性比二氧化硫大 20 倍，当它在空气中的含量达到 $1.0×10^{-7}$ 毫升/升时，即可使敏感植物受害，它是空气污染物中对植物最有毒性的气体。氟化氢气体对农作物的危害症状和二氧化硫相似，但在急性中毒时，受害的坏死斑（黄褐色或深褐色）往往不是出现在叶脉间，而多是出现在叶尖或叶脉处，并且伤斑出现很快，一般只经过几个小时，叶子即由绿变成黄褐色，全株萎蔫。蔬菜可以直接吸收空气中的氟化物，大部分通过气孔进入，也有部分从叶缘水孔进入。蔬菜的含氟量随着空气污染程度的增加而增加，土壤和灌溉水中的氟对蔬菜影响不明显，而空气中的氟与蔬菜中的氟含量呈明显的正相关。

3. **氯气** 氯气是一种黄绿色的有毒气体，对农作物的危害也十分严重，但它的危害只限于局部地区。污染空气的氯气来源于食盐电解工业，以及制造农药、漂白粉、消毒剂、聚氯乙烯塑料、合成纤维等工厂排出的废气。农作物受氯气危害，往往要在比较高的浓度下才会出现症状，空气中浓度达 $0.5×10^{-3}$ ～ $0.8×10^{-3}$ 毫升/升时，经 4 小时左右，蔬菜即受害。通常是使叶缘和叶脉间组织出现白色、浅黄色的不规则斑点，然后发展到全部漂白，枯干死亡。大白菜、洋葱和萝卜对氯气较敏感，茄子、甘蓝和韭菜等对氯气抗性较强。

4. **粉尘和飘尘** 除气体外，污染空气的物质还有大量的固体或液体的微细颗粒成分，统称粉尘。它们形成胶体状态，悬浮在空气中，亦称气溶胶。煤烟粉尘是空气中粉尘的主要成分，密集的烟囱是煤烟粉尘的主要来源。烟尘是由炭粒颗粒、煤粒和飞灰组成的，是我国危害农业生产最重的空气粉尘。被烟尘危害的蔬菜，主要是各大工厂企业四周菜地上的植株，烟尘沉降在整个污染区的蔬菜植株上，减弱蔬菜的光合及呼吸作用，引起褪色，生长不良，部分组织木栓化，纤维增多，果皮粗糙，使蔬菜减产，商品价值降低。特别是对大白菜、甘蓝等结球叶菜，烟尘夹在叶层内，难以清除。另外，工厂排入大气中的许多极细小的有害物质微粒，如铅、镉、铬、砷、汞、镍、锌、锰等物质的微粒，多数能长时间飘浮在空气里，故称"飘尘"。这些物质毒性很大，能直接或间接地被蔬菜吸收，并污染土壤，对人类健康的危害性很大。

（二）水质污染对设施蔬菜生长发育的影响

由于工业排放大量未加处理的废水和废渣，农业大量施用化肥和农药，致使我国主要江、河、湖泊及部分地区的地下水，都受到不同程度的污染，有的污染相当严重。特别是在城市效区，由于乡镇企业的发展以及城市污染较重的工厂向郊区的迁移，污染日趋严重，使城郊菜田受害，蔬菜污染加剧。蔬菜是灌水量最大的作物，水体污染已成为菜田土壤及蔬菜污染的主要途径之一。水质污染对蔬菜的危害表现在两个方面，一是直接危害，即污水中的酸、碱物质或废油、沥青以及其他悬浮物与高温水等，均可使蔬菜组织造成灼伤或腐蚀，引起生长不良，产量下降，或者产品本身带毒，不能食用；二是间接危害，即污水中很多能溶于水的有毒有害物质，被植物根系吸收入体内，或者严重影响蔬菜正常的生理代谢和生长发育，导致减产，或者使产品内毒物大量积累，通过食物链转移到人、畜体内，造成危害。对蔬菜危害较大，且分布较广的水中污染物质，主要有酚类化合物、氰化物、苯系物、醛类和有害致病性微生物等。

1. **酚类化食物**　酚是石油化工、炼焦和煤气、冶金、化工、陶瓷以及玻璃、塑料等工业所排放废水中的主要有害物质。用高浓度含酚废水灌溉蔬菜，对植株有毒害作用，能抑制植株的光合作用和酶的活性，破坏植物生长素的形成，影响植株对水分的吸收，破坏植株的正常生长发育，降低产量。

2. **氰化物**　污染环境的氰化物，主要来源于炼焦、电镀、选矿、金属冶炼、化肥等一些工厂，在生产过程中排放出的含氰工业污水。由于水体受到污染，从而威胁到农业用水。虽然在低剂量情况下，氰化物对蔬菜的生长、发育及品质不易产生危害，甚至还能刺激生长，但由于氰是剧毒物，容易挥发，对动物杀伤力大。因此，必须注意它对人、畜及水产类的毒害作用。用含氰污水浇灌蔬菜后，污灌区耕作层的含氰量比非污灌区明显增加，其菜田中蔬菜可食部分的含氰量也有增加的趋势，以豆类和绿叶菜类蔬菜增加较多，瓜类增加较少。

3. 苯和苯系物 污染坏境中的苯及苯系物，主要来源于化工、合成纤维、塑料、橡胶、特别是炼焦和石油工业排放的废水。用含苯水浇灌菜田，随着水中苯浓度的增加，蔬菜产品内的含苯量也有所升高。在低量时，苯对蔬菜生长具有一定的促进作用，但超过一定浓度后，产品器官内芳烃类物质急剧增加，出现涩味，不宜食用。蔬菜及菜田土壤对苯类物质均有一定的代谢与分解能力，因而在植株体内及土壤中的残留量并不太高。但是考虑到对蔬菜品质的影响，国家农业灌溉水质标准规定，苯的限量浓度为2.5毫克/升。

4. 有害生物污染 在未处理的食品工业水、医院污水和生活污水及未腐熟的粪便水中，常常携带有大量的致病微生物，用这些污水浇灌蔬菜，如果采后处理及食用前处理不当，蔬菜就成了病菌进入人体的载体。未处理污水中的病原菌，常见的有沙门杆菌、志贺氏痢疾杆菌以及肝炎病毒、肠病毒等。另外，还有大量的寄生性蛔虫卵及绦虫卵等。在受污染的蔬菜中，根菜比较严重，果菜较轻。因此，未经充分腐熟的粪便，是不可以用来给蔬菜施肥的，特别是应禁止用来浇灌生食蔬菜，否则会给蔬菜造成严重的污染。

（三）土壤污染对设施蔬菜生长发育的影响

污染土壤的污染物，主要来自两个方面，一是工业"三废"

（废气、废水、废渣），二是在栽培过程中施用过多的化学农药或氮素化肥而造成的农药及硝酸盐污染。

1. **重金属污染** 城市及工矿区附近的灌溉水、土壤及蔬菜中的重金属含量较高。与其他农作物相比，蔬菜对多种重金属的富积量要大得多。从不同重金属元素来看，在蔬菜中的富集程度以镉最高，锌、铜次之，铝、砷、铅最低，汞中等。另外，在不同土壤条件下，重金属的吸收情况也有差异。土壤有机质含量高，质地较黏重，土壤反应为中性或碱性的，重金属易被土壤固定，可减少被蔬菜所吸收的重金属量。

（1）镉污染 污染环境中的镉主要来源于金属冶炼，金属开矿和使用镉为原料的电镀厂、电机厂和化工厂等，这些工厂排放的"三废"都含有大量的镉。镉是毒性强的金属，对人体的危害大。蔬菜的镉污染主要是由于土壤污染引起的，在正常情况下，土壤中镉的含量多在 0.5 毫克/千克以下，很少超过 1.0 毫克/千克的标准；如果土壤受到镉污染，则土壤中的镉含量可高达 100 毫克/千克以上，这种土壤上生长蔬菜中的镉含量比正常的要高出十几倍甚至几十倍。农用灌溉水中镉的标准是≤0.005 毫克/升。因此蔬菜中镉的含量最高不得超过 0.143 毫克/千克。

（2）砷污染 砷本来不是重金属，但由于它对农作物的毒害作用与有毒重金属相当，故在生产中把它与重金属排在一起。砷的环境污染源主要是造纸厂、皮革厂、硫酸厂、化肥厂、冶炼厂和农药厂等工厂的废气及废水。砷化物的毒性很大，属于高毒物质。如果用含砷量较高的水浇灌菜地，土壤中砷的累积会明显增加，累积速度随灌溉水中砷的浓度升高而加快，土壤受到砷污染后，由于阻碍蔬菜对水分和养分的吸收，产量明显下降。土壤被砷污染后；即使改用清水浇灌，蔬菜中砷的残留量仍然高于非污染区。因此，控制灌溉水中的含砷量是防治蔬菜砷污染的重要措施。我国农田灌溉水中砷的浓度标准是不超过 0.05 毫克/升。

(3) 铬污染 铬及铬的化合物被广泛用于电镀、金属加工、制革、涂染料、钢铁和化工等工业。制革工业排放的含铬废水,铬含量可达 410 毫克/升。铬对蔬菜生长的毒害,只有在浓度较大时才会出现症状,当土壤中铬达到 400 毫克/千克左右时才能抑制作物生长发育,与植物体内细胞原生质的蛋白质结合,使细胞死亡;在微量情况下,可置换作物体内酶蛋白质中的铁、锰等元素,使酶活性受到抑制,阻碍呼吸作用等代谢进程。铬也被确认是人的致癌物。蔬菜中自然铬的含量一般在 0.1 毫克/千克以下,而在污染土壤上栽培,蔬菜中的含铬量可比正常情况下高 100 倍以上。我国农田灌溉水标准规定,六价铬在蔬菜中的含量不得超过 0.1 毫克/升。

(4) 汞污染 污染环境的汞主要来自工业"三废"和含汞农药的使用。通常植物体内只含有极微量的汞,只有在较高的浓度下,汞才对植物产生危害。植物受汞毒害所表现的症状是叶、花、茎变成棕色或黑色。汞进入植物体内有两条途径:一条是土壤中汞化物转变为甲基汞或金属汞,为植物根吸收;另一条是经叶片吸收而进入植物体内,如浓度过大,叶片很容易遭受伤害。在使用含汞水和含汞污泥的农田,蔬菜富集汞的浓度有明显增加。白菜中的汞含量可达 0.081 毫克/千克,萝卜可达 0.011 毫克/千克,辣椒可达 0.22 毫克/千克,均超标 8~20 倍以上。我国农田灌溉水汞的浓度不得超过 0.001 毫克/升。

2. 硝酸盐污染 蔬菜植株中的硝酸盐浓度,与土壤中的氮素量、施用氮肥的数量与类型,以及施用的时期关系密切。蔬菜硝酸盐含量与土壤中氮素特别是硝态氮含量,以及氮素化肥的施用量成正相关,尤其在成熟期施氮影响更明显。菠菜过熟时,体内硝态氮有明显下降,而施氮量较大时,硝态氮量有所上升。施氮的时期对硝态氮含量也影响很大,施用时期越晚,菠菜体内硝态氮含量越高。因此,对叶菜类蔬菜,氮肥宜早期施用,并且不宜过多,否则产品内硝酸盐易超标。

（四）农药污染对设施蔬菜生长发育的影响

进入植物体的农药，如果残存于产品器官内，直接污染蔬菜食用部分，就会对人产生危害；即使是残留在非食用器官内，但一般还是在蔬菜生态系统内循环，还会污染生态环境。

1. 有机氯农药的污染　有机氯杀虫剂理化性质稳定，残留期长，加上每年用药量很大，使用范围广，因而很快会成为农业环境中的主要污染物，不仅污染蔬菜、粮食及农田，而且通过食物链又污染了其他农、畜、禽产品及水产品。我国从1981年起明令禁止在蔬菜上使用滴滴涕、六六六等有机氯农药，但至今在蔬菜产品及菜田土壤中仍时有检出。

2. 有机磷农药的污染　有机磷杀虫剂的生产量和使用量，仅次于有机氯。在有机氯杀虫剂已经停用的情况下，在蔬菜的农药污染方面，有机磷农药已成为主要的农药污染源。有机磷农药中的剧毒品种，如对硫磷、甲拌磷等，国家早已明令禁止在蔬菜、瓜果上使用，但目前仍有检出。特别值得注意的是，随着蔬菜设施生产的迅猛发展，周年多茬栽培，病虫害加重，受效益驱动，设施生产农药用量不断增大，有机磷农药残留量相对增加。

3. 其他农药的污染　根据1999年12月农业部颁发的生产A级绿色食品禁止使用的农药名单，除上述有机氯（含三氯杀螨醇等）、高毒的有机磷（甲胺磷、氧化乐果等）农药以外，还有有机汞、有机砷、有机锡、杀虫脒、溴甲烷、克螨特和2，4－D类（生长调节剂）等农药。

（五）无公害蔬菜对产地环境条件的要求

无公害蔬菜产地，应选择在生态条件良好，远离污染源，并具有可持续生产能力的农业生产区域。蔬菜赖以生长发育的环境条件很多，但影响其安全品质的环境要素主要是空气、水分和土壤。无公害蔬菜生产对其都有特殊的要求。

无公害蔬菜生产，要求产地的空气、水分和土壤清洁，无污染或少污染。2002 年 9 月国家农业部发布的《无公害食品 蔬菜产地环境条件（NY5010—2002)》对此作出了具体明确的规定。对无公害蔬菜产地环境空气中的主要污染物：总悬浮颗粒物、二氧化硫、二氧化氮、氟化物给出了浓度限值。同时，对灌溉水、土壤也规定了主要控制指标及其限值。

二、无公害蔬菜产地环境控制技术

(一) 农业自身污染的预防与防治措施

农业自身污染，主要是指农业生产过程中使用农药、化肥、生长调节剂等不合理，以及农业废弃物，如畜、禽粪便等处理、利用不当而造成的污染。这方面的污染，主要是通过实施无公害蔬菜生产技术规程加以预防和控制。

1. **科学种田，合理使用农用化学物质** 这方面的内容参考有关内容，这里不再详述。

2. **利用生态模式合理利用农业废弃物** 建立生态型蔬菜生产基地，实行多业互补，利用生态模式合理处理和利用农业废弃物，促进生态经济良性循环。如大力发展种（植）养（殖）结合，种养沼（气）结合，种养沼加（工）等多业结合、多种物质循环模式，不仅可提高生物能的转化率和资源的利用率，而且可防止废弃物对环境的污染。

3. **禁止使用对蔬菜产地环境有害的物质** 在生产无公害蔬菜的菜田中，应该避免污水、固体废弃物进入；严禁使用有害物质含量超标的污水、农用固体废弃物等，禁止使用医院废弃物及含放射性物质的废弃物。

(二) 无公害蔬菜栽培的土壤和水源治理的原则

无公害蔬菜栽培对土壤和水源的要求很严格，当这些条件不符合栽培要求时，尤其是生产时间较长的菜地，常常需要对土壤和水源进行治理。

第一，按照环境自然净化规律，以改变人为的对土壤和水源质量的继续污染为突破口，恢复原有的生态平衡。

第二，在蔬菜生产基地内，坚持以蔬菜栽培为主，其他作物互补种植，并结合畜牧养殖和农产品加工等产业，逐步形成一个资源利用合理的社会化物质生产系统。

第三，大力推广无公害蔬菜栽培的各项技术措施，区分地表水和地下水，可灌水和非可灌水，在对污染水进行集中处理的同时，使用深井水并做适当处理，配合采用节水灌溉技术。

（三）土壤生态环境治理的基本方法

1. **土壤次生盐渍化治理**　在一些老的蔬菜生产基地，生产者不重视土壤与耕作方式的改良，常常会出现土壤的次生盐渍化。其表现为，土壤中有机质比例下降，部分离子浓度偏高，由于离子间的相互作用，使植株根系对一些生长必需离子吸收困难。同时，土壤中与养分分解、转化、吸收有关的一些土壤微生物活性下降，而一些有害微生物的种群却在增大。土壤次生盐渍化所累积的盐分，以硝酸根离子增加最多，其浓度的提高常使土壤中的钙离子等被交换出来，形成硝酸盐，大大提高土壤溶液的浓度。在这种条件下栽培的蔬菜，其产品中的硝酸盐累积比在正常土壤中栽培时高得多。生产上常通过以下方法对土壤次生盐渍化现象进行处理：

（1）以水除盐　主要靠大水洗盐，或开沟埋设暗管排水，用垂直洗盐的方法进行，并将洗出的盐水通过管道或排水系统排出后，进行集中处理。

（2）生物除盐　采用休闲或轮作方式，栽培速生吸盐量大的作物，如玉米和苏丹草等，进行生物吸盐除盐，降低土壤含盐量。

（3）轮作　采用菜田与水田轮作。

（4）施用有机肥　可用一些稻壳、麦秸、木屑等含碳量高的农副产品，施入土壤。

（5）耕作措施　可进行深耕，使表土和深层土壤适度混合，以使耕层土壤中离子浓度适当降低。

2. 土壤中病虫害的治理　土壤作为病虫害寄生的主要场所之一，在持续连作之后常使病虫密度过高；大量使用杀虫剂和杀菌剂，会使部分病原菌和害虫产生抗药性。对于上述现象，可通过以下方法进行治理

（1）耕作方法　可通过土壤休闲，与大田作物进行轮作等方式进行治理。

（2）土壤冻垡　在越冬前浇入大量冻水，使土壤严重冻结，或在夏季进行深翻晒垡。

（3）覆膜高温处理　利用夏季高温期间，对土壤施入一定量的石灰和未腐熟的有机肥；浇水后，上面覆盖薄膜，密闭30～45天后，可杀死土中大部分的病原菌和虫卵。

（4）土壤消毒　利用蒸汽或药物进行土壤消毒。将耕层土壤堆起，高度一般以30厘米左右为宜，外面覆盖薄膜，通入蒸汽消毒。也可用硫黄等熏蒸，具体方法同蒸汽消毒。为了确保消毒效果，处理时间可适当长一些，而且应保证覆盖的气密性。

3. 防止蔬菜肥害的措施

（1）增施有机肥　有机物在腐解过程中，可以形成有机胶体，而有机胶体对阳离子有很强的吸附能力。当化肥施入土壤以后，由于阳离子多为胶体所吸附，于是存在于土壤溶液中的数量相对减少，从而使土壤溶液的浓度不会升得过高。

（2）限量施用化肥　化肥一次施用量过大时，使土壤溶液浓度过高，是造成蔬菜肥害的主要原因。如果将化肥的一次施用量控制在适当数量之内，肥害的发生将大大减少。一般每667米^{2}一次施用碳酸氢铵不超过30千克，硝酸铵不超过15千克，尿素

不超过 10 千克。

(3) 全层深施化肥　同等数量的化肥，在局部施用时，阳离子被土壤吸附的量相对较少，可造成局部土壤溶液的浓度急剧升高，导致部分根系受到伤害。如改为全层深施，做到土肥交融，就能使肥料均匀分布于整个耕作层，被土壤吸附的阳离子的数量相对增多，土壤溶液的浓度就不会升得过高，从而使作物避免受伤害。同时，由于深施、被土壤颗粒吸附的机会增加，氨的挥发因此减少，地上部发生焦叶的危害减少。

对于苗床和设施栽培施肥，除了以上措施以外，还要注意施肥后适当通风换气，以免氨的积累。同时，适当浇水，保持土壤湿润，可以降低土壤溶液浓度，避免发生浓度伤害。

附录一 无公害食品 蔬菜产地环境条件

1. 范围

本标准规定了无公害蔬菜产地选择要求、环境空气质量要求、灌溉水质量要求、土壤环境质量要求、试验方法及采样方法。

本标准适用于无公害蔬菜产地。

2. 规范性引用文件

下列文件中的条款通过本标准的引用而成为本标准的条款。凡是注明日期的引用文件，其随后所有的修改单（不包括勘误内容）或修订版均不适用于本标准，然而，鼓励根据本标准达成协议的各方研究是否可使用这些文件的最新版本。凡是不注明日期的引用文件，其最新版本适用于本标准。

GB/T5750 生活饮用水标准检验方法

GB/T6920 水质 pH值的测定 玻璃电极法

GB/T7467 水质 六价铬的测定 二苯碳酰二肼分光光度法

GB/T7468 水质 总汞的测定 冷原子吸收分光光度法

GB/T7475 水质 铜、锌、铅、镉的测定 原子吸收分光光度法

GB/T7485 水质 总砷的测定 二乙基二硫代氨基甲酸银分光光度法

GB/T7487 水质 氰化物的测定 第二部分氰化物的测定

GB/T11914 水质 化学需氧量的测定 重铬酸盐法

GB/T15262 环境空气 二氧化碳的测定 甲醛吸收—副

玫瑰苯胺分光光度法

　　GB/T15264　环境空气　铅的测定　火焰原子吸收分光光度法

　　GB/T15432　环境空气　总悬浮颗粒物的测定　重量法

　　BG/T15434　环境空气　氟化物的测定　滤膜，氟离子选择电极法

　　GB/T16488　水质　石油类和动植物油测定　红外光度法

　　GB/T17134　土壤质量　总砷的测定　二乙基二硫代氨基甲酸银分光光度法。

　　GB/T17136　土壤质量　总汞的测定　冷原子吸收分光光度法

　　GB/T17137　土壤质量　总铬的测定　火焰原子吸收分光光度法

　　GB/T17141　土壤质量　铅、镉的测定　石墨炉子原子吸收分光光度法

　　NY/T195　农田土壤环境质量监测技术规范

　　NY/T396　农用水源环境质量监测技术规范

　　NY/T397　农区环境空气质量监测技术规范

3. 要求

3.1　产地选择

　　无公害蔬菜产地应选择在生态条件良好，远离污染源，并具有可持续生产能力的农业生产区域。

3.2　产地环境空气质量

　　无公害蔬菜产地环境空气质量应符合表1的规定。

3.3　产地灌溉水质量

　　无公害蔬菜产地灌溉水质应符合表2的规定。

表1　环境空气质量要求

项　　目	浓度限值			
	日平均		1h	
总量浮颗粒物（标准状态）/（mg/m³）≤	0.30		—	
二氧化硫（标准状态）/（mg/m³）≤	0.15[a]	0.25	0.50[a]	0.70
氟化物（标准状态）/（μg/m³）≤	1.5[b]	7	—	

注：日平均指任何1日的平均浓度；1h平均指任何一小时的平均浓度

　　a. 菠菜、青菜、白菜、黄瓜、莴苣、南瓜、西葫芦的产地应满足此要求。

　　b. 甘蓝、菜豆的产地应满足此要求。

表2　灌溉水质量要求缺化学需氧量数据

项　　目	浓度限值	
pH	5.5～8.5	
化学需氧量/（mg/L）≤	40[a]	150
总汞/（mg/L）≤	0.001	
总镉/（mg/L）≤	0.005[b]	0.01
总砷/（mg/L）≤	0.05	
铬（六价）/（mg/L）≤	0.10	
氰化物/（mg/L）≤	0.50	
粪大肠菌群/（个/L）≤	40 000[d]	

　　a. 采用喷灌方式灌溉的菜地应满足此要求。

　　b. 白菜、莴苣、茄子、蕹菜、芥菜、芜菁、菠菜的产地应满足此要求。

　　c. 萝卜、水芹的产地应满足此要求。

　　d. 采用喷灌方式灌溉的菜地以及浇灌、沟灌方式灌溉的叶菜类菜地时应满足此要求。

3.4　产地土壤环境质量

无公害蔬菜产地土壤环境质量应符合表3的规定。

表 3　土壤环境质量要求（毫克/千克）

项目	含量限值					
	pH<6.5		pH6.5~7.5		pH>7.5	
镉≤	0.30		0.30		0.40a	0.60
汞≤	0.25b	0.30	0.30b	0.50	0.35b	1.0
砷≤	30c	40	25c	30	20c	25
铅≤	50d	250	50d	300	50d	350
铬≤		150		200		250

注：本表所列含量限值适用于阳离子交换量＞5cmol/kg 的土壤，若≤5cmol/kg，其标准值为表内数值的半数。

a. 白菜、莴苣、茄子、蕹菜、芥菜、苋菜、芜菁、菠菜的产地应满足此要求。

b. 菠菜、韭菜、胡萝卜、白菜、菜豆、青椒的产地应满足此要求。

c. 菠菜、胡萝卜的产地应满足此要求。

d. 萝卜、水芹的产地应满足此要求。

4　环境空气质量指标

4.1 总悬浮颗粒的测定按照 GB/T15432 执行。

4.2 二氧化硫的测定按照 GB/T15262 执行。

4.3 二氧化氮的测定按照 GB/T15435 执行。

4.4 氟化物的测定按照 GB/T15434 执行。

5　灌溉水质量指标

5.1 pH 值的测定按照 GB/T6920 执行。

5.2 化学需氧量的测定按照 GB/T11914 执行。

5.3 总汞的测定按照 GB/T7468 执行。

5.4 总砷的测定按照 GB/T7485 执行。

5.5 铅、镉的测定按照 GB/T7475 执行。

5.6 六价格的测定按照 GB/T7467 执行。

5.7 氰化物的测定按照 GB/T7487 执行。

5.8 石油类的测定按照 GB/T16488 执行。

5.9 粪大肠菌群的测定按照 GB/T5750 执行。

6 土壤环境质量指标

6.1 铅、镉的测定按照 GB/T17141 执行。

6.2 汞的测定按照 GB/T17136 执行。

6.3 砷的测定按照 GB/T17134 执行。

6.4 铬的测定按照 GB/T17137 执行。

7 采样方法

7.1 环境空气质量监测的采样方法按照 NY/T397 执行。

7.2 灌溉水质量监测采样方法按照 NY/T396 执行。

7.3 土壤环境质量监测的采样方法按照 NY/T395 执行。

附录二　生产绿色食品的肥料使用准则

1. 范围

本准则规定了 AA 级绿色食品和 A 级绿色食品生产中允许使用的肥料种类、组成及使用准则。

本标准适用于生产 AA 级绿色食品和 A 级绿色食品的农家肥料及商品有机肥料、腐殖酸类肥料、微生物肥料、半有机肥料（有机复合肥料）、无机（矿质）肥料和叶面肥料等商品肥料。

2. 引用标准

下列标准所包含的条文，通过在本标准中引用而构成为本标准的条文。在标准出版时，所示版本均为有效。所有标准都会被修订，使用本标准的各方应探讨使用下列标准最新版本的可能性。

GB 8172—1987 城镇垃圾农用控制标准

NY227—1994 微生物肥料

GB/T17419—1998 含氨基酸叶面肥料

GB/T17420—1998 含微量元素叶面肥料

NY/T 绿色食品产地环境标准

3. 定义

本标准采用下列定义。

3.1　绿色食品

系指遵循可持续发展原则，按照特定生产方式生产，经专门机构认定，许可使用绿色食品标志的，无污染的安全、优质、营养类食品。

3.2 AA 级绿色食品

系指生产地的环境质量符合《绿色食品产地环境质量标准》，生产过程中不使用化学合成的肥料、农药、兽药、饲料添加剂、食品添加剂和其他有害于环境和身体健康的物质，按有机生产方式生产，产品质量符合绿色食品产品标准，经专门机构认定，许可使用 AA 级绿色食品标志的产品。

3.3 A 级绿色食品

系指生产地的环境质量符合《绿色食品产地环境质量标准》，生产过程中严格按照绿色食品生产资料使用准则和生产操作规程要求，限量使用限定的化学合成生产资料，产品质量符合绿色食品产品标准，经专门机构认定，许可使用 A 级绿色食品标志的产品。

3.4 农家肥料

系指就地取材、就地使用的各种有机肥料。它由含有大量生物物质、动植物残体、生物废物等积制而成的。包括堆肥、沤肥、厩肥、沼气肥、绿肥、作物秸秆肥、泥肥、饼肥等。

3.4.1 堆肥

以各类秸秆、落叶、山青、湖草为主要原料并与人畜粪便和少量泥土混合堆制经好气微生物分解而成的一类有机肥料。

3.4.2 沤肥

所用物料与堆肥基本相同，只是在淹水条件下，经微生物嫌气发酵而成的一类有机肥料。

3.4.3 厩肥

以猪、牛、马、羊、鸡、鸭等畜禽的粪尿为主与秸秆等垫料堆积并经微生物作用而成的一类有机肥料。

3.4.4 沼气肥

在密封的沼气池中，有机物在嫌气条件下经微生物发酵制取沼气后的副产物。主要有沼气水肥和沼气渣肥两部分组成。

3.4.5 绿肥

以新鲜植物体就地翻压、异地施用或经沤、堆后而成的肥料。主要分为豆科绿肥和非豆科绿肥两大类。

3.4.6　作物秸秆肥

以麦秸、稻草、玉米秸、豆秸、油菜秸等直接还田的肥料。

3.4.7　泥肥

以未经污染的河泥、塘泥、沟泥、港泥、湖泥等经嫌气微生物分成的肥料。

3.4.8　饼肥

以各种含油分较多的种子经压榨去油后的残渣制成的肥料，如菜籽饼、棉籽饼、豆饼、芝麻饼、花生饼、蓖麻饼等。

3.5　商品肥料

按国家法规规定，受国家肥料部门管理，以商品形式出售的肥料。包括商品有机肥、腐殖酸类肥、微生物肥、有机复合肥、无机（矿质）肥、叶面肥、掺合肥等。

3.5.1　商品有机肥料

以大量动植物残体、排泄物及其他生物废物为原料，加工制成的商品肥料。

3.5.2　腐殖酸类肥料

以含有腐殖酸类物质的泥炭（草炭）、褐煤、风化煤等经过加工制成含有植物营养成分的肥料。包括微生物肥料、有机复合肥、无机复合肥、叶面肥等。

3.5.3　微生物肥料

以特定微生物菌种培养生产的含活的微生物制剂。根据微生物肥料对改善植物营养元素的不同，可分成五类：根瘤菌肥料、固氮菌肥料、磷细菌肥料、硅酸盐细菌肥料、复合微生物肥料。

3.5.4　有机复合肥

经无害化处理后畜禽粪便及其他生物废物加入适量的微量营养元素制成的肥料。

3.5.5 无机（矿质）肥料

矿物经物理或化学工业方式制成，养分呈无盐形式的肥料。包括矿物钾肥和硫酸钾、矿物磷肥（磷矿粉）、煅烧磷酸盐（钙镁磷肥、脱氟磷肥）、石灰、石膏、硫黄等。

3.5.6 叶面肥料

喷施于植物叶片并能被其吸收利用的肥料，叶面肥料中不得含有化学合成的生长调节剂。包括含微量元素的叶面肥和含植物生长辅助物质的叶面肥料等。

3.5.7 有机无机肥（半有机肥）

有机肥料与无机肥料通过机械混合或化学反应而成的肥料。

3.5.8 掺合肥

在有机肥、微生物肥、无机（矿质）肥、腐殖酸肥中按一定比例掺入化肥（硝态氮肥除外），并通过机械混合而成的肥料。

3.6 其他肥料

系指不含有毒物质的食品、纺织工业的有机副产品，以及骨粉、骨胶废渣、氨基酸残渣、家禽家畜加工废料、糖厂废料等有机物料制成的肥料。

3.7 AA级绿色食品生产资料

系指经专门机构认定，符合绿色食品生产要求，并正式推荐用于AA级和A级绿色食品生产的生产资料。

3.8 A级绿色食品生产资料

系指经专门机构认定，符合A级绿色食品生产要求，并正式推荐用于A级绿色食品生产的生产资料。

4 允许使用的肥料种类

4.1 AA级绿色食品生产允许使用的肥料种类

4.1.1 3.4所述农家肥料

4.1.2 AA级绿色食品生产资料肥料类产品。

4.1.3 在4.1.1和4.1.2不能满足AA级绿色食品生产需

要的情况下，允许使用 3.5.1～3.5.7 所述的商品肥料。

4.2　A 级绿色食品生产允许使用的肥料种类

4.2.1　4.1 所述肥料种类

4.2.2　A 级绿色食品生产资料肥料产品。

4.2.3　在 4.2.1 和 4.2.2 不能满足 A 级绿色食品生产需要的情况下，允许使用 3.5.8 所述的掺合肥（有机氮与无机氮之比不超过 1：1）。

5　使用规则

肥料使用必须满足作物对营养元素的需要，使足够数量的有机物质返回土壤，以保持或增加土壤肥力及土壤生物活性。所有有机或无机（矿质）肥料，尤其是富含氮的肥料应对环境和作物（营养、味道、品质和植物抗性）不产生不良后果方可使用。

5.1　生产 AA 级绿色食品的肥料使用原则

5.1.1　必须选用 4.1 的肥料种类，禁止使用任何化学合成肥料。

5.1.2　禁止使用城市垃圾和污泥、医院的粪便垃圾和含有害物质（如毒气、病原微生物、重金属等）的工业垃圾。

5.1.3　各地可因地制宜采用秸秆还田、过腹还田、直接翻压还田、覆盖还田等形式。

5.1.4　利用覆盖、翻压、堆沤等方式合理利用绿肥。绿肥应在盛花期翻压，翻埋深度为 15 厘米左右，盖土要严，翻后耙匀。压青后 15～20 天才能进行播种或移苗。

5.1.5　腐熟的沼气液、残渣及人畜粪尿可作追肥。严禁施用未腐熟的人粪尿。

5.1.6　饼肥优先用于水果、蔬菜等，禁止施用未腐熟的饼肥。

5.1.7　叶面肥料质量应符合 GB/17419，或 GB/T17420 或附录 B 中 B3 的技术要求。按使用说明稀释，在作物生长期内，喷施二次或三次。

5.1.8 微生物肥料可用于拌种，也可作基肥和追肥使用。使用时应严格按照使用说明书的要求操作。微生物肥料中有效活菌的数量应符合 NY227 中 4.1 及 4.2 技术指标。

5.2 A 级绿色食品的肥料使用原则

5.2.1 必须选用 4.2 的肥料种类，如 4.2 的肥料种类不够满足生产需要，允许按 5.2.2 和 5.2.3 的要求使用化学肥料（氮、磷、钾）。但禁止使用硝态氮肥。

5.2.2 化肥必须与有机肥配合施用，有机氮与无机氮之比不超过 1∶1，例如，施优质厩肥 1 000 千克加尿素 10 千克（厩肥作基肥、尿素可作基肥和追肥用）。对叶菜类最后一次追肥必须在收获前 30 天进行。

5.2.3 化肥也可与有机肥、复合微生物肥配合施用。厩肥 1 000 千克，加尿素 5～10 千克或磷酸二铵 20 千克，复合微生物肥料 60 千克（厩肥作基肥，尿素、磷酸二铵和微生物肥料作基肥和追肥用）。最后一次追肥必须在收获前 30 天进行。

5.2.4 城市生活垃圾一定要经过无害化处理，质量达到 GB/8172 中 L1 的技术要求才能使用，每年每 667 米^2 农田限制用量，黏性土壤不超过 3 000 千克，沙性土壤不超过 2 000 千克。

5.2.5 秸秆还田同 5.1.3 条款，还允许用少量氮素化肥调节碳氮比。

5.2.6 其他使用原则，与生产 AA 级绿色食品的肥料使用原则 5.1.4～5.1.8 相同。

6 其他规定

6.1 生产绿色食品的农家肥料无论采用何种原料（包括人畜禽粪尿、秸秆、杂草、泥炭等）制作堆肥，必须高温发酵，以杀灭各种寄生虫卵和病原菌、杂草种子，使之达到无害化卫生标准（符合附录表 A 要求）。

农家肥料，原则上就地生产就地使用。外来农家肥料应确认符合要求后才能使用。商品肥料及新型肥料必须通过国家有关部门的登记认证及生产许可，质量指标应达到附表 B 的要求。

6.2　因施肥造成土壤污染、水源污染，或影响农作物生长、农产品达不到卫生标准时，要停止施用该肥料，并向专门管理机构报告。用其生产的食品也不能继续使用绿色食品标志。

附表 A1　高温堆肥卫生标准

编号	项目	卫生标准及要求
1	堆肥温度	最高堆温达 50℃～55℃，持续 5～7
2	蛔虫卵死亡率	95％～100％
3	粪大肠菌值	10^{-1}～10^{-2}
4	苍蝇	有效地控制苍蝇滋生，肥堆周围没有活的蛆、蛹或新羽化的成蝇

附表 A2　沼气发酵肥卫生标准

编号	项目	卫生标准及要求
1	密封贮存期	30 天以上
2	高温沼气发酵温度	53±2℃持续 2 天
3	寄生虫卵沉降率	95％以上
4	血吸虫卵和钩虫卵	在使用粪液中不得检出活的血吸虫卵和钩虫卵
5	粪大肠菌值	普通沼气发酵 10^{-4}，高温沼气发酵10^{-1}～10^{-2}
6	蚊子、苍蝇	有效地控制蚊蝇滋生，池的周围无活的蛆蛹或新羽化的成蝇
7	沼气池残渣	经无害化处理后方可用作农肥

設施无公害蔬菜施肥灌溉技术

附表 B1　煅烧磷酸盐

营养成分	杂质控制指标
有效 $P_2O_5 \geqslant 12\%$ （碱性柠檬酸铵提取）	每含 $1\% P_2O_5$ $As \leqslant 0.004\%$ $Cd \leqslant 0.01\%$ $Pd \leqslant 0.002\%$

附表 B2　硫酸钾

营养成分	杂质控制指标
K_2O 50% （碱性柠檬酸铵提取）	每含 $1\% K_2O$ $As \leqslant 0.004\%$ $Cl \leqslant 3\%$ $H_2SO_4 \leqslant 0.5\%$

附表 B3　腐殖酸叶面肥料

营养成分	杂质控制指标
腐殖酸 $\geqslant 8.0\%$ 微量元素 $\geqslant 6.0\%$ （Fe、Mn、Cu、Zn、Mo、B）	$Cd \leqslant 0.01\%$ $As \leqslant 0.002\%$ $Pb \leqslant 0.002\%$

图书在版编目（CIP）数据

设施无公害蔬菜施肥灌溉技术/程季珍，巫东堂，
蓝创业主编．—北京：中国农业出版社，2013.9
ISBN 978-7-109-18249-3

Ⅰ.①设… Ⅱ.①程… ②巫… ③蓝… Ⅲ.①蔬菜园
艺-设施农业-施肥-无污染技术②蔬菜园艺-设施农业
-灌溉-无污染技术 Ⅳ.①S626②S630.6

中国版本图书馆 CIP 数据核字（2013）第 197092 号

中国农业出版社出版
（北京市朝阳区农展馆北路 2 号）
（邮政编码 100125）
责任编辑 贺志清

中国农业出版社印刷厂印刷 新华书店北京发行所发行
2013 年 9 月第 1 版 2013 年 9 月北京第 1 次印刷

开本：850mm×1168mm 1/32 印张：10.25
字数：260 千字 印数：1～6 000 册
定价：22.00 元
（凡本版图书出现印刷、装订错误，请向出版社发行部调换）